今日から
モノ知り
シリーズ

トコトンやさしい

燃料電池の本

燃料電池の技術が大きく発展したことを受け、第2版の本書では内容を全面的に改訂しました。本書を読んでいただくと、燃料電池そして水素エネルギー技術が、非常に身近なものになってきたことを実感して頂けると思います。

第2版

森田 敬愛 著

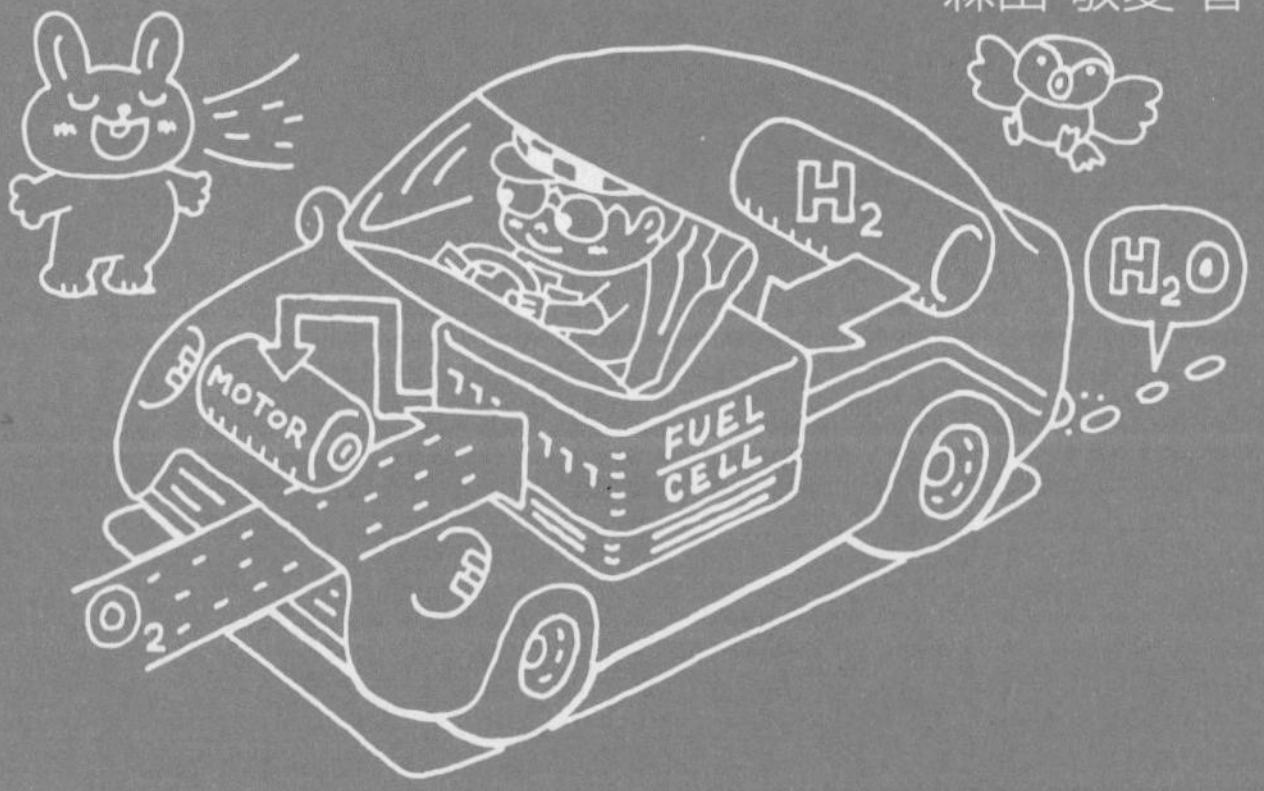

B&Tブックス
日刊工業新聞社

はじめに

本書の初版が発行された２００１年11月から16年以上経ち、燃料電池の技術が大きく発展したことを受け、第２版の本書では内容を全面的に改訂しました。本書を読んでいただくと、燃料電池そして水素エネルギー技術が、非常に身近なものになってきたことを実感して頂けると思います。基本的な化学を学んだ高校生にも理解してもらえるよう、「トコトンやさしい」を常に意識して書くよう努めました。もちろん大学生や社会人の多くの方々にも読んでいただき、今後ますます進んでいく水素エネルギー社会において、燃料電池がどの様に活躍するのかを理解して頂けたらと思います。

２０１１年３月11日に起こった東日本大震災は、今後のエネルギーについて考えるきっかけになった方が多いのではないでしょうか。私たちの生活に欠かせないエネルギーを今後どのように確保していくのかは、非常に難しい問題です。しかし、私たちが今後どのような社会を作っていきたいのか、そのためにはどのようなエネルギー源を基に社会を構築していくべきか、そして人・物・金・時間という資源を今後どこへどのように振り向けていくべきか、その様なことに私たちは真剣に向き合っていく必要があります。本書が、その様なことを考えるきっかけになれば大変うれしいです。

２０２０年の東京オリンピックに向けて、ますます燃料電池や水素に注目が集まっていきます。まずは気楽に本書を手に取って、燃料電池とはどのようなものなのかを知って頂きたいと思います。

筆者は、国家資格である「技術士」として日々仕事をしています。技術士を規定した技術士法という法律には、「公益確保の責務」が定められています。また、日本技術士会が定めた「技術士倫理綱領」の一つに、「技術士は、地球環境の保全等、将来世代にわたる社会の持続可能性の確保に努める」とあります。筆者一人の力は微々たるものですが、これからずっと先の人類のために、今自分にできることを少しずつ実行していきたいと思います。本書を世の中に出せたことは、小さくともその一歩になったと信じています。そして、これからの社会を背負っていく特に若い世代の方々にこの本を読んで頂き、燃料電池に関わる仕事をしてみたい、水素社会を作っていくために何か役立ちたい、という人が一人でも多く増えたとしたら、筆者として大変うれしく思います。

本書が完成するまでには多くの方々のご尽力がありました。筆者の遅い原稿にもかかわらず、素早くイラスト作成を進めていただいた小島サエキチ氏と志岐デザイン・大山陽子氏には大変お世話になりました。原稿の一部は、筆者が非常勤講師としてお世話になっている湘南工科大学・木枝暢夫教授／工学部長に目を通していただきました。突然のお願いにも関わらずご助言頂き感謝いたします。そして、本書の執筆の機会を下さった、日刊工業新聞社の阿部正章氏には本当にお世話になりました。元々文章を書くのが苦手な筆者に本を書くなんてできるのかと思いながらのスタートでした。案の定なかなか原稿が進まない中、ぎりぎりまで忍耐強く待って下さった阿部氏には、最後の最後までご尽力いただいたことに心よりお礼申し上げます。

最後に、本の執筆中ずっと気持ちが張り詰めていた筆者を、寛容に見守り続けてくれた妻・千佳子に感謝いたします。

2018年3月

森田敬愛

トコトンやさしい

燃料電池の本

第2版

目次

第1章 燃料電池ってなに？

第2章 燃料電池の歴史

第3章 燃料電池のきほん

第4章 燃料電池を支える材料や技術

48 燃料電池で生成する水の役割「水は必要でもあり不要でもあり」……110

第5章 燃料電池が使われている場所

第6章 移動体用燃料電池の現状と将来

第7章 燃料電池の課題と将来

【コラム】

第1章

燃料電池ってなに？

1 燃料電池は電池ではない!?

燃料電池は水素を燃料とした「発電装置」

皆さんが普段の生活で「電池」というと何を思い浮かべるでしょうか? 一番身近なものはやはり「乾電池」と呼ばれる、丸い円筒状の電池でしょうか。大きさによって単一型から単四型と呼ばれるものがあり、テレビやエアコンのリモコンには小さな単三型や単四型が、大型の懐中電灯などには単一型の乾電池が使われていることが多いでしょう。また、小さなリモコンには洋服のボタンの様な「ボタン型電池」(コイン型電池とも呼ばれる)が使われていることもあります。

これらの電池は、買ってきてそのまますぐに使うことができますが、使っているうちに徐々に電気が消費され、機器類が作動しなくなったら電池を新しいものに交換する必要があります。

一方、今や多くの人達が持ち歩いている携帯電話やスマートフォンには「リチウムイオン電池」という電池が使われていますが、この電池は残りの電気量が少なくなったら、家庭用のコンセントにつないだ充電器を通じて充電することで、繰り返し使うことができます。

このような電池に対して「燃料電池」と呼ばれる「電池」があります。英語では「Fuel Cell」と呼びます。「Fuel」は「燃料」の英語ですが、「Cell」はもともと「小さく区画された小部屋」の意味で、これから派生して「細胞」や「電池」のことも表し、「Fuel Cell」に「燃料電池」という訳語が当てられました。

この「燃料電池」はそのままでは何も働きません。実は水素と(大気中の)酸素を燃料電池に送り込むと発電して電気を取り出すことができます。そして水素を送り続けている限り発電を続けることができます。乾電池やリチウムイオン電池のような「電池」というよりも、水素を燃料として働く「発電装置」と本来は呼ぶべきなのかもしれません。

要点BOX

- ●燃料電池は外部からの燃料供給が必要
- ●燃料は水素
- ●燃料の他に酸素の供給が必要

乾電池とボタン型電池

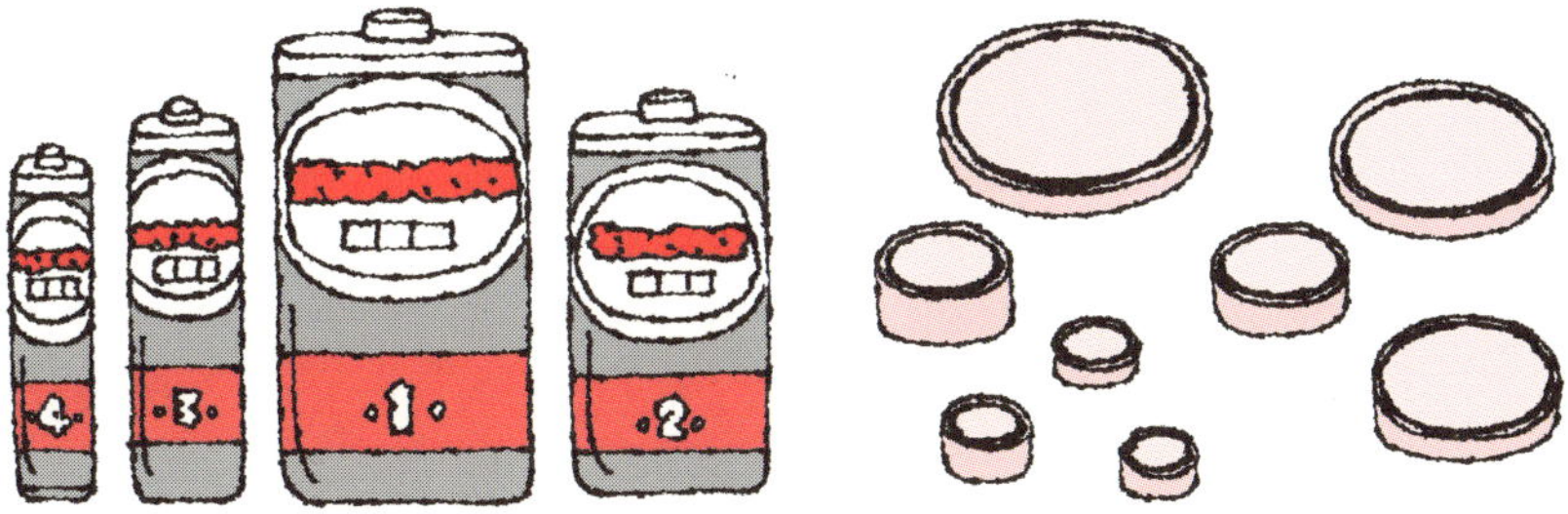

使い切ったら終わり

スマートフォンのリチウムイオン電池

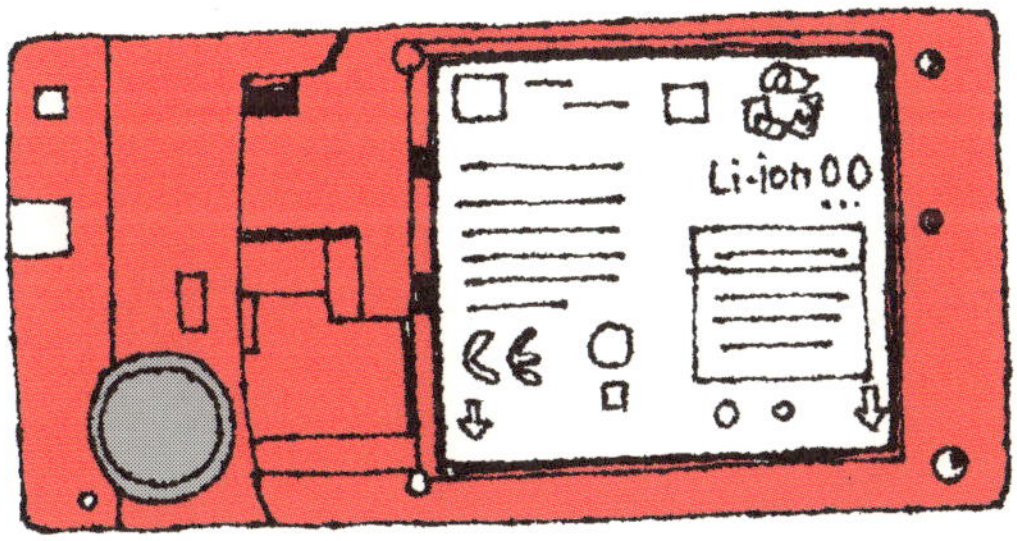
Li-ion00

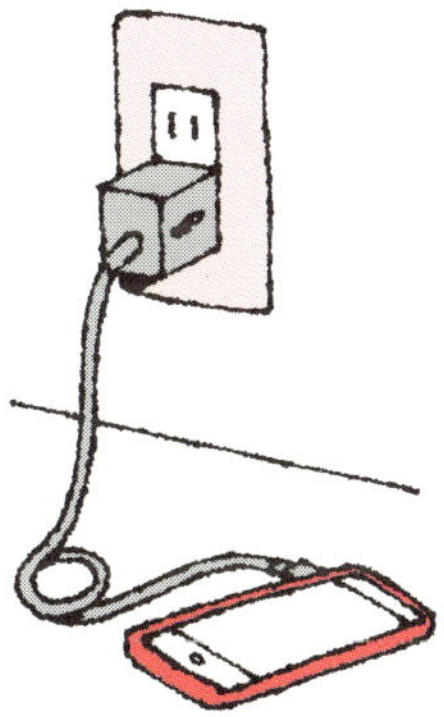

充電すると再び使える

燃料電池

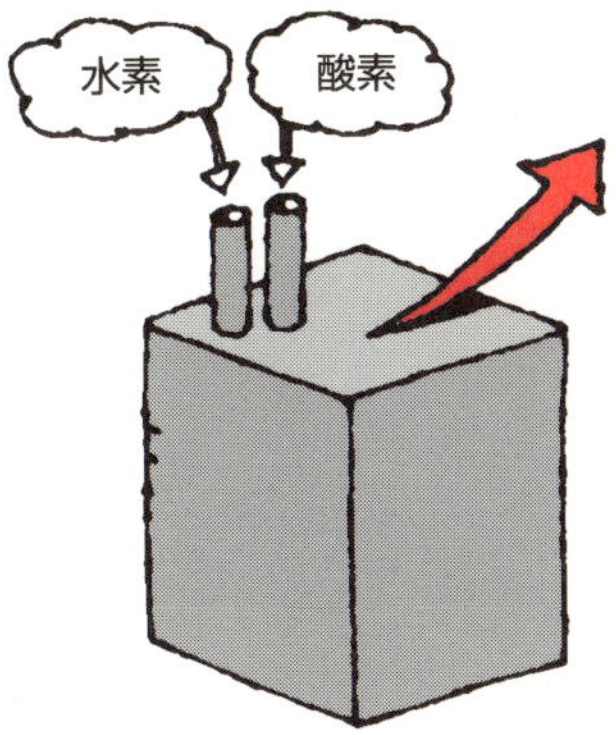
水素
酸素

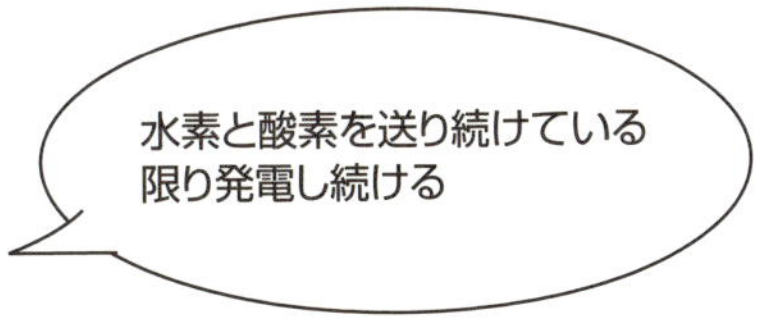
水素と酸素を送り続けている
限り発電し続ける

燃料電池

＝

水素を燃料とする発電装置

2 一次エネルギーと二次エネルギー

水素は自然界に存在しない二次エネルギー

私たちは普段何気なく電気を使っていますが、この電気は自然発生的にどこかから得られるものではありません。現在の日本では、化石燃料と呼ばれる石油・天然ガス・石炭などを燃やして発電する「火力発電」によって生み出された電気が、全体の約85%にも上ります（２０１５年度データ）。

電気を生み出す元となったエネルギー源の石油・天然ガス・石炭は、自然界に存在しているものを利用しています。このように自然界に既に存在しているエネルギー源を「一次エネルギー」と呼びます。

火力発電所では、一次エネルギーを利用して「電気」という別の形のエネルギーに変換を行っているわけです。このような一次エネルギーを基に作り出されたエネルギーを「二次エネルギー」と呼びます。

化石燃料以外に一次エネルギーと呼ばれるものにはどのようなものがあるでしょうか。発電所で使われている一次エネルギーとしては、「水力」や「原子力（ウラン）」があります。

全体の発電量に占める割合としてはまだ少ないですが、「太陽光」や「風力」なども一次エネルギー源となります。

一次エネルギーから作り出されたエネルギーが二次エネルギーとなります。例えば石油化学工場では、石油という一次エネルギーを様々な二次エネルギーに加工しています。例えば、ガソリン・軽油・灯油・ＬＰＧなどの二次エネルギーが得られ、これらは自動車やストーブ、コンロなどで利用されます。

現在、水素の大部分は一次エネルギーの化石燃料から作られた二次エネルギーです。また、二次エネルギーから作ることもできます。例えば二次エネルギーの電気を利用して水を電気分解すると、水素を作ることができます。この時の水素は三次エネルギーということになります。このように、水素はいろいろなエネルギー源から作ることができます。

要点BOX

- ●一次エネルギーの大部分が化石燃料
- ●水素は二次エネルギー
- ●水素は二次エネルギーからも作れる

一次エネルギーから二次エネルギーへの変換

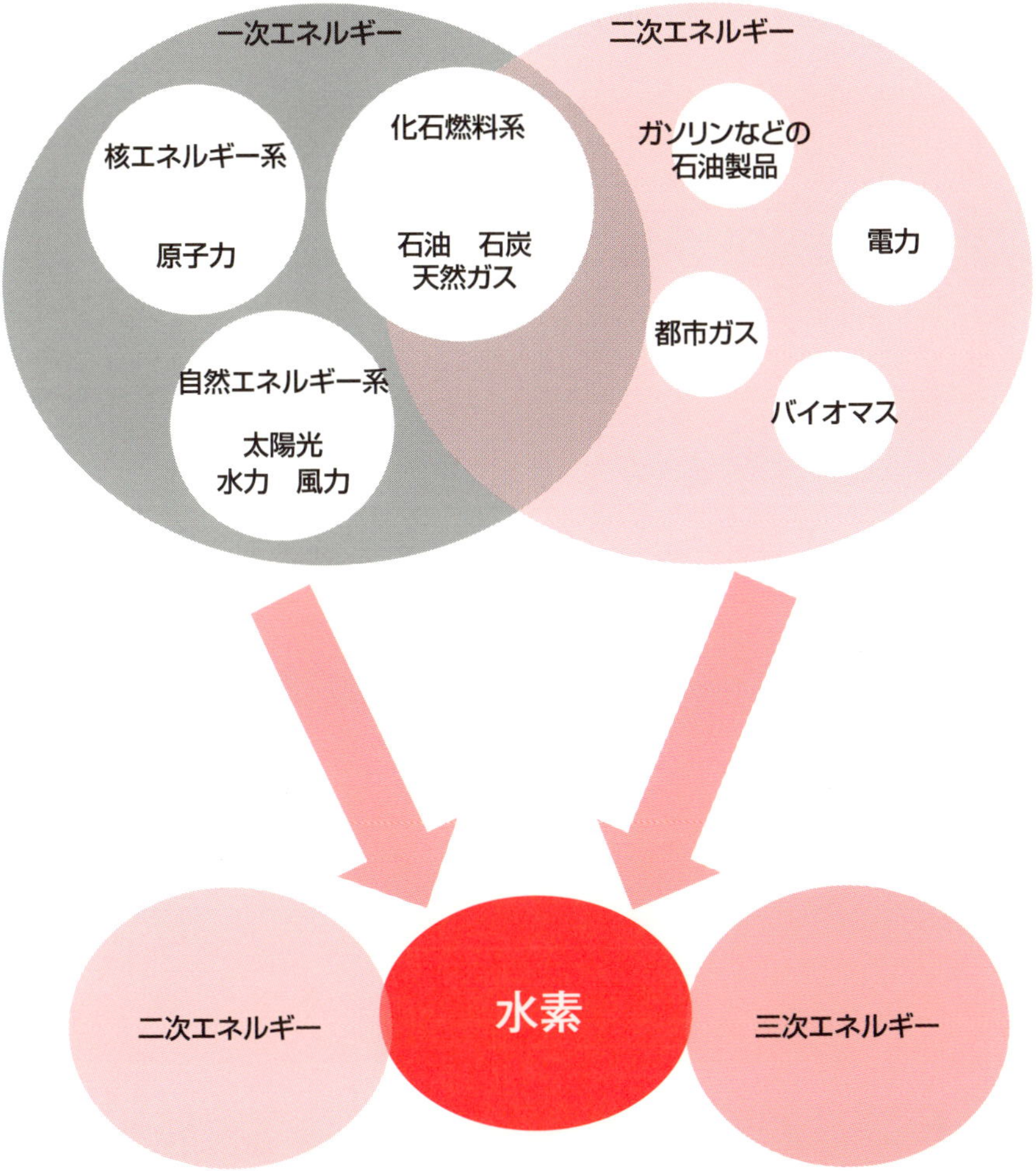

水素は一次エネルギーや二次エネルギーから作られる

3 エネルギーの変換技術

電池は化学エネルギーから電気エネルギーへの変換装置

私たちの生活に欠かせない化石燃料、例えば石炭は、3億2千万年～2億5千万年前の植物が土中に埋まり、長年の圧力や熱の影響で変化したものと考えられています。石油や天然ガスも同様に、2億年位前の生物の死骸が地中で長い時間をかけて変化してできたと考えられています。これらの化石燃料は、大部分が炭素と水素で構成された化学物質です。この様に化学物質の形でエネルギーを蓄えたものを「化学エネルギー」と呼びます。

化石燃料の元である生物は、太陽エネルギーで光合成をして育つ生命が誕生したことが起源ですから、太陽の核エネルギーが地球圏に光エネルギーとして届き、この光エネルギーが化石燃料という化学エネルギーに変換されたものと言えます。

ここで火力発電所での電気の作られ方をみてみます。化学エネルギーである化石燃料を燃焼して熱エネルギーへとまず変換します。次に、この熱エネルギーを使って作った高圧蒸気でタービンを回して力学エネルギーへと変換します。最後に、タービンに接続された発電機が回転し電気エネルギーを生み出します。この様に何度もエネルギー変換を行うため、各工程でエネルギーの損失が起こってしまいます。

これに対して燃料電池による発電では、水素が持つ化学エネルギーを直接電気エネルギーに変換するため、火力発電に比べて高いエネルギー変換効率が期待でき、実際に理論発電効率として高い数値となります（詳しくはのちほど説明します）。

燃料電池とは逆に、電気エネルギーを化学エネルギーへ変換する方法として水の電気分解があります。片方の電極から水素、もう片方からは酸素が発生します。この水素はもちろん、燃料電池で使うエネルギー源（化学エネルギー）として使えます。燃料電池と水の電気分解は、ちょうど逆のエネルギー変換となります。

要点BOX

- 化石燃料は太陽エネルギーが変換されたもの
- 化石燃料や水素は化学エネルギー
- 燃料電池はエネルギー変換装置

化石燃料のでき方

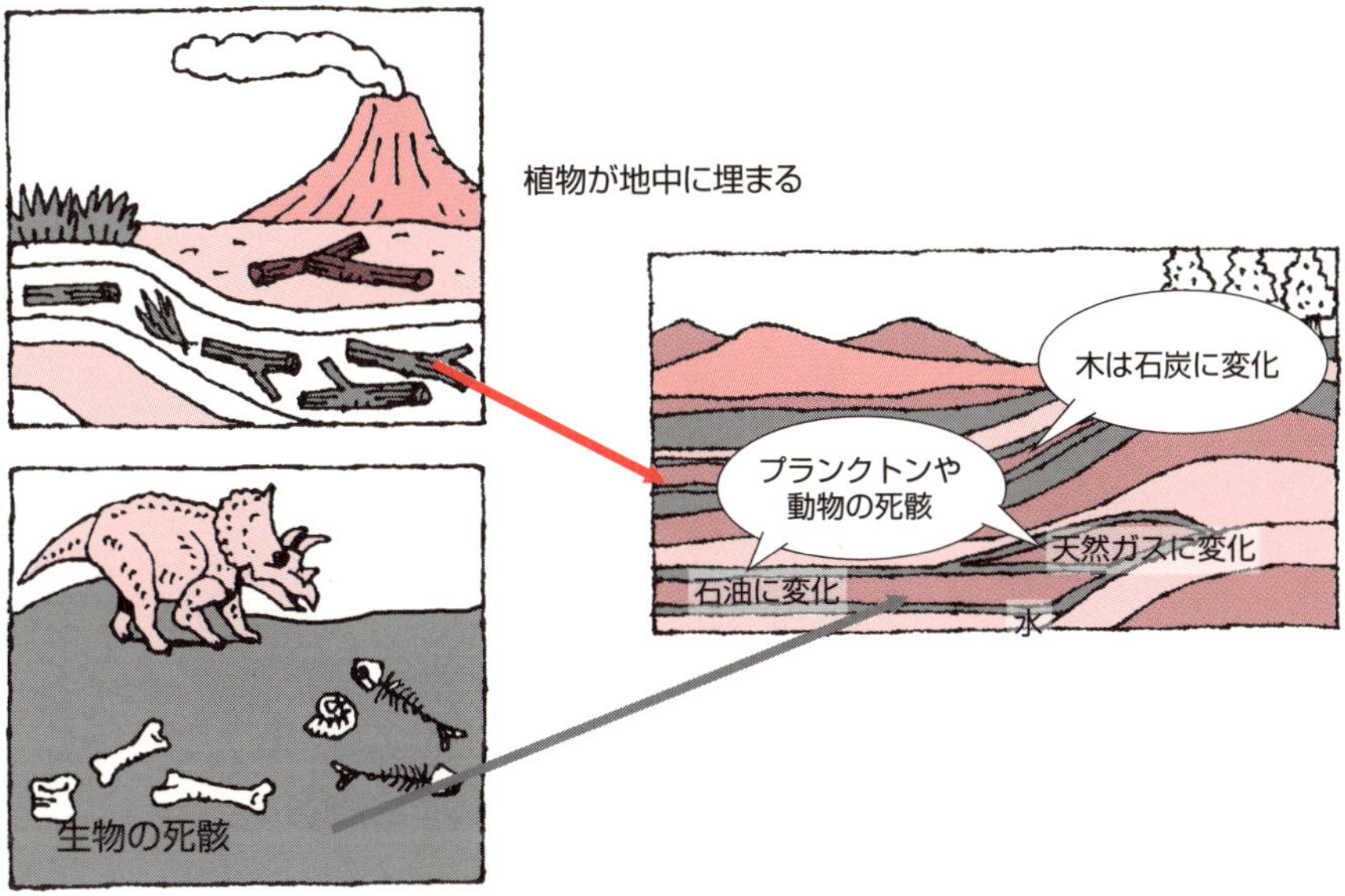

エネルギーの変換

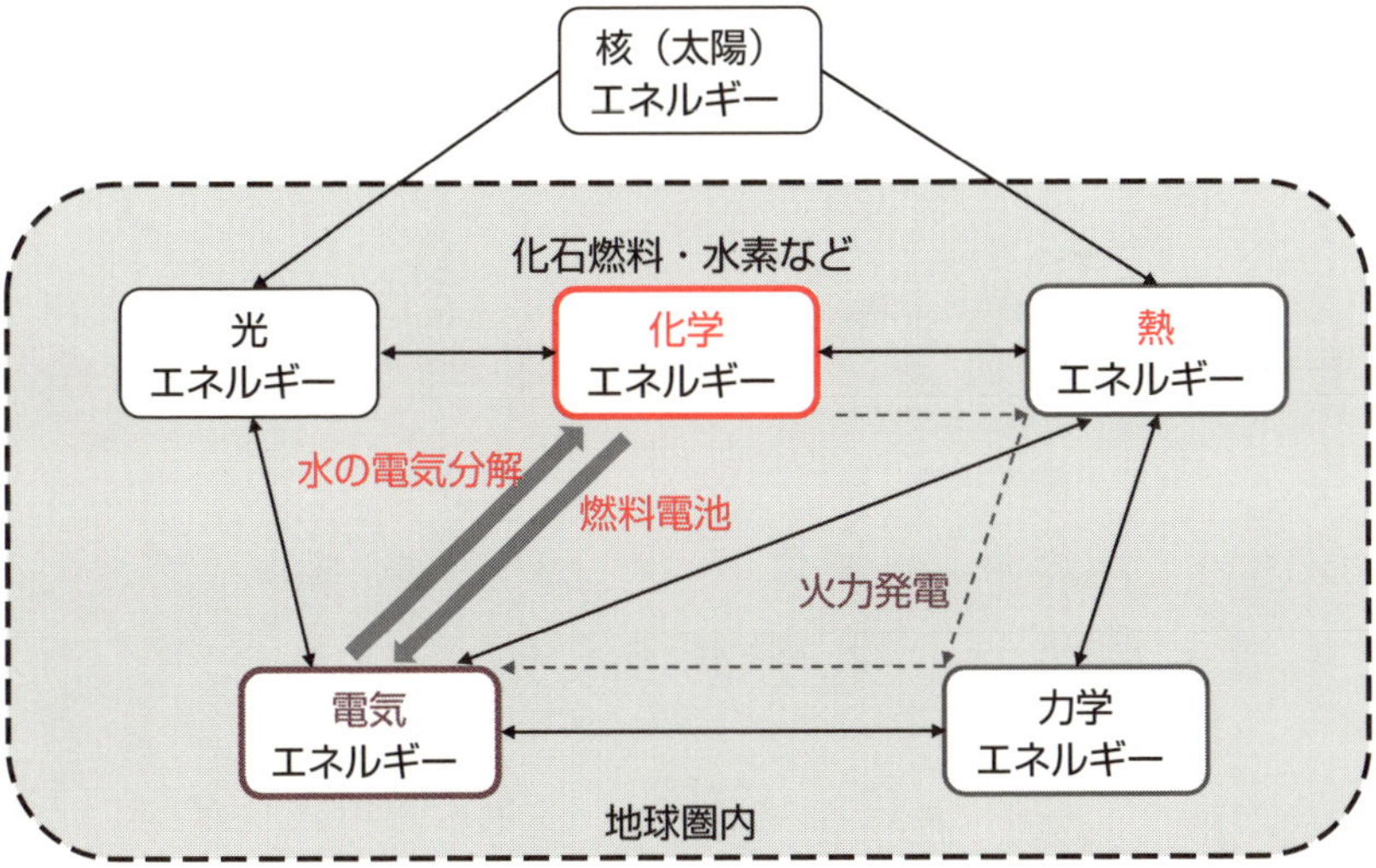

4 水素と酸素の反応でなぜ電気が起きる?

水素が持つ電子を一旦外へ取り出して利用する

皆さんは小学校の理科の実験で、水素が入った試験管の口に火を近づけると「ポンッ」という音がするのを経験したことがあるでしょうか。この時、水素は空気中の酸素と反応して水に変化するという「化学反応」を起こしたことになります。この過程で水素分子と酸素分子はお互いに原子の組み換えを起こし、最終的に水素原子2個と酸素原子1個からなる水分子に変化します。

この化学変化では、反応前の水素と酸素が持つエネルギーに対し、反応後の水が持つエネルギーは低い状態へと変化します。この反応前後のエネルギー差が熱エネルギーとして外部へ放出され、これを私たちは熱の形で利用することが可能です。しかし、この化学変化の時に放出されるエネルギーをそのまま直接電気エネルギーとして利用することはできません。

それでは、燃料電池の内部で起こっている水素と酸素の反応では、なぜ電気を生み出すことができるのでしょうか。

私たちが電気と呼んでいるものの正体は、電気回路内を移動する負の電荷を帯びた「電子」の働きのことなのです。

燃料電池の内部では、まず水素分子が水素イオン（陽イオン）と電子に分かれます。この電子が一旦外部へ出ていく事で電気エネルギーとして働きます。そして最終的に水素イオン、電子そして酸素が出会って水に変化して反応が終了します。電子が一旦外部に取り出される反応を電気化学反応と呼びます。酸素よりも水素の電子の方が外部に取り出しやすいため、この電子を外に取り出す反応が燃料電池の内部で起こっているのです。

水素と酸素が化学的に反応しても電気化学的に反応しても、外に放出される全体のエネルギー量はどちらも同じであることを理解しておきましょう。

要点BOX

- 水素と酸素の化学反応では熱が発生
- 水素と酸素の電気化学反応が燃料電池
- 電子のエネルギーが電気のもと

水素と酸素の化学反応

水素分子と酸素分子の間で原子の組み換えが起き、エネルギー状態が高いところから低いところへ変化する時のエネルギー差を熱エネルギーとして外に放出する。

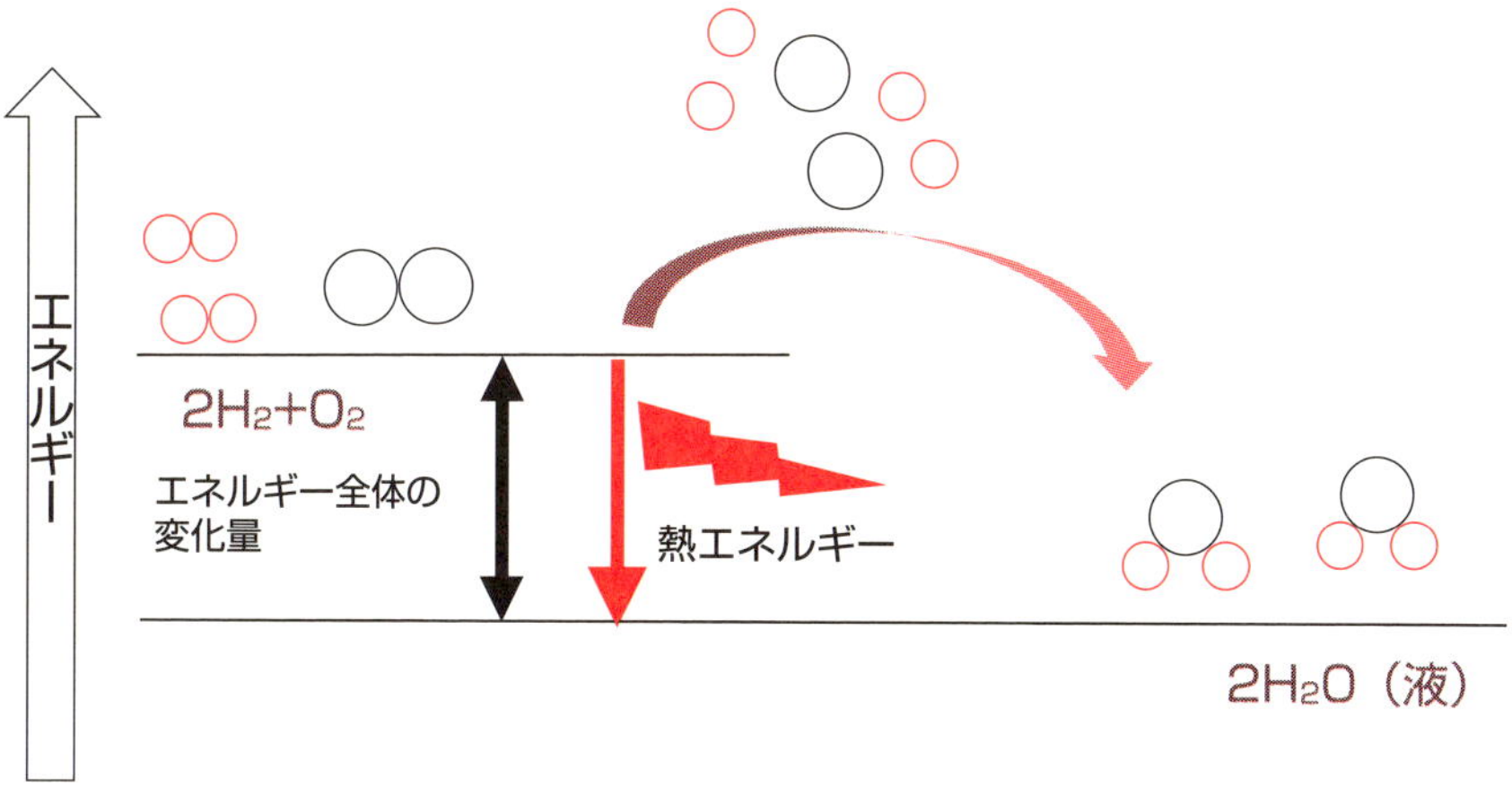

水素と酸素の電気化学反応

水素分子から電子が一旦外部に取り出され、電気エネルギーとして利用される。最後に電子と水素イオンと酸素が反応して水が生成する。エネルギー全体の変化量のうち、一部が熱エネルギーとして放出される。

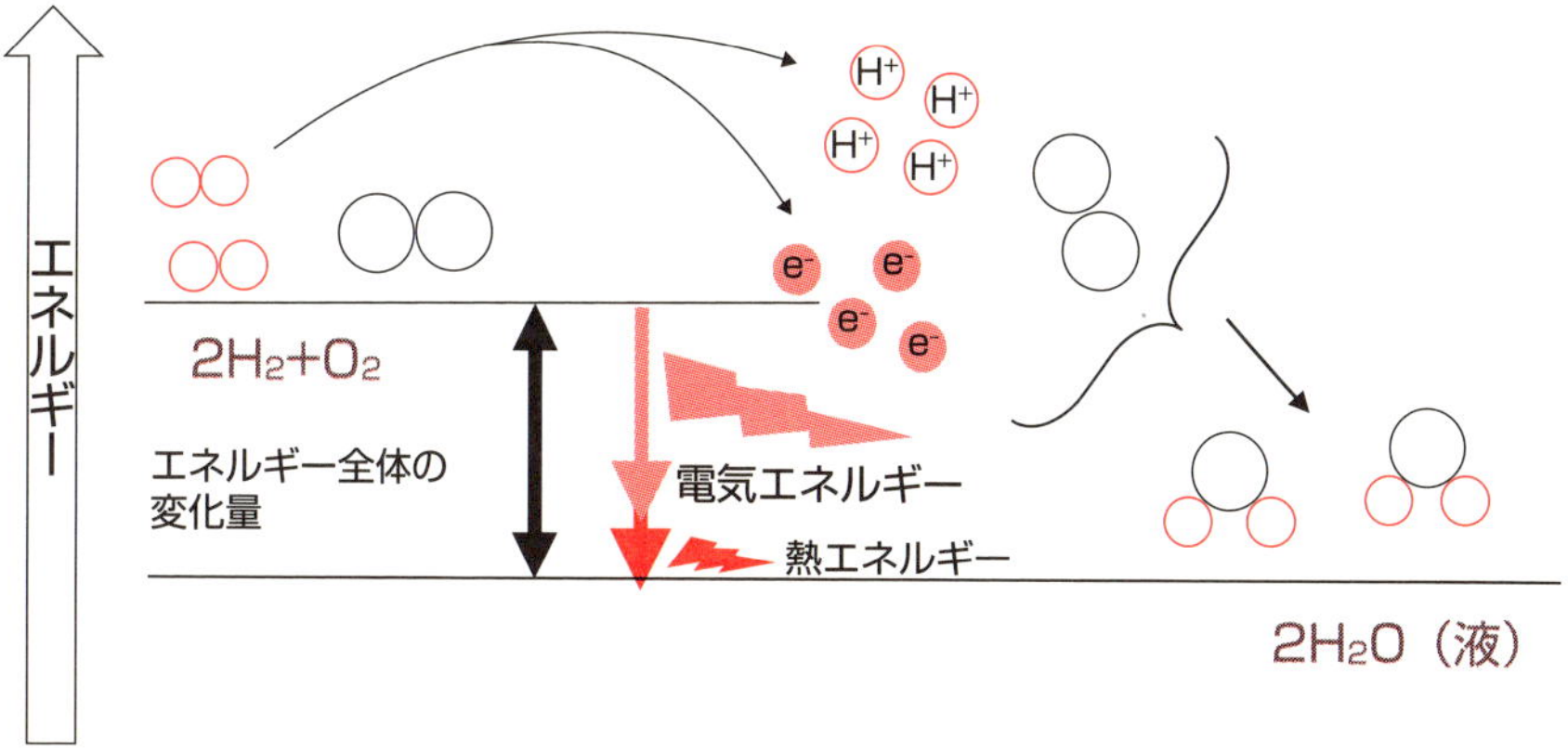

どちらの場合もエネルギー全体の変化量は同じ。

5 燃料電池の発電原理

水の電気分解の逆反応で電気エネルギーを取り出す

燃料電池の発電と水の電気分解は、逆のエネルギー変換だと3項で説明しましたが、どのように反応が進むのか見てみましょう。

まず水の電気分解です。硫酸の様な電解質溶液（イオンが含まれる溶液）に金属の電極（例えば白金）を2本入れます。ここに直流電源装置をそれぞれの電極に接続し、片方をマイナス極（カソード＝陰極）、もう一方をプラス極（アノード＝陽極）とします（電極の呼び方についてはコラムを参照のこと）。両極間に十分な電圧をかけて電気エネルギーを投入すると電流が流れ始めます。この時、カソードでは水素イオンが電子を受け取って水素が発生します。そしてアノードでは水分子から電子が奪われて酸素と水素イオンが生成し、水素イオンはアノードからカソードへと移動していきます。

水分子は化学式でH_2Oと書く通り、水素原子2個と酸素原子1個からできていますので、水の電気分解で発生する水素と酸素の体積比は2：1になります。

次に水の電気分解の逆反応、つまり燃料電池の反応を見てみましょう。水の電気分解の時と同じように、硫酸中に白金電極を2本入れます。各電極に水素ガスと酸素ガスを供給します。水素側の電極（水素極、アノード＝負極）では水素が水素イオンと電子に分かれます。電子は電極から外部回路を通って外部負荷で電気エネルギーとして働きます。酸素側の電極（酸素極、カソード＝正極）では、外部回路を通ってきた電子を酸素分子が電極で受け取りながら、電解質溶液中の水素イオンと反応することで水が生成します。アノードで生成した水素イオンは溶液中をカソード側へ移動していきます。

反応式で書く通り、ちょうど水の電気分解の逆反応が進み、この時に電子が一旦外部に取り出されることで電気エネルギーが得られるのです。

要点BOX

- ●水素分子から電子が取り出される
- ●電子の働きが電気エネルギー

水の電気分解

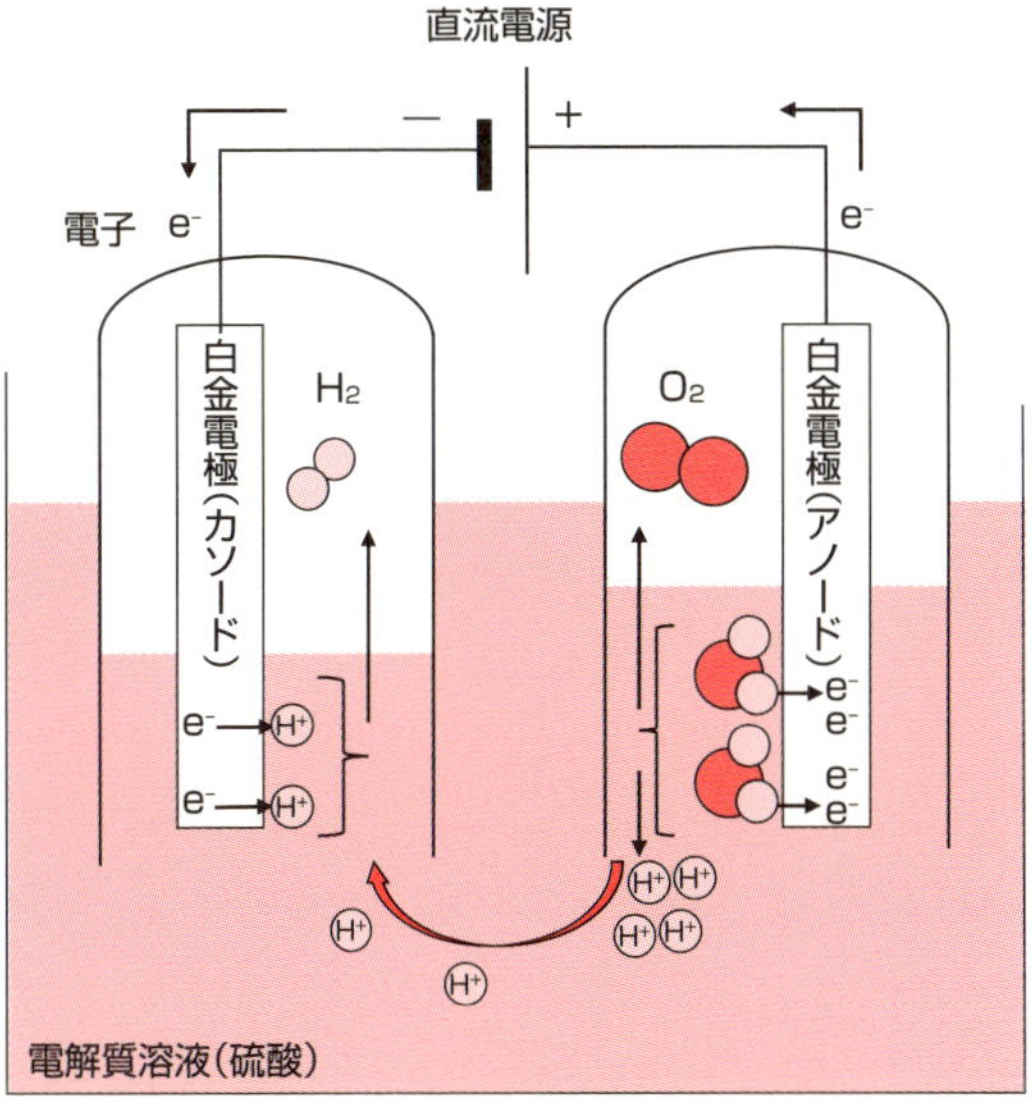

カソード反応

$4H^+ + 4e^- \rightarrow 2H_2$

アノード反応

$2H_2O \rightarrow O_2 + 4H^+ + 4e^-$

全反応式

$2H_2O \rightarrow 2H_2 + O_2$

燃料電池の反応

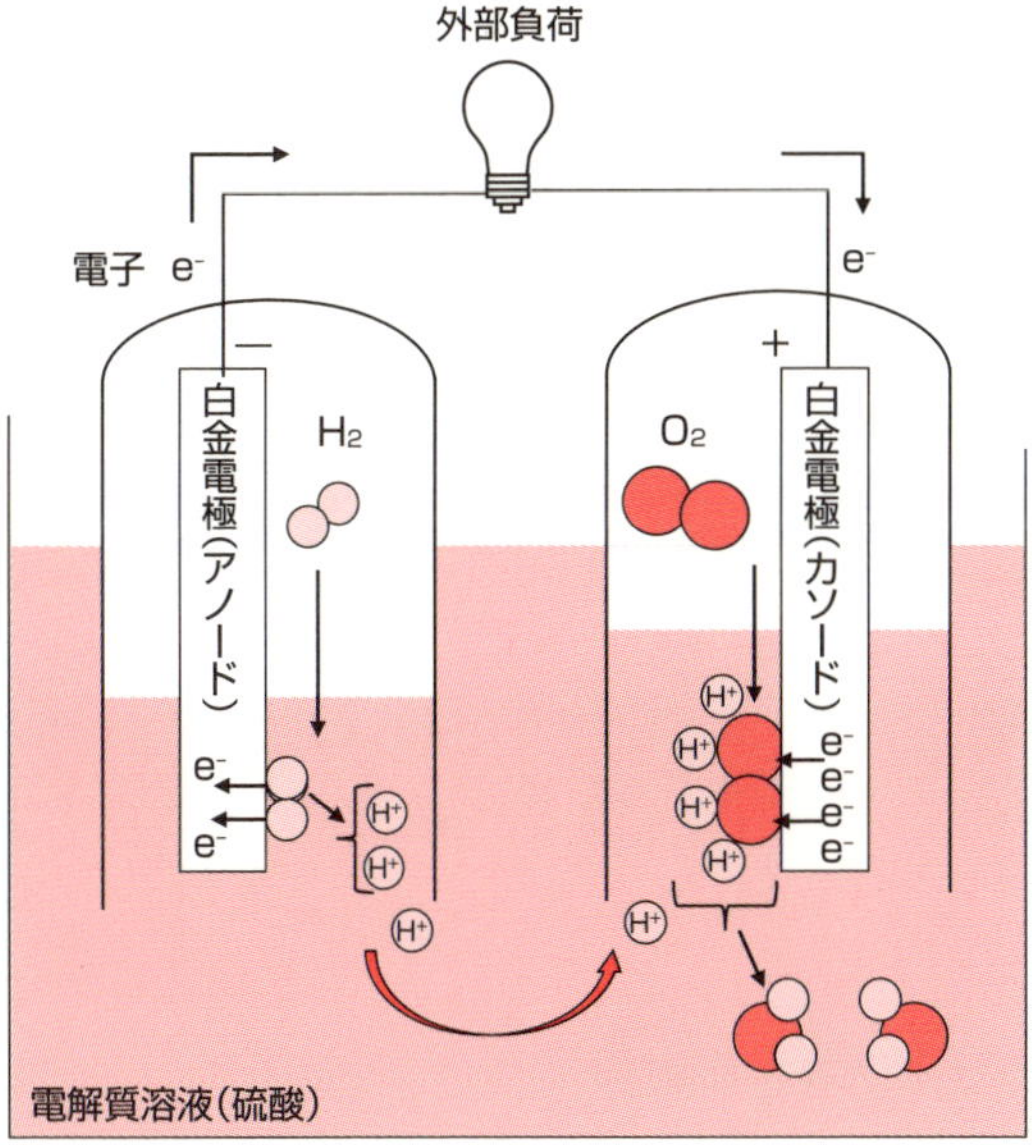

アノード反応

$2H_2 \rightarrow 4H^+ + 4e^-$

カソード反応

$O_2 + 4H^+ + 4e^- \rightarrow 2H_2O$

全反応式

$2H_2 + O_2 \rightarrow 2H_2O$

6 燃料電池のカギを握るのは触媒

燃料電池の心臓ともいえる電極触媒

燃料電池の水素極（アノード）では水素が水素イオンと電子に分かれる反応が進み、酸素極（カソード）では酸素分子が電子および水素イオンと反応して水ができると説明しました。この反応はどんな電極でも起きるのではなく、「触媒」と呼ばれる材料がないと効率よく進むことができません。

触媒と聞くと思い出すのは、過酸化水素水に二酸化マンガン（MnO_2）を加えると激しく酸素が発生する反応でしょうか。この反応を化学反応式で書くと、

$$2H_2O_2 \rightarrow 2H_2O + O_2$$

となり、加えたMnO_2は反応式に入りません。これは、MnO_2はH_2O_2が分解する速度を速める働きをしたけれども、それ自身は化学反応を起こさず何も変化していないからです。この様に、それ自身は変化せず、他の物質が化学変化する際の反応速度を増加させる働きをするものを触媒と呼びます。

過酸化水素は何かきっかけがあると分解しようする不安定な物質です。でも勝手に分解反応が起きないのは、活性化エネルギーという大きなエネルギーの山を越えることができないためです。ところが、触媒が存在すると活性化エネルギーが低下し、どんどん分解反応が進んでいきます。

燃料電池内部での水素と酸素の電気化学反応も同様に、アノードおよびカソード反応の活性化エネルギーの山を越えないとなりません。電気エネルギーを多く取り出すには反応速度を速める必要があり、その時に活性化エネルギーをより低くしてくれる触媒が必要となる訳です。特に活性化エネルギーが大きいカソード触媒に何を使うかが、燃料電池の性能を大きく左右する重要な要因の一つとなります。

触媒は、活性化エネルギーを下げるだけで、最終的に外に放出されるエネルギーを変化させません。どのような触媒が使われるかは後ほど説明します。

要点BOX

- ●活性化エネルギーを下げるのが触媒
- ●触媒自身は変化しない
- ●触媒の善し悪しで反応の速さが変わる

過酸化水素の分解反応

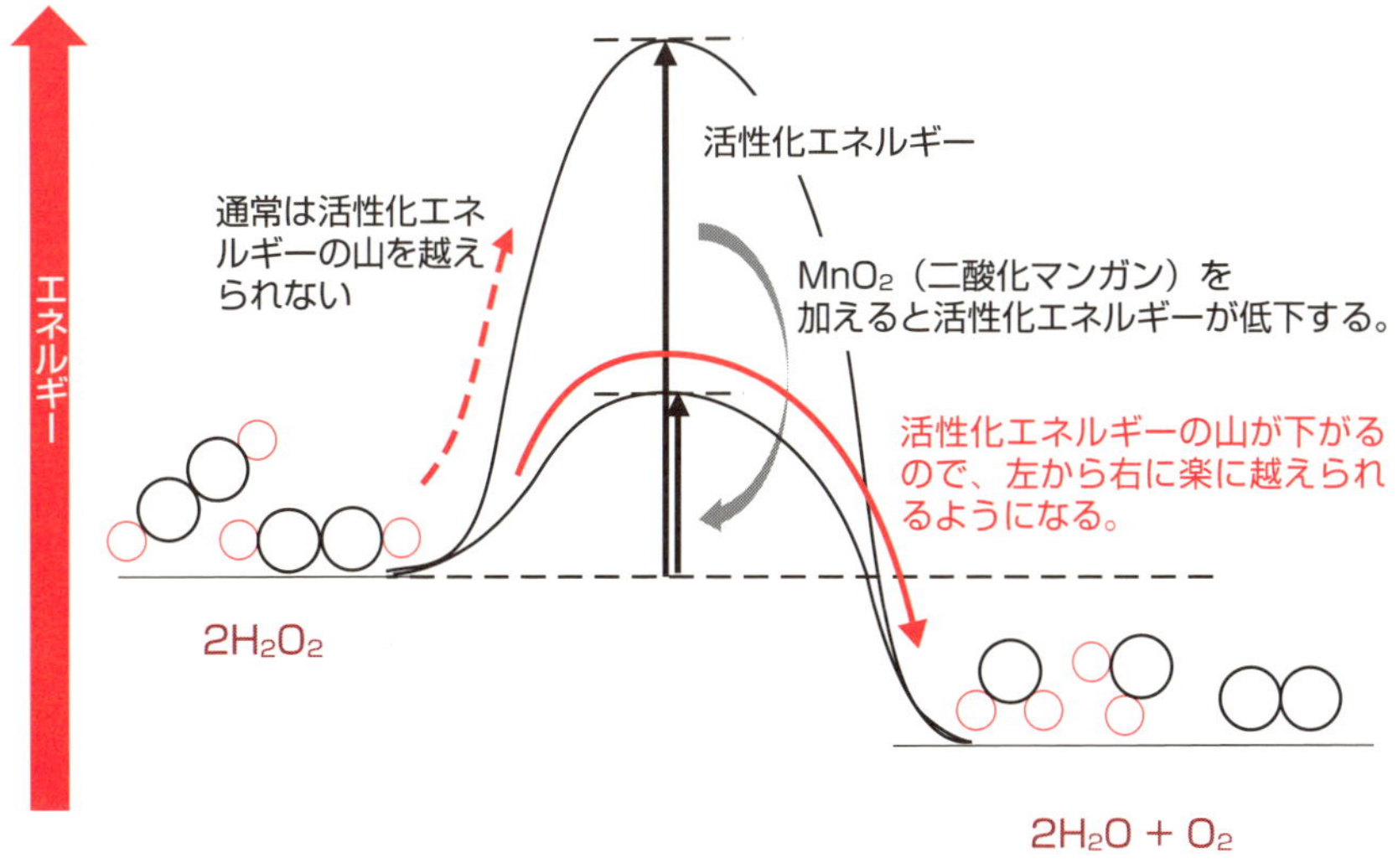

水素と酸素の電気化学反応

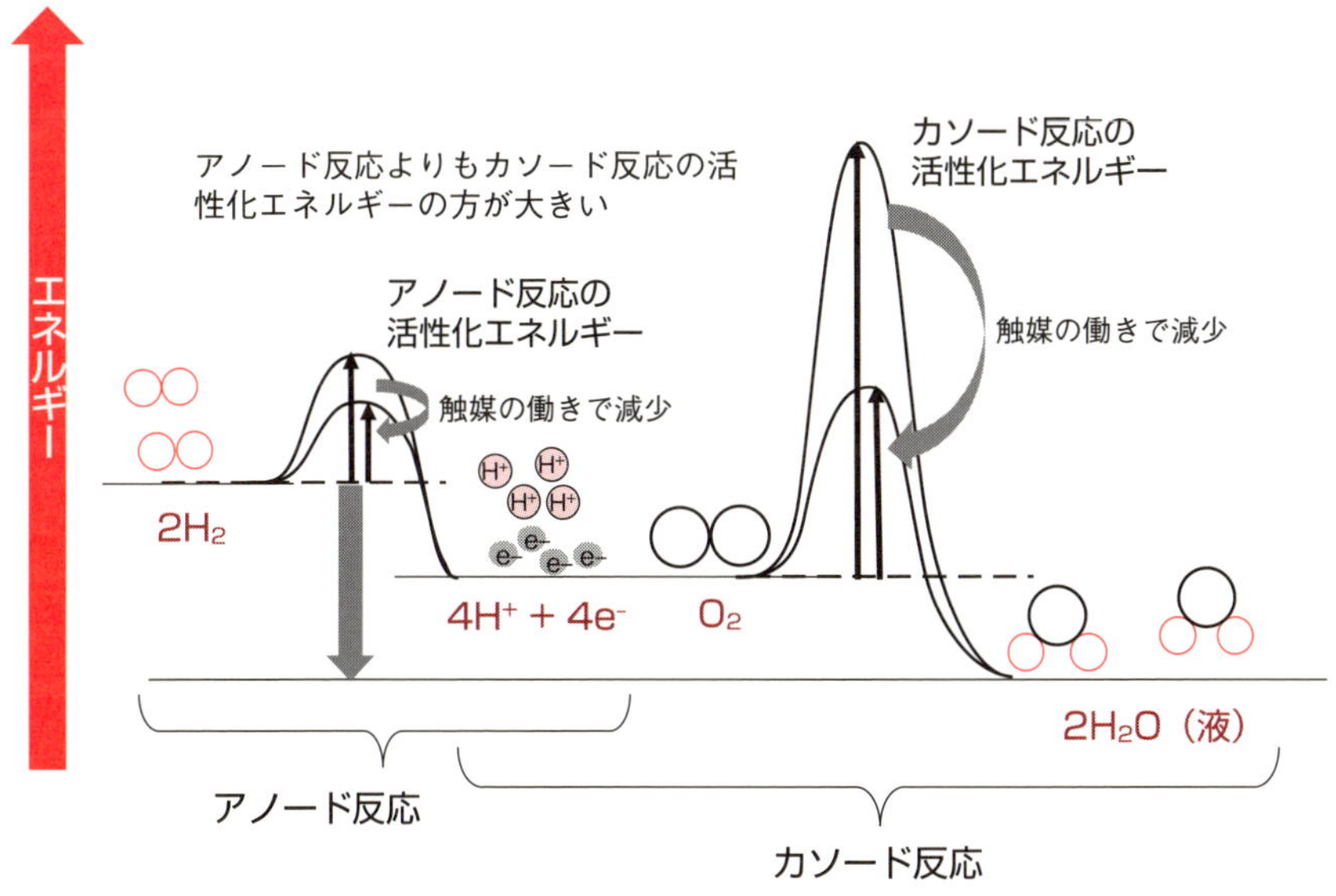

7 電池には化学電池と物理電池がある

化学物質のエネルギーを利用するのが化学電池

普段の生活で電池というと皆さんはどのような電池を思い浮かべるでしょうか。

世の中には様々な電池が使われていますが、大きく二つに分けると「化学電池」と「物理電池」に分類することができます。化学電池は、化学物質が電気化学的に反応する時の電子を外に取り出して電気エネルギーとして利用する電池です。

これに対し物理電池は、物質内部で物理的に起こる電子のエネルギー変化を利用します。例えば太陽からの光エネルギーを物質内部の電子が吸収して高エネルギー状態になり、これが外部に出ていって電気エネルギーに変換するものが太陽電池になります（詳しくは後ほど説明）。

化学電池はさらに「一次電池」、「二次電池」そして「燃料電池」の3つに分類することができます。

一次電池と二次電池の違いは、一度放電してしまったらもう使えなくなるのが一次電池で、何度も充電して繰り返し使うことができるのが二次電池です。それぞれの電池の詳細はこの後の項で説明します。

分類上は化学電池の一つである燃料電池は、内部に化学物質を持っているわけではなく、外部から化学物質（水素と酸素）を供給する必要がありますが、供給し続ける限りは発電を続けることができる点が特長です。

物理電池の代表格は太陽電池です。外部から太陽光（光エネルギー）を与える必要がありますが、太陽光が当たっている間は発電を続けることができます。化学物質の反応を利用しているわけではないという点が化学電池と大きく異なります。

次の項からは、各電池の原理をもう少し詳しく見ていきたいと思います。

要点BOX

- ●使いきりの一次電池と充電可能な二次電池
- ●燃料電池は化学電池の一種
- ●物理電池の代表は太陽電池

電池の種類

- 電池
  - 化学電池
    - 一次電池
      - マンガン乾電池
      - アルカリ乾電池
      - 酸化銀電池
      - リチウム一次電池
      - 空気亜鉛電池
    - 二次電池（充電式）
      - ニカド乾電池
      - ニッケル水素電池
      - リチウムイオン電池
      - 鉛蓄電池
      - リチウム二次電池
    - 燃料電池
  - 物理電池
    - 太陽電池

それぞれの電池の特長

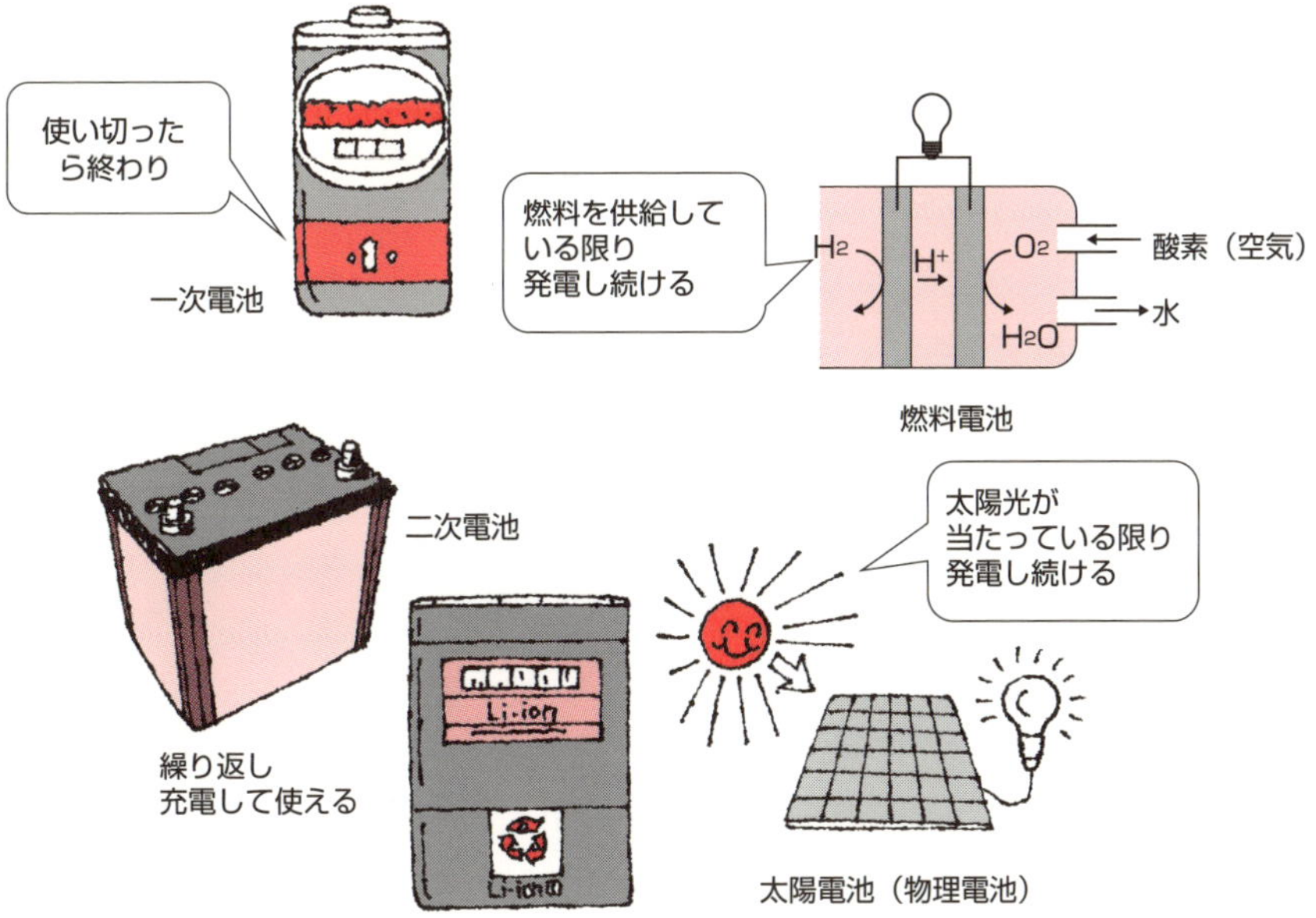

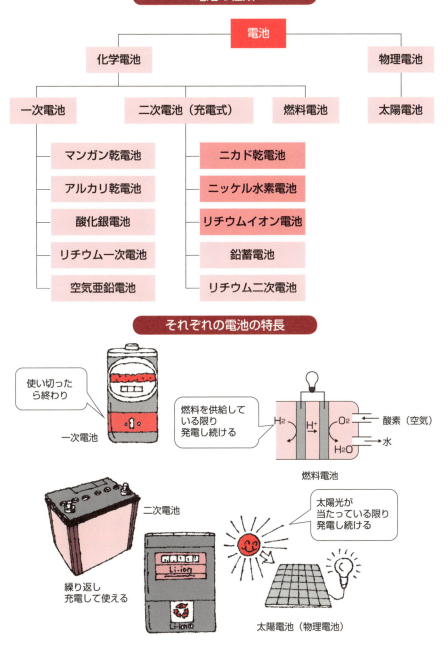

8 化学電池の代表選手～乾電池

マンガン乾電池とアルカリ乾電池がある

電池と聞いて一番初めに思い浮かぶのは「乾電池」と呼ばれる電池でしょう。この乾電池には「マンガン乾電池」と「アルカリマンガン乾電池（または単にアルカリ乾電池）」の2種類がありますが、どちらもアノード（負極）に亜鉛（Zn）、カソード（正極）に二酸化マンガン（MnO_2）を使っています。亜鉛が溶出してイオンになる時に放出する電子を外部に取り出し、電気エネルギーとして利用します。

両電池で異なるのは、マンガン乾電池では塩化亜鉛（$ZnCl_2$）や塩化アンモニウム（NH_4Cl）などの弱い酸性を示す物質を電解質として使っています。これに対しアルカリ乾電池では、水酸化カリウム（KOH）というアルカリ性を示す物質を電解質に使っていることから「アルカリ」乾電池と呼ばれます。

マンガン乾電池の負極の亜鉛はカップ状になっていて、その内側にセパレーターを介して正極材の二酸化マンガンと電解質を混合したものが詰められています。セパレーターは、負極と正極が短絡（ショート）するのを防ぎます。正極の中央には炭素棒が集電体として挿入されています。反応式にある通り、電解質が塩化亜鉛の時には水が消費されるので、液漏れしにくくなる利点があります。

アルカリ乾電池では、外側に正極の二酸化マンガンが配置され、その内側にセパレーターを介して亜鉛粉末と電解質の混合物が負極として詰められています。マンガン乾電池に比べて放電容量が大きく寿命が長いという特長があります。

いずれのタイプも「乾」電池と呼ばれていますが、完全な乾燥状態ではなく、水分を少し含んだ湿潤状態になっています。乾電池が発明されるまでの電池は液体が漏れやすいものでした。

放電した後に生成する物質は、充電で元には戻りません。無理に充電しようとするとガス（水素と酸素）が発生するので、絶対にしないで下さい。

要点BOX

- ●負極に亜鉛、正極に二酸化マンガン
- ●長寿命なアルカリ乾電池
- ●充電はできない

マンガン乾電池

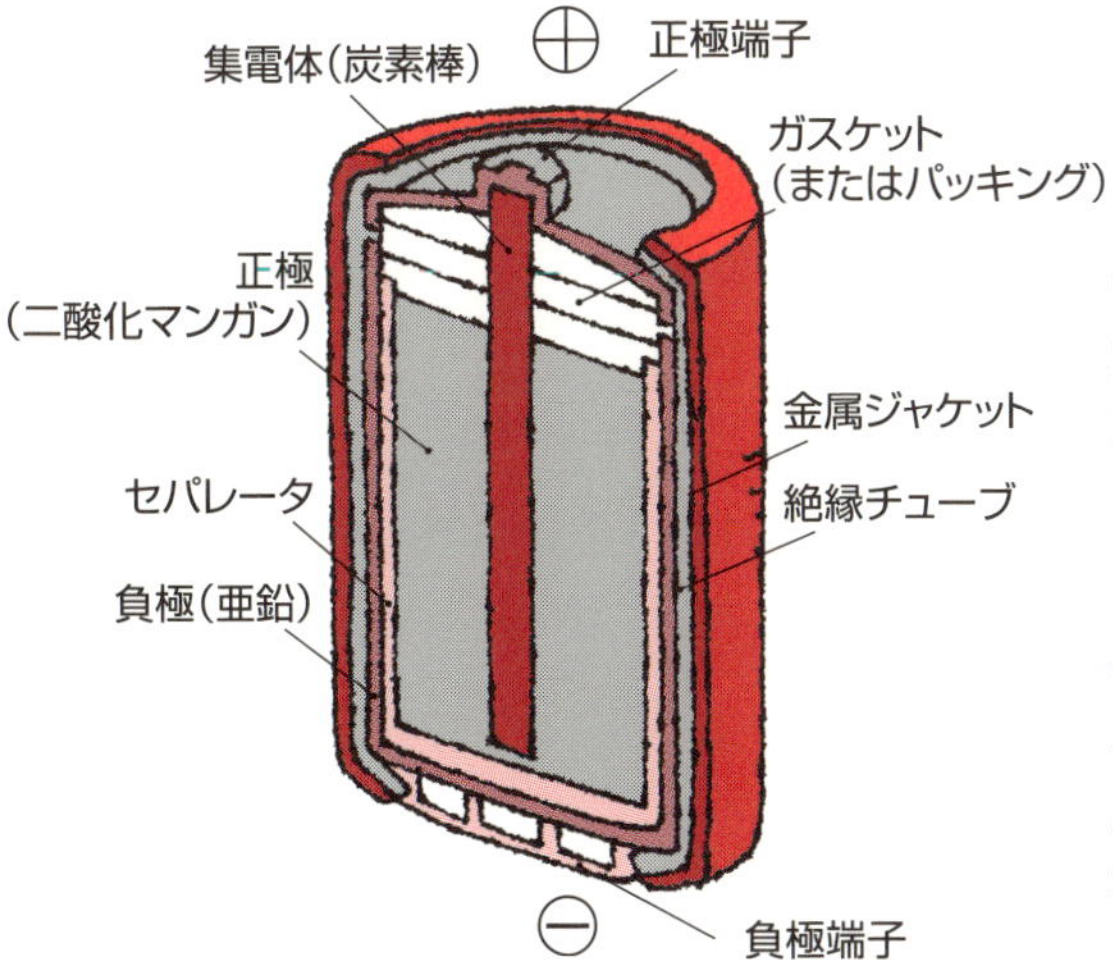

電解質がNH_4Clの場合

$Zn + 2MnO_2 + 2NH_4Cl \rightarrow$

$Zn(NH_3)_2Cl_2 + 2MnOOH$

電解質が$ZnCl_2$の場合

$4Zn + 8MnO_2 + ZnCl_2 + 8H_2O \rightarrow$

$ZnCl_2 \cdot 4Zn(OH)_2 + 8MnOOH$

水が消費されるので液漏れしにくくなる。

アルカリ乾電池

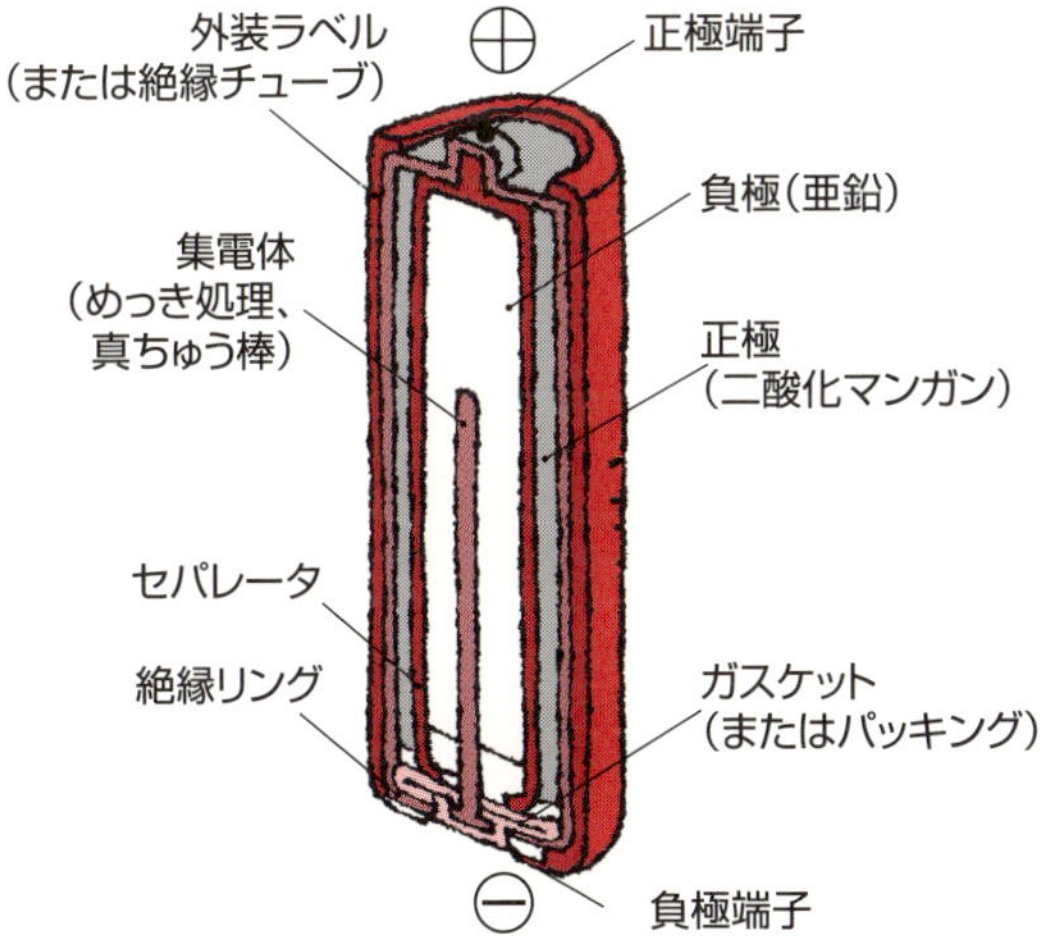

$Zn + 2MnO_2 + 2H_2O \rightarrow$

$Zn(OH)_2 + 2MnOOH$

用語解説

電解質：水などの溶媒に溶かしたとき、正と負のイオンに分かれる物質

9 乾電池以外の一次電池

いろいろな種類の一次電池が使われている

乾電池以外にも様々な一次電池が世の中で使われていますが、身近なところでどんな電池があるのか見てみましょう。

アノード（負極）にリチウム金属を使った「リチウム電池」には、平べったい形をした「コイン型」と、乾電池によく似た形状の「円筒型」があります。コイン型はその形状を活かして、ゲーム機や腕時計など多くの小型電子機器類に使われています。

2011年に起こった東日本大震災をきっかけに、緊急時に水を入れるだけで発電が始まる「マグネシウム空気電池」が商品化されました。普段の保管時は電解液が無いため発電しませんが（つまり長期保存ができる）、災害で停電して水道が使えない時など、貴重な飲み水を使わなくとも、海水などを（場合によっては人の尿でも）注入することで発電をすることが可能な電池となります。アノードにはマグネシウム金属が使われており、水が注入されるとマグネシウムイオンの生成が始まります。正極では大気中から取り込まれた酸素が還元されて水酸化物へと変化し、これが電解液中のMg^{2+}と反応して最終的に水酸化マグネシウムが生成します。正極では酸素の還元反応を早く進める必要があるため、電極の触媒として何を使うかが重要になり、今も研究開発が続いています。

形状はコイン型のリチウム電池とよく似た「ボタン型電池」の例として「空気-亜鉛電池」があります。補聴器用の電源として使われています。

ボタン型電池には他に「酸化銀電池」があります。カソードに酸化銀を使っていることからこの名で呼ばれ、アノードには亜鉛が使われます。カソードに価格の高い銀を使っていますが、放電特性が安定している、エネルギー密度が大きい、などの長所があることから、小型の電子機器類に広く使われています。

要点BOX

- ●負極がリチウム金属のコイン電池
- ●災害時緊急用に開発されたマグネシウム電池
- ●負極に亜鉛を使ったボタン型電池

いろいろな一次電池

コイン型リチウム電池

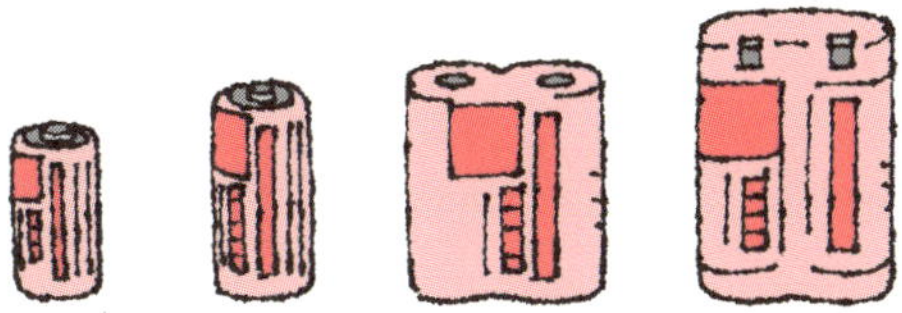

円筒型リチウム電池

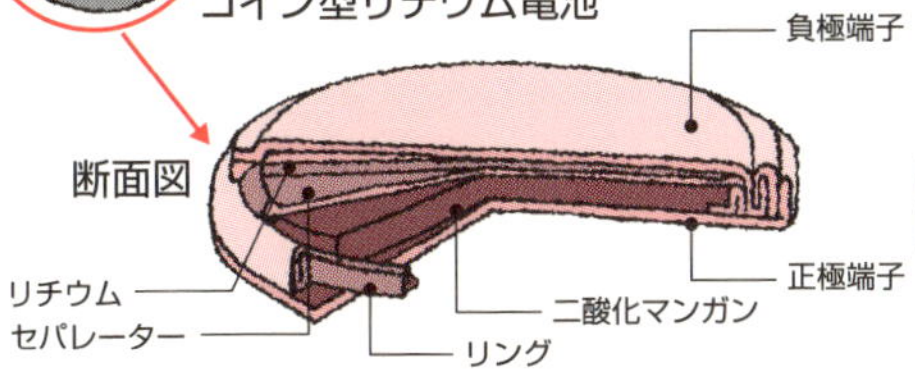

$$Li \rightarrow Li^+ + e^-$$
$$MnO_2 + Li^+ + e^- \rightarrow MnO_2Li$$

マグネシウム電池

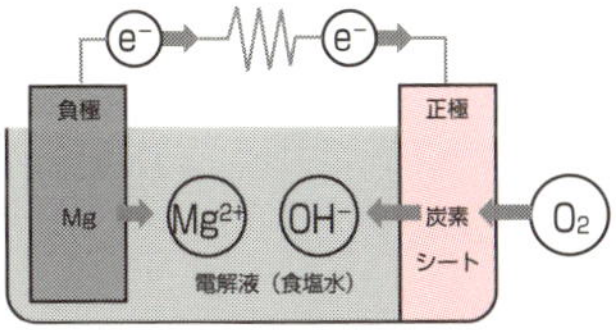

$$Mg + 1/2O_2 + H_2O \rightarrow Mg(OH)_2$$

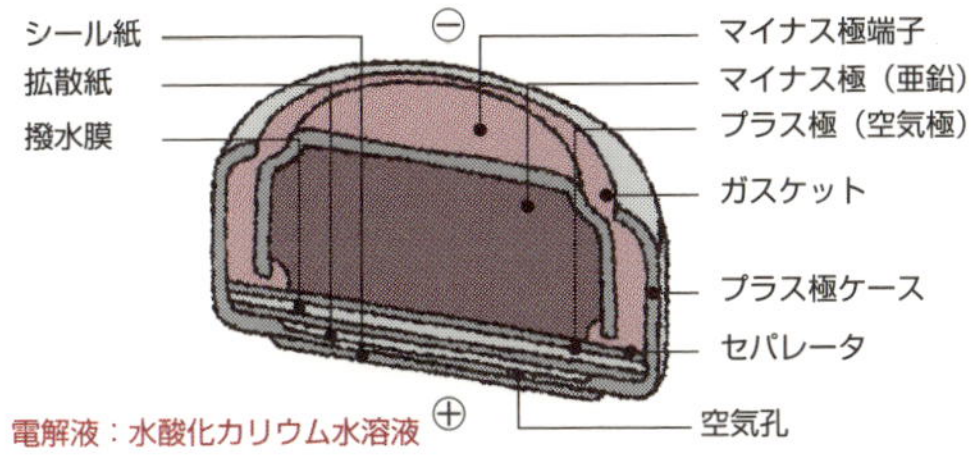

電解液：水酸化カリウム水溶液

$$Zn + 1/2O_2 \rightarrow ZnO$$

ボタン型空気－亜鉛電池

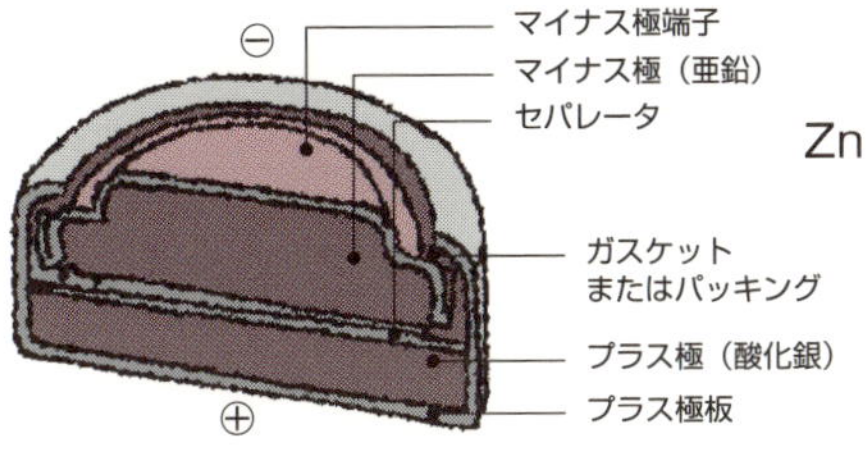

電解液：水酸化カリウムまたは水酸化ナトリウム水溶液

$$Zn + Ag_2O \rightarrow ZnO + 2Ag$$

ボタン型酸化銀電池

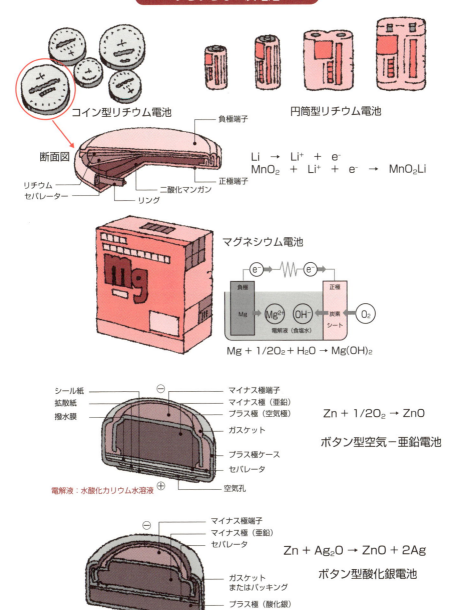

10 何度も充電して使える二次電池

二次電池の代表選手「リチウムイオン電池」

今や多くの人達が持っている携帯電話ですが、1980年代に初めて登場した持ち運び可能な電話は、電池が大きくて全体で3kgほどもあり、肩ひもを使って持ち運びをしていました。

技術の発達により電子部品がどんどん小型化され、電池も高性能化・小型化されてきました。現在皆さんが使っている携帯電話（スマートフォン）にはリチウムイオン電池と呼ばれる、充電可能で高性能な二次電池が内蔵されています。

リチウムイオン電池はその名の通り「リチウム」という元素が電荷を帯びたイオンの状態で電池内部を動くことで、放電と充電を繰り返しています。

アノード（負極）には一般的に黒鉛が使われています。黒鉛は、炭素原子が六角形状に結合した平面が上下に重なって、充電時にはこの平面間にリチウムが入り込んでいます。カソード（正極）にはコバルトなどの金属酸化物が使われています。

放電時には、アノードのリチウムが電子を放出してリチウムイオンになり、電解質中をアノードからカソードへ移動します。放出された電子は外部回路へ出ていって電気として利用されます。

カソードへたどり着いたリチウムイオンは、カソードの金属酸化物中に取り込まれ、外部回路を移動してきた電子と結合して、リチウムを含んだ金属酸化物となります。

リチウムイオン電池以外にも、様々な二次電池が使われています。鉛蓄電池は古くから自動車に使われています。家電製品にはニッケル水素電池やニカド（ニッカド）電池なども使われています。ただしニカド電池に使われているカドミウムは有害性が高い物質のため、使われなくなってきています。

リチウムイオン電池は大変高性能で、電気自動車に使われてきていますが、航続距離を長くするためにまだまだ改良が続けられています。

要点BOX

- ●リチウムイオンが行ったり来たり
- ●アノードの黒鉛の層間にLiが入る
- ●カソードはLiを含む金属酸化物

携帯電話の移り変わり

リチウムイオン電池の原理

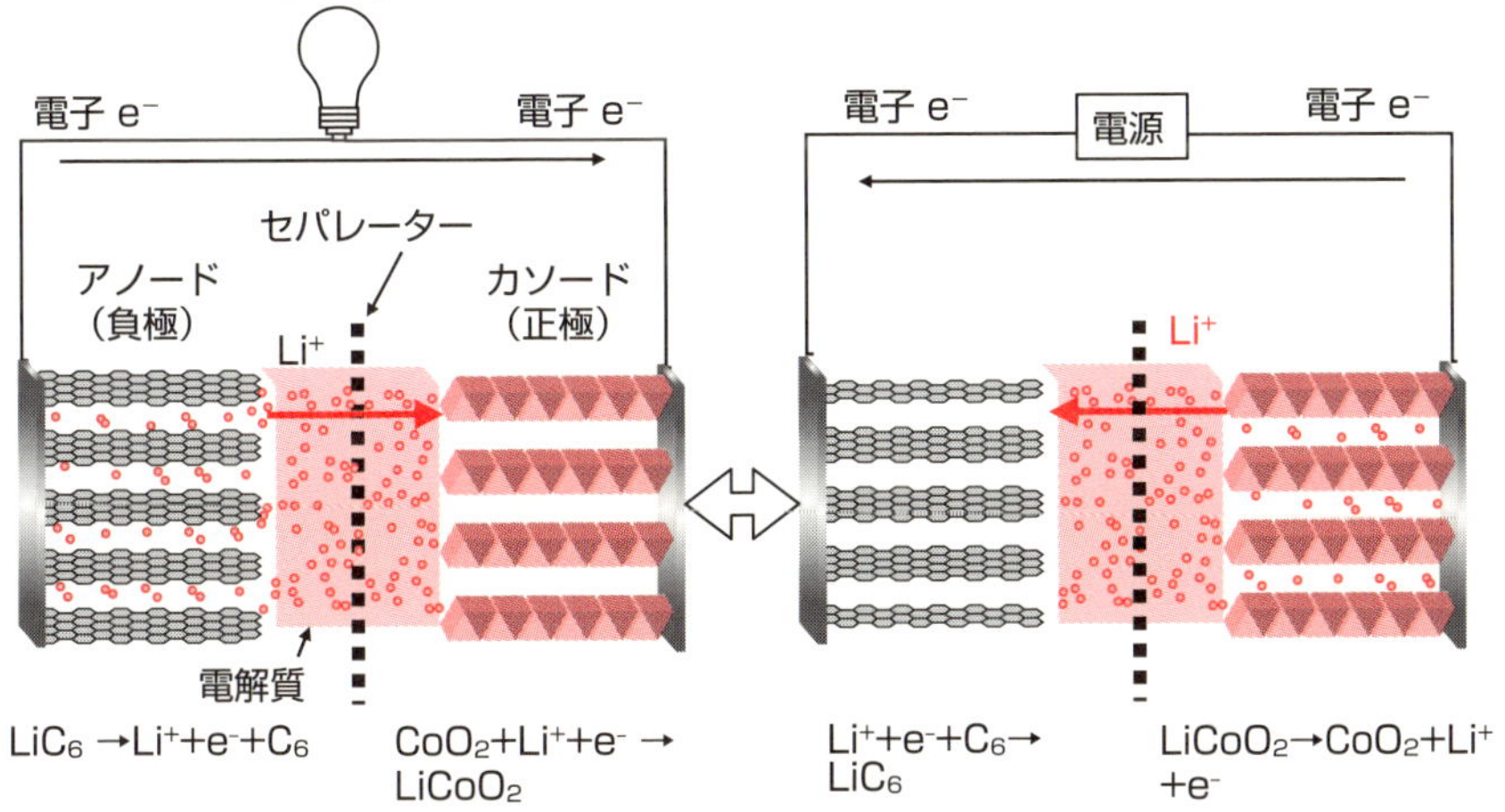

様々な二次電池

鉛蓄電池

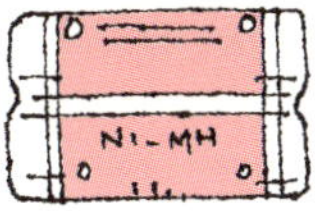

ニッケル水素電池

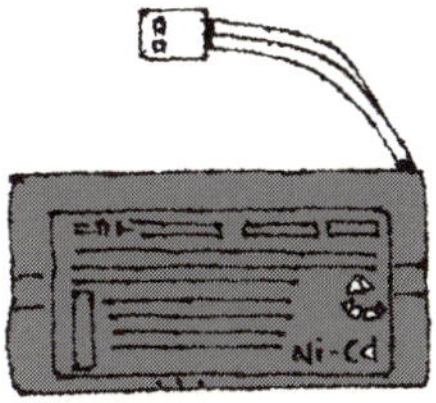

ニカド電池

11 物理電池の代表選手～太陽電池

太陽の光エネルギーを電気エネルギーへ変換

金属に電気が流れやすいのは、伝導帯という場所に電子（自由電子）が存在しているためです。これに対し電気が流れない絶縁体では、電子が詰まった場所（価電子帯）の電子は身動きできず、自由に動ける場所である伝導帯へ移動する（励起という）こともできないため、電気が流れません。

金属と絶縁体の中間の性質をもつものが半導体と呼ばれる材料で、そのままの状態では電気は流れない（電子が動けない）のですが、外からエネルギーを与えると価電子帯の電子が伝導帯へ移動することができ、電気が流れるようになります。導体と不導体の性質が半分ずつあるので「半」導体なのです。この半導体の性質を利用したものが太陽電池の発電原理となります。

様々な種類の太陽電池の中で大部分を占めるシリコン（Si）型太陽電池について簡単に説明します。半導体であるSiにほんの少しだけリン（P）を加えるとn型半導体になり、伝導体に電子が少しある状態になります。また、Siにホウ素（B）を加えるとp型半導体になり、価電子帯に正孔が少しある状態になります。このn型とp型を貼り合わせると太陽電池の原型が出来上がります。

n型とp型を貼り合わせた界面では、伝導帯の電子と価電子帯の正孔が一部結合して消滅します。この界面に太陽光が照射されると、価電子帯の電子が励起され、n型側に電子が増えてきます。逆に電子が抜けた後の正孔がp型側に増えてきます。n型とp型を導線で接続すると、電子が正孔へ向かって動き出して電気が流れます。

太陽電池の詳細な原理はもっと難しいのですが、化学電池とは異なり、物質内部の物理的な電子エネルギー変化を利用していることは理解できます。また、発電時には何も排出しないため、大変クリーンな発電装置だということも分かります。

要点BOX

- ●半導体と呼ばれる材料が使われる
- ●光エネルギーを得て電子が動き出す
- ●電子の物理的なエネルギー変化を利用

金属、半導体、絶縁体の電子の状態

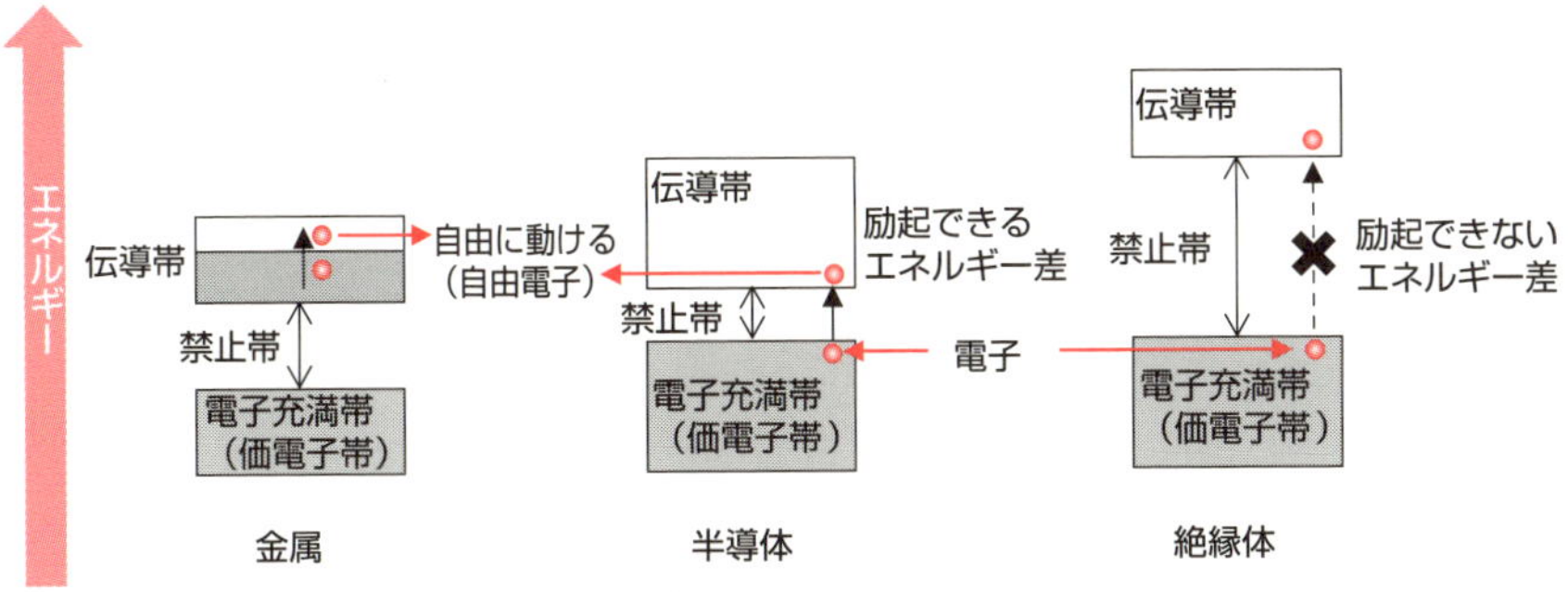

太陽電池の原型

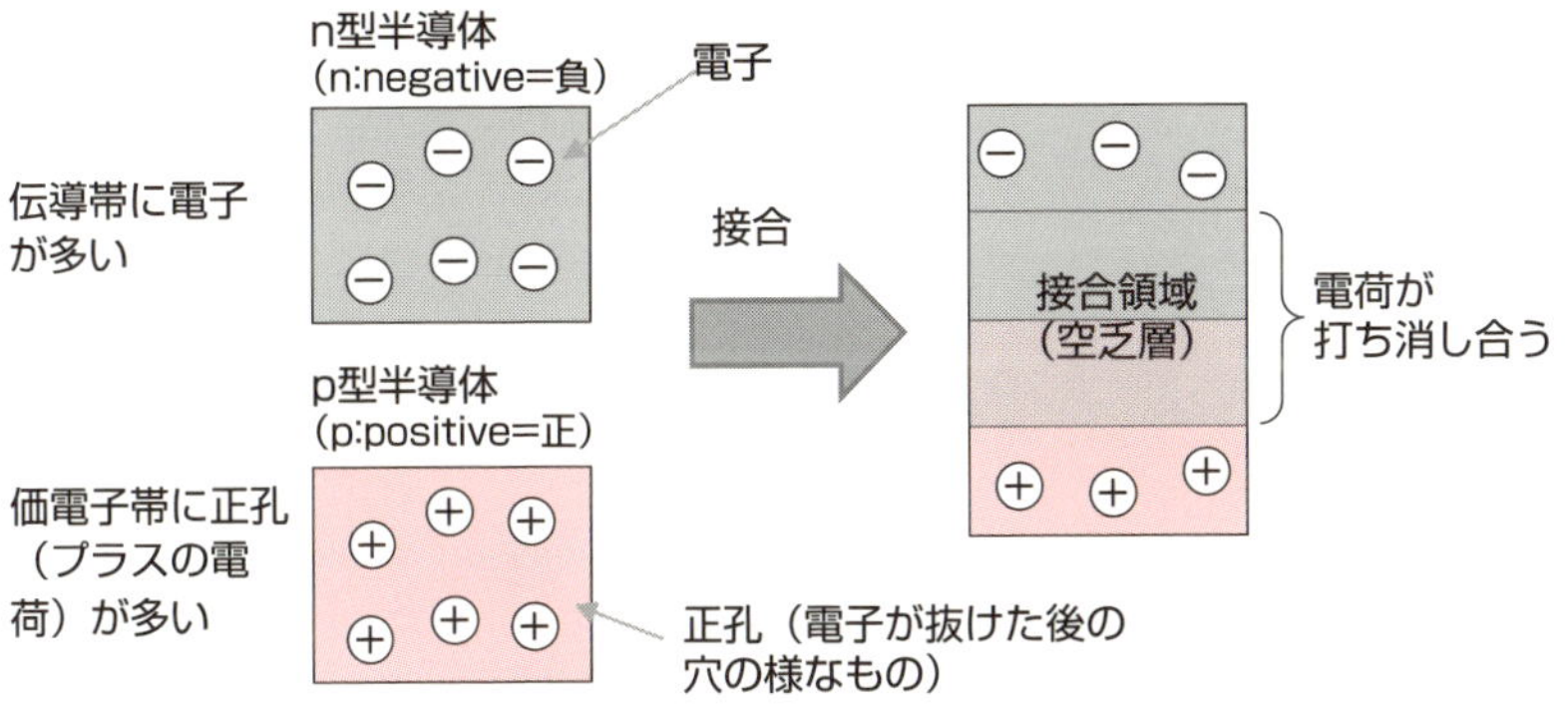

太陽電池の発電の様子

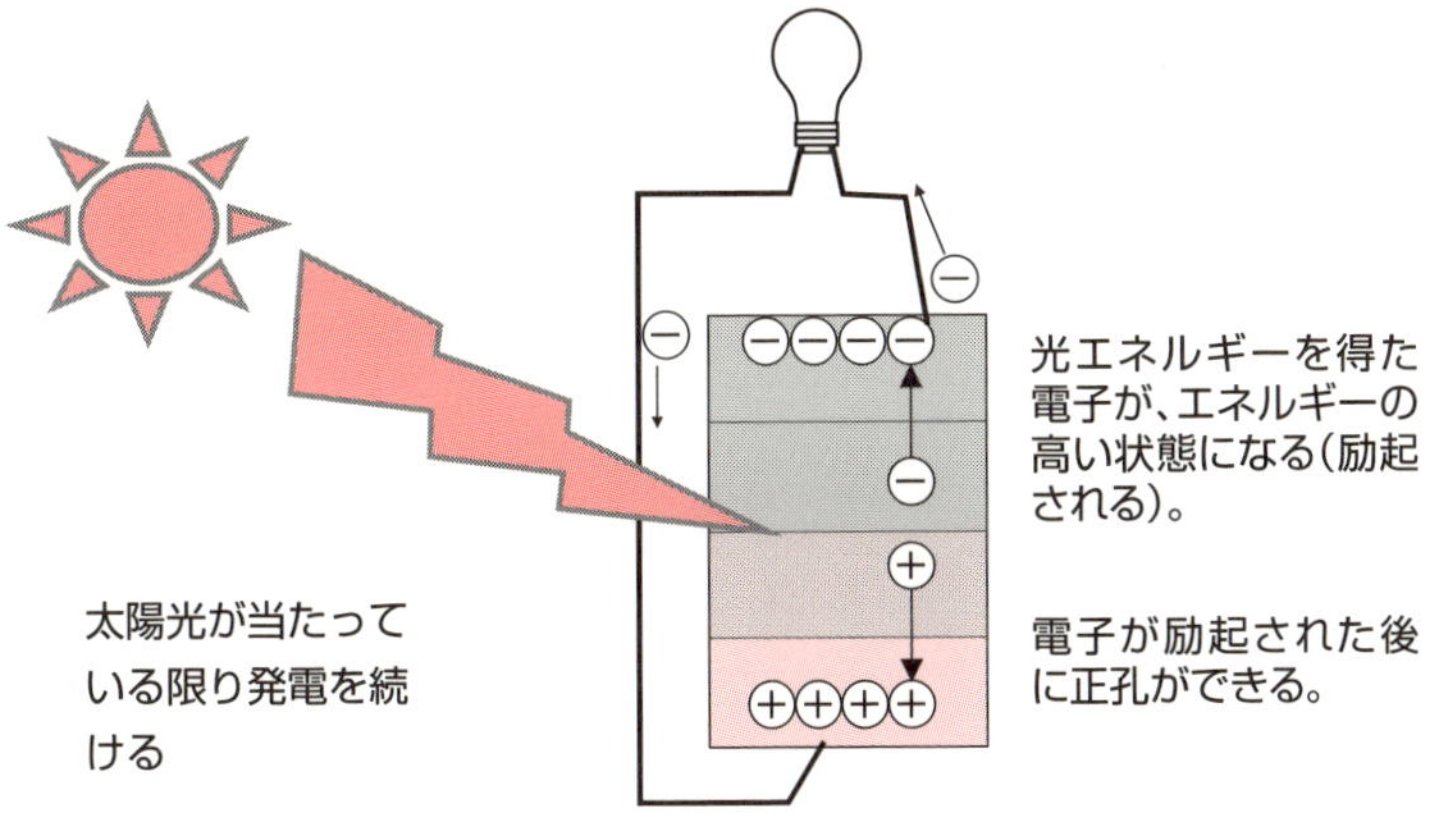

用語解説

励起：電子が低いエネルギー状態から高いエネルギー状態に移ること

12 電池みたいな働きをするキャパシタ

化学電池とはちょっと違う働きかた

ここまで説明してきた化学電池や物理電池とは原理が異なりますが、二次電池の様に放電ー充電を繰り返すことが可能な装置があります。それがキャパシタ（コンデンサ）と呼ばれるものです。

電解質を2枚の電極で挟んで電圧をかけると、片方の電極はプラスに、もう一方はマイナスの電荷を帯びます。すると、プラスの電荷を帯びた電極表面には電解質中の陰イオンが吸着して蓄積し、マイナスの電荷を帯びた電極表面には電解質中の陽イオンが吸着して蓄積していき、内部に電荷（電気）を貯めた状態になります。最終的に電極表面には、プラスとマイナスの電荷を帯びた二重層が各電極表面に形成され、これを「電気二重層」と呼ぶことから、この装置を「電気二重層キャパシタ（Electric Double Layer Capacitor：EDLC）」と呼ぶこともあります。

電解質とそれを挟む2枚の電極で構成された全体構造は、これまでに説明してきた化学電池によく似ています。しかし、電極表面に吸着したイオンと電極との間で電子のやり取り（酸化還元反応）は起きません。これが化学電池と大きく異なる点になります。化学反応を経由せずに電子の移動が進むため、充放電速度が速いという特長があります。

代表的な各種二次電池の出力密度とエネルギー密度（簡単に言うと、前者は短時間にどれだけエネルギーを取り出せるか、後者はどれだけ長時間エネルギーを取り出せるか）を比較してみます。電気二重層キャパシタは原理上、他の電池に比べて瞬発力があるけれども持久力が無いといえます。それを改善するために、負極がリチウムイオン二次電池と似た材料を使ったリチウムイオンキャパシタの登場で、持久力の改良が行われています。今後もさらに改良が進んでいくと思われます。

要点BOX

- ●電気二重層に電気を貯める蓄電装置
- ●充放電が速い
- ●持久力向上が課題

電気二重層キャパシタの原理

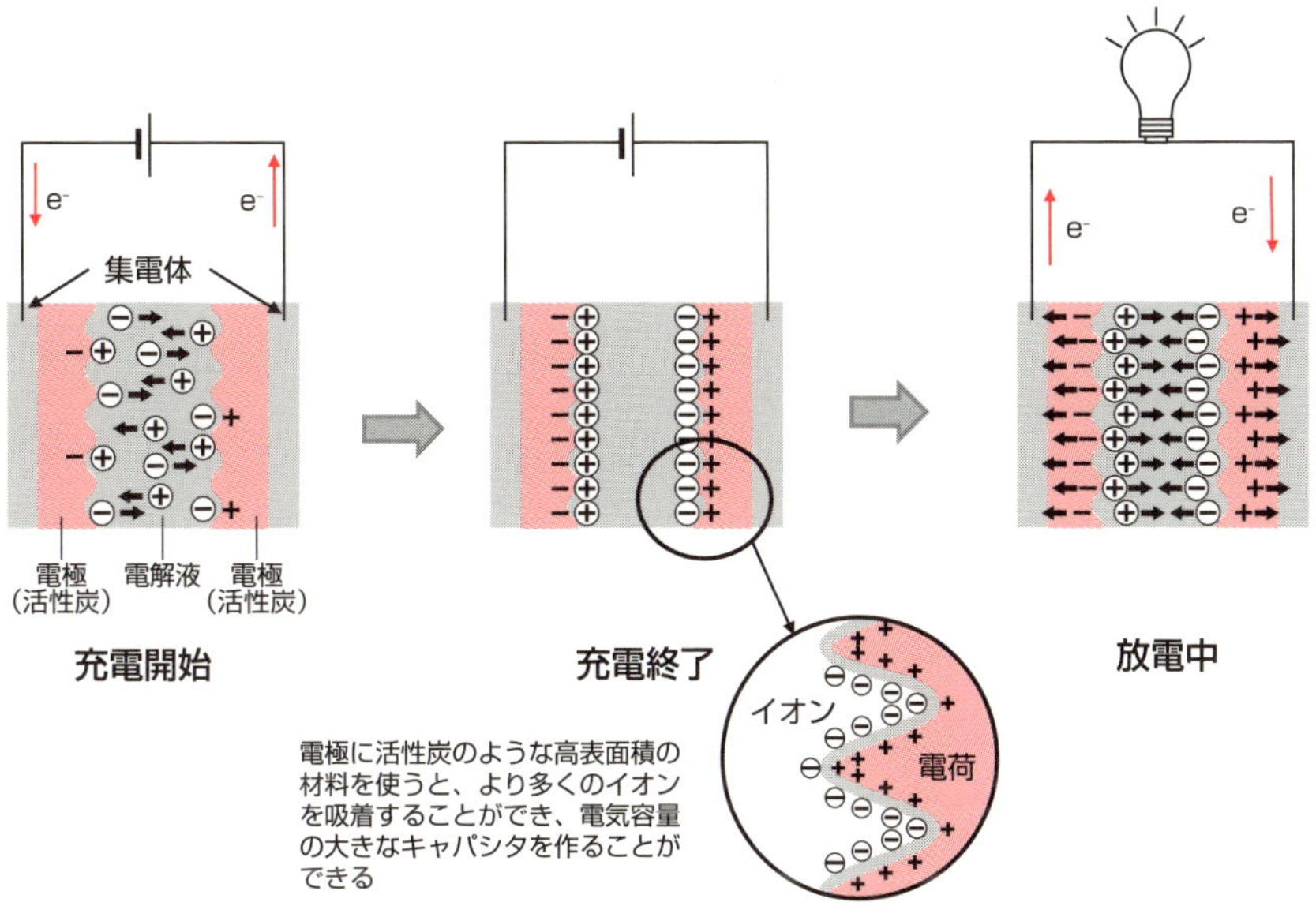

各種電池の出力密度とエネルギー密度

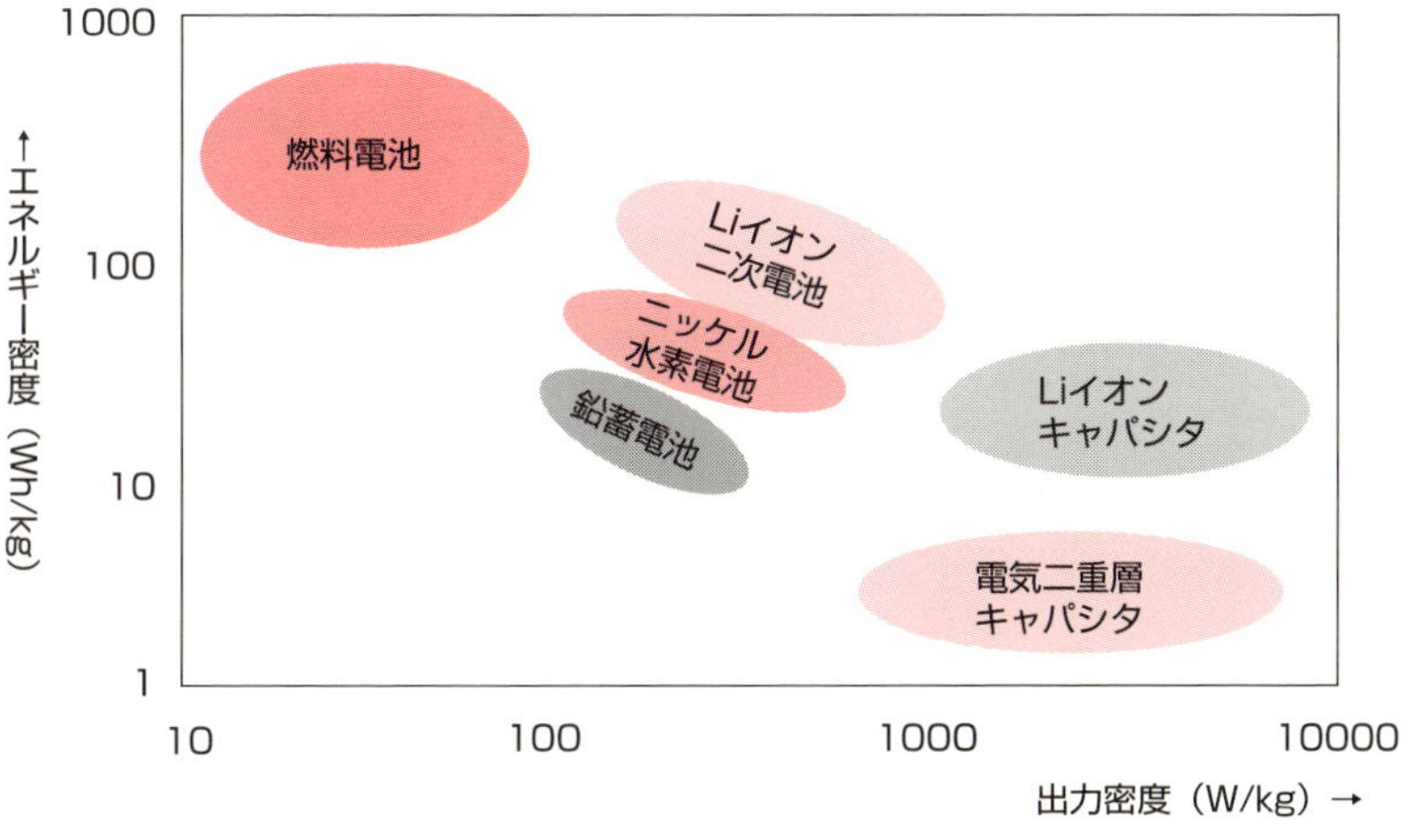

13 結局、燃料電池って何がいいの?

クリーンで高いエネルギー変換効率

ここまでいろいろなタイプの電池の代表例を簡単に見てきましたが（さらに詳しく知りたい方は、詳細な説明のある書籍等をひも解いてみて下さい）、燃料電池が一般的な「電池」とはかなり異なっていることが理解できたと思います。では燃料電池が大きく注目を集めている理由は何でしょうか。

一番の特長は、燃料電池は水素と酸素の反応で発電し、発電時に排出されるものは水だけで、環境にやさしいという点です。これに対し火力発電では、温室効果ガスとされる二酸化炭素が大量に放出されるだけでなく、燃焼過程で硫黄酸化物や窒素酸化物が排出され、酸性雨の原因となります。特に石炭火力発電では、排ガスを適切に処理しないと微小粒子状物質（ＰＭ２・５）が排出され、人体へ悪影響を及ぼします。燃料電池には「クリーンな発電所」の役割が期待されています。

二つ目は、燃料電池は電気化学的な反応を利用した発電のため、機械的に動く仕掛けが不必要となり、騒音が出ないという点です。実際の燃料電池を動かすためには様々な周辺装置が必要となるため、システム全体として全く騒音が出ないわけではありません。それでも、大きなタービンを動かして発電する火力発電などと比べて、静粛性は大きな利点となります。したがって、居住エリアなどにも設置することも可能となり、実際に集合住宅やホテル、病院などにも設置されて稼働しています。

三つ目に、燃料電池の理論的な発電効率は火力発電などに比べて非常に高い点です。詳しくは後ほど説明する通り、実際の発電効率は理論値ほどの高い値にはなりませんが、損失分の排熱を有効利用しやすいシステムのため、80%以上もの総合エネルギー効率が得られます。

次章からは、燃料電池の特長や魅力について詳しく見ていきたいと思います。

要点BOX

- ●排出物は水のみでクリーン
- ●機械的な動きが無いので低騒音
- ●発電効率が高い

燃料電池の特長

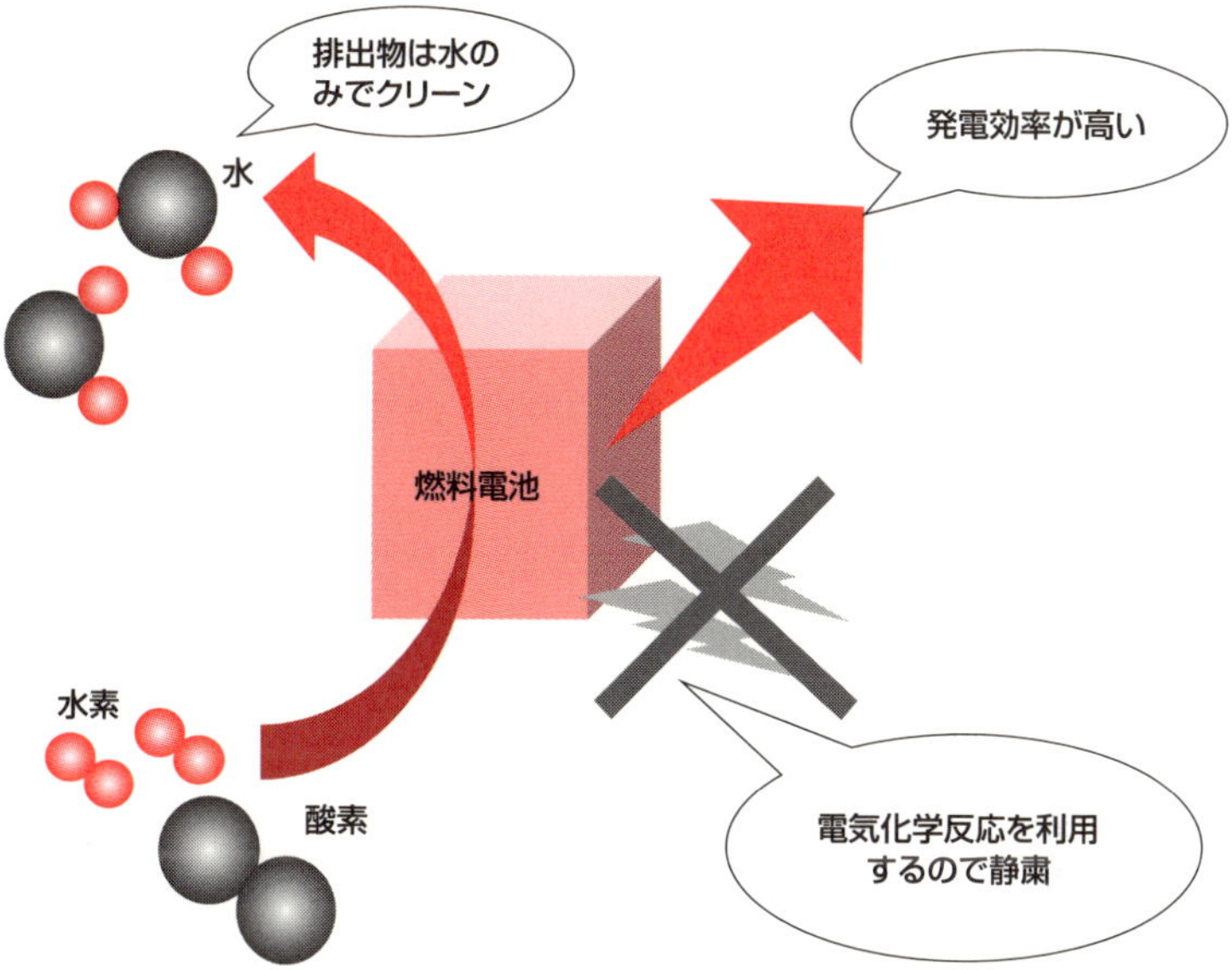

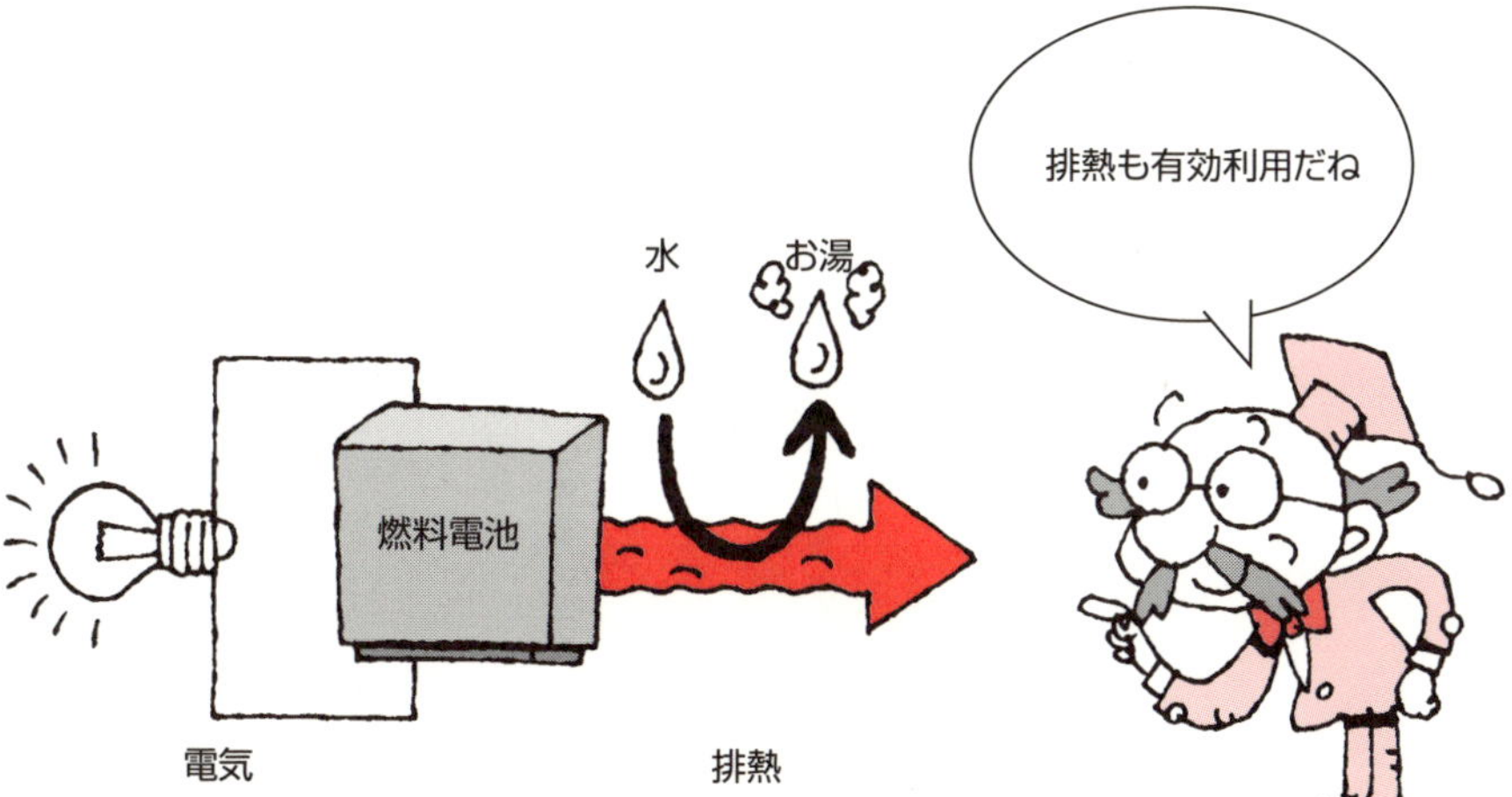

総合エネルギー効率が高い

電解系と電池系で電極の呼び名が違う?

プラス極とマイナス極の日本語での呼び方が電解の時と電池の時で異なり、よく混乱します。

電解系の時（硫酸の場合）は、電源のマイナス極につないだ電極を「陰極」と呼び、水素イオンに電子が与えられて水素が発生します。反対側のプラス極を「陽極」と呼び、水分子から電極へ電子が奪われて酸素が発生します。

電池系の時（燃料電池の場合）は、水素極を「負極」と呼び、水素から電極へ電子が奪われて水素イオンが発生します。酸素極は「正極」と呼び、電極から酸素へ電子が与えられ、さらに水素イオンが反応して水が生成します。

どちらの系でも、物質から電極へ電子が奪われる反応（酸化反応）が起こる電極を英語で「アノード」、電極から物質に電子が与えられる反応（還元反応）が起こる電極を「カソード」と呼びます。この呼び方で整理すると次のようになります。

電解系の時

陽極（電子の移動：水→電極）＝アノード

陰極（電子の移動：電極→水素イオン）＝カソード

電池系の時

負極（電子の移動：水素→電極）＝アノード

正極（電子の移動：電極→酸素）＝カソード

日本語では「陽と陰」「正と負」の2つの組合せがあり混乱しますが、英語での呼び方に統一すると、物質から電極に電子が移動する時（酸化反応）が「アノード」、電極から物質に電子が移動する時（還元反応）が「カソード」となります。

本書ではアノード・カソードを多用しますので、迷ったら図を見て確認しましょう。

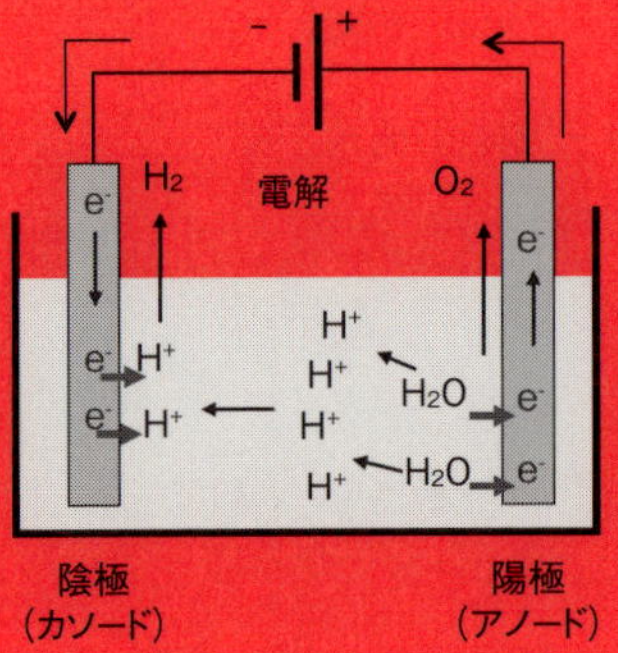

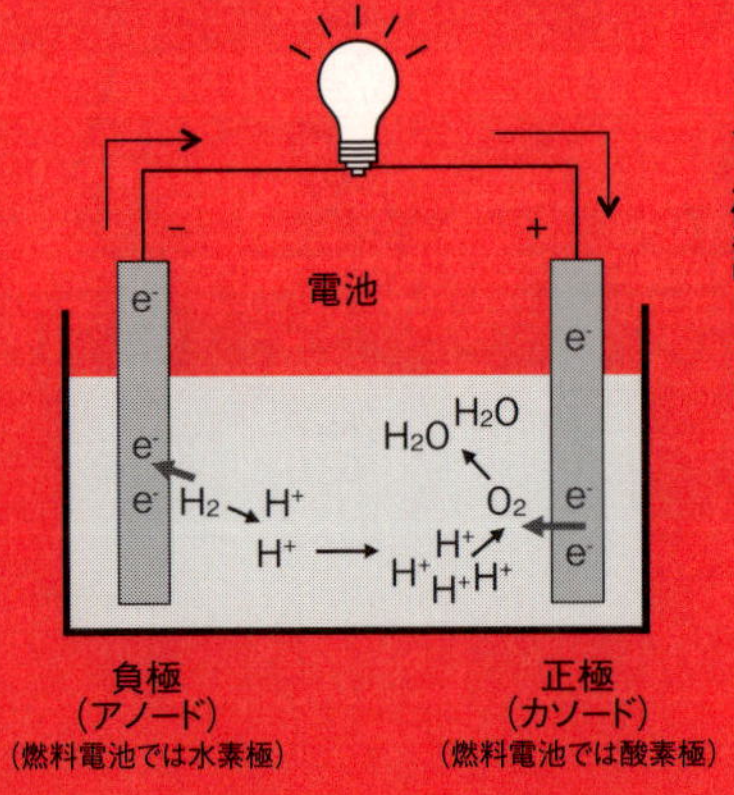

第2章

燃料電池の歴史

14 グローブ卿が初めて燃料電池を実証

水素と酸素を使って発電に成功

イタリアのガルバーニは、解剖したカエルの足の筋肉に2種類の金属で触れた時、足が痙攣することを発見し、これは筋肉中に電気が起きているためだと１７９１年に発表しました。しかしその後、同じくイタリアのボルタが、食塩水で湿らせた紙を亜鉛と銅の板で挟んだものをたくさん積み重ねると電気が流れることを発見し（ボルタの電堆）、ガルバーニの説を否定しました。さらにボルタは、負極に亜鉛、正極に銅、電解液に硫酸を使って電気が流れることを１８００年に示し（ボルタの電池）、ここから化学電池の開発が本格的に始まりました。

燃料電池の原理は、英国のハンフリー・デービー卿が19世紀初頭に初めて提唱したと言われていますが、実際に実験的に確認したのは同じく英国のウィリアム・グローブ卿による１８３９年の実験によるため、グローブ卿を「燃料電池の父」と呼ぶこともあります。

グローブ卿が初めて行った実験について、論文には具体的な実験の図が無いのですが、書かれている内容から推測して図にしたものを示します。Pt（白金）電極を容器の底に立て、希硫酸で満たします。Pt電極は底から導線で外部の検流器（電気の流れを検知する）に接続します。水素および酸素を入れた管をそれぞれのPt電極に差し込んでいきました。両方のPtがガスに接するようになるまで管を下げていった瞬間、検流器の針が強く触れたと書かれています。これが燃料電池の原理を初めて実証した実験となりました。その後１８４２年、同じくグローブ卿が発表した論文には実験装置の図も記載されていて、基本単位の電池をいくつも直列に接続して実験した結果が報告されています。その中には、26個接続すると水の電解が進んだとの記述があります。燃料電池の発電で水の電気分解を行った世界最初の実験となりました。

要点BOX

- ●ボルタの実験から電池開発が本格化
- ●グローブ卿が1839年に水素と酸素で実証
- ●1842年には水の電解も確認

ボルタの電堆

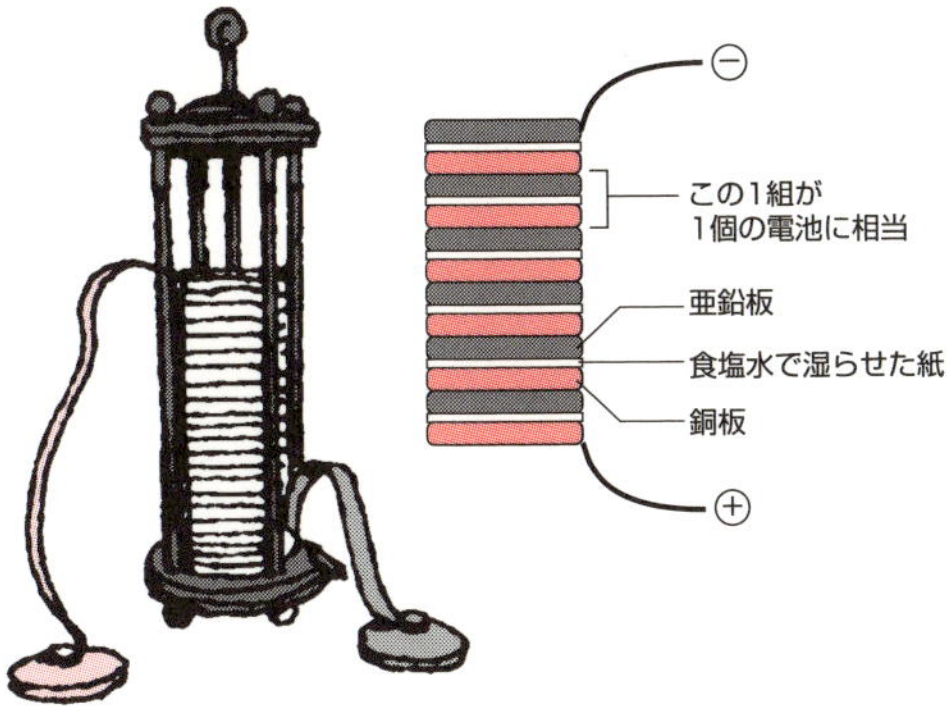

ボルタの電池

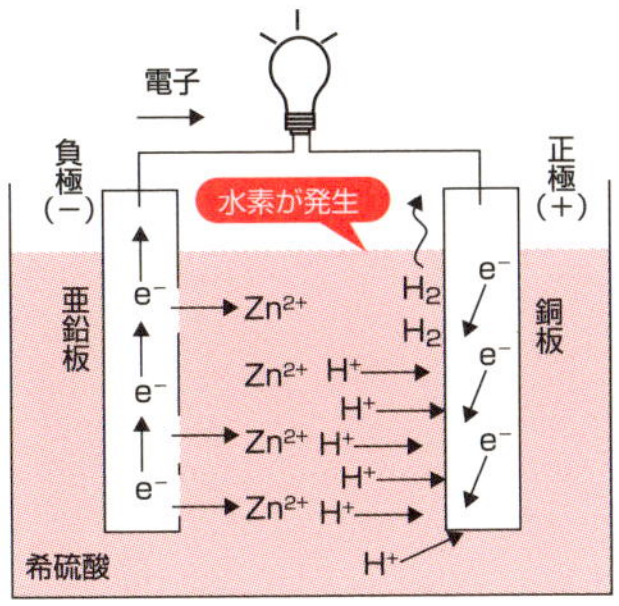

グローブ卿が行った実験

1839年に行った実験

水素および酸素が入ったチューブを、内部の気体がPtに触れるように内部の水面を下げていった。

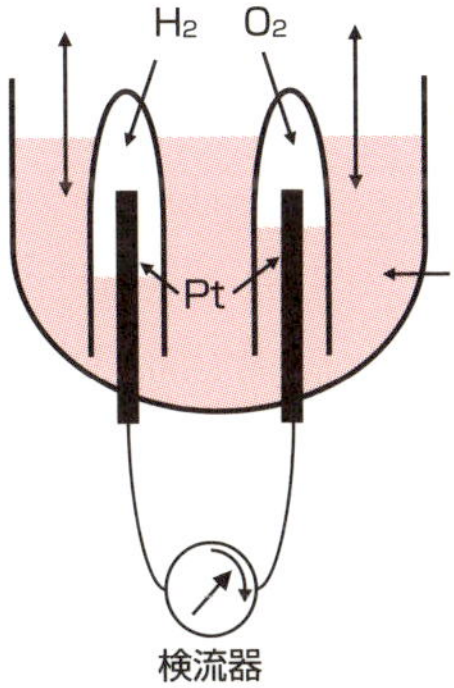

「On Voltaic Series and the Combination of Gases by Platinum」という題名で発表

1842年に行った実験

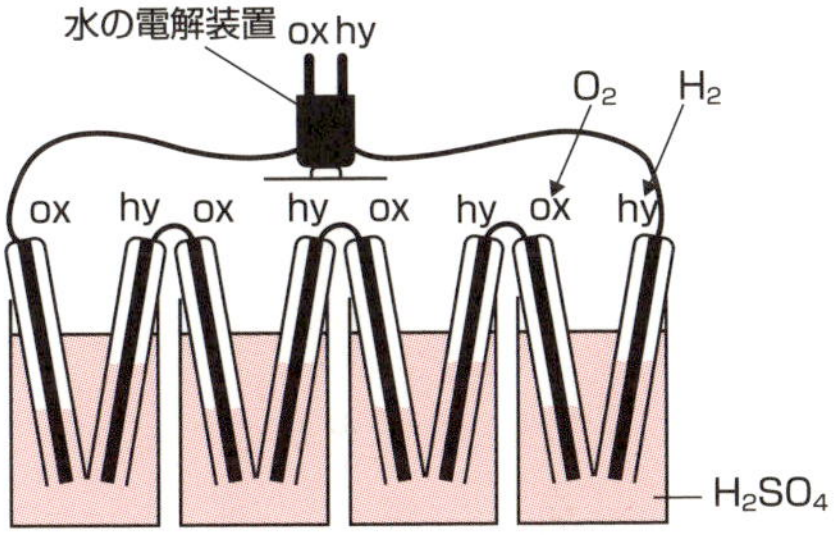

「On a Gaseous Voltaic Battery」という題名で発表

どちらも
「THE LONDON AND EDINBURGH PHILOSOPHICAL MAGAZINE AND JOURNAL OF SCIENCE」
という雑誌に発表した実験

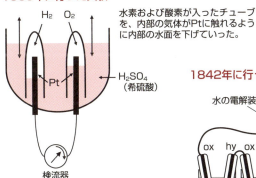

15 アルカリ形燃料電池の登場

宇宙探索用の宇宙船に採用

グローブ卿が燃料電池の実験に成功した後、しばらくは大きな進展がありませんでした。１８３９年のグローブ卿による実験から50年後の１８８９年、同じく英国のルドウィッグ・モンドとカール・レンジャーが、「A new form of gas battery」という題名で発表した論文では、開発した燃料電池で発電したデータを報告し、特許も取得しました（英国２４１１、米国４０９３６５）。

さらに50年経った１９３９年、英国のフランシス・ベーコンが、アルカリ溶液を電解質に使った初めてのアルカリ形燃料電池の開発に成功しました。それまでの燃料電池は、腐食性の強い酸性の溶液を使ったり、高価な白金を電極に使ったりという課題がありました。これに対しベーコンのアルカリ形燃料電池では、比較的腐食性の低いアルカリ電解質を使うため、電極には価格の安いニッケルを使うことができる点に特長がありました。

さらにベーコンは１９５９年に５kW級（５～６kW）のアルカリ形燃料電池を実証し、これが燃料電池開発の大きな転換点となりました。これに先立ちベーコンは１９５２年に英国特許を取得しており（特許番号６６７２９８）、この使用ライセンスを得た米国のプラット&ホイットニー社（Pratt & Whitney：Ｐ＆Ｗ、ユナイテッド・エアクラフト社の一事業部門）がさらに改良を進めていきました。

そのころアメリカ航空宇宙局（ＮＡＳＡ）では、有人の月面探索いわゆる「アポロ計画」が進められていて、この計画で使う宇宙船の電源に、Ｐ＆Ｗ社が開発したアルカリ形燃料電池が採用されることとなりました。燃料電池の発電時に生成する水は、宇宙飛行士の飲み水として利用されました。

その後、ＮＡＳＡにより１９８１～２０１１年に行われたスペースシャトル計画でも、電源にアルカリ形燃料電池が使われました。

要点BOX

- ●アルカリ型の原型はベーコンが開発
- ●アポロ計画の宇宙船用電源に採用
- ●スペースシャトルにも搭載

アルカリ形燃料電池の進展

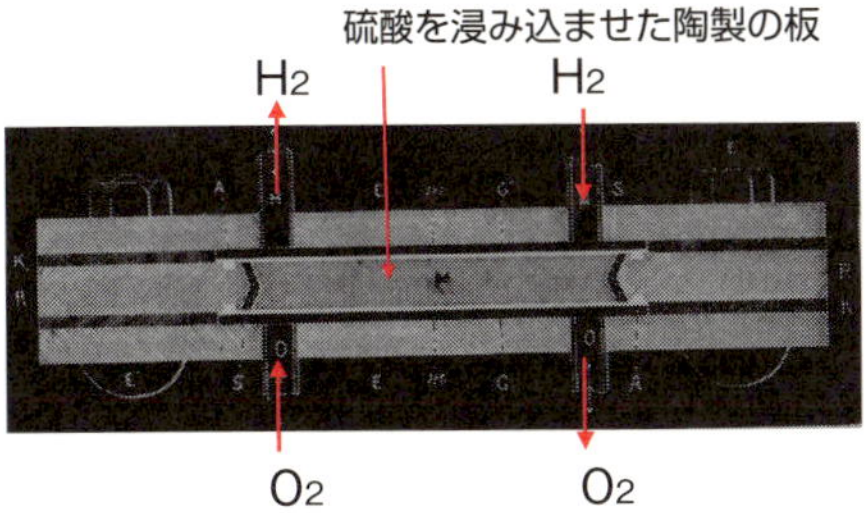

モンドとレンジャーが発表した「gas battery」の1例

出典:PROCEEDINGS OF THE ROYAL SOCIETY OF LONDON, 1890,Vol.46,pp296-304

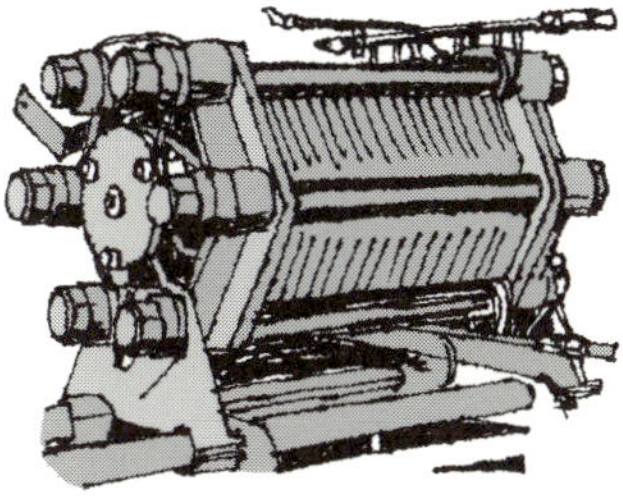

ベーコンが開発した5kW級アルカリ形燃料電池

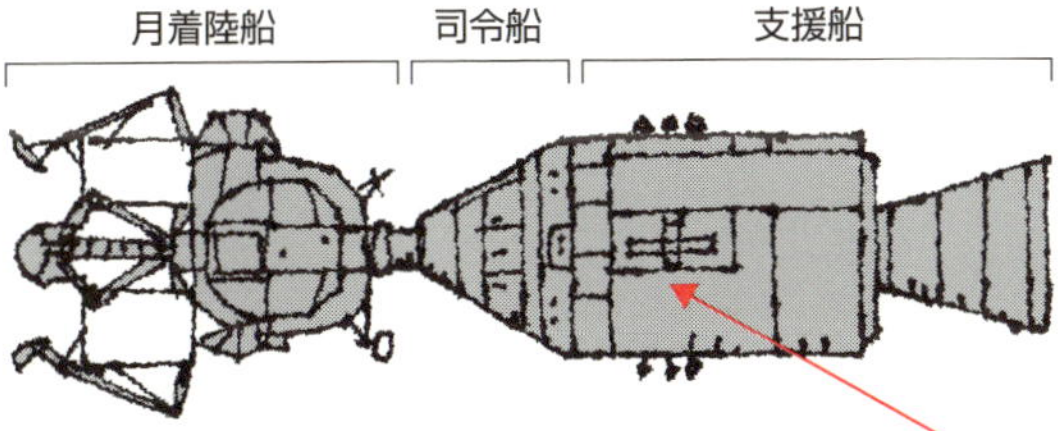

映画にもなったアポロ13号の外観

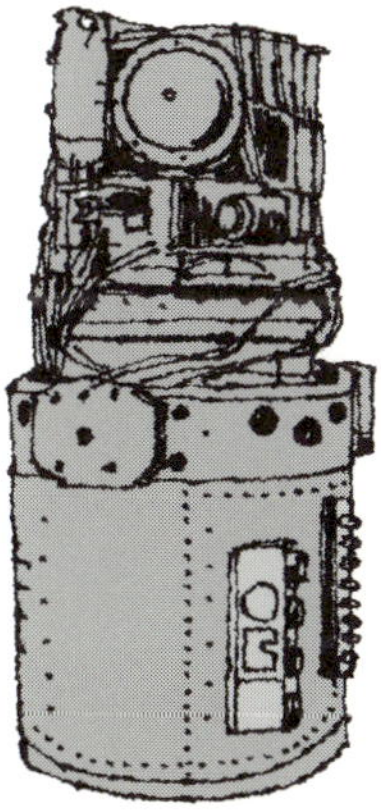

アポロ宇宙船に搭載された1.5kWアルカリ形燃料電池PC3A

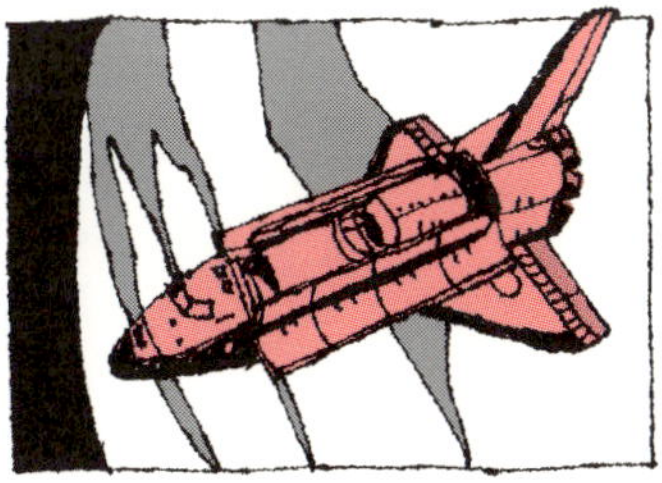

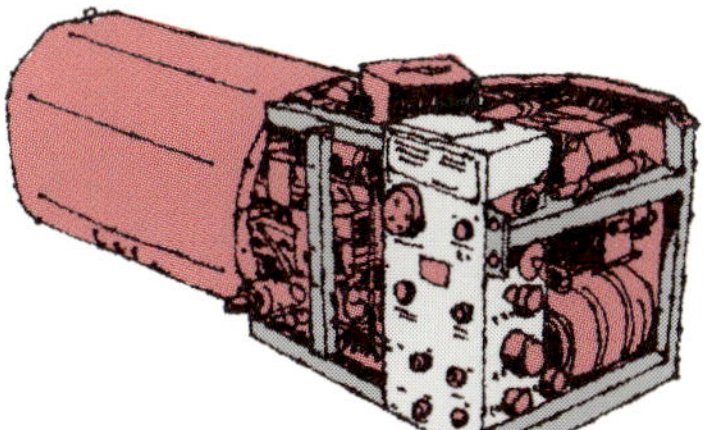

スペースシャトルに搭載されたアルカリ形燃料電池

16 商用化へといち早く進んだりん酸形

米国と日本で導入が進められてきた

米国における宇宙用アルカリ形燃料電池の開発が進められてきた一方で、１９６０年代には、電解質にりん酸を使った「りん酸形燃料電池」の開発が本格化しました。

その発端は、１９６７年に米国で始まったＴＡＲＧＥＴ計画です。天然ガスの用途を拡大することを目的として米国内の主要ガス会社が参画し、天然ガスの改質によって得られる水素を燃料としたりん酸形燃料電池の開発が始まりました。１９７０年に入ってからは出力が12・５kWの「ＰＣ11」型機がＵＴＣ（United Technologies Corporation）社により開発され、１９７１年からはカナダでの実地試験（フィールドテスト）も行われました。

その後、日本の東京ガスと大阪ガスもこの計画に加わってＰＣ11型機を導入し、１９７２年から東京ガスで、１９７３年から大阪ガスで、それぞれ２台ずつ運転を始めました。半年間ほどかけて実地試験を行い、日本で初めてのりん酸形燃料電池の実地試験成功例となりました。

１９７６年からは米国ＧＲＩ（Gas Research Institute）が計画を引き継ぎ（ＧＲＩ計画）、40kWのＰＣ18型機の商用化を目標として進められました。この成功を受けて、１９８５年にＵＴＣ社と日本の東芝がＩＦＣ（International Fuel Cells）社を設立し、さらに開発を進めました。

ＴＡＲＧＥＴ計画及びＧＲＩ計画で導入された燃料電池は「オンサイト（on-site）型」と呼ばれ、電気が必要な場所に設置するタイプになります。これに対し発電所の様な役割の「分散型」燃料電池の開発がFCG-1計画で進められました。１MW機、４・５MW機の開発を経て、１９９１年にはＩＦＣと東芝が共同で開発した世界最大の11MW機が東京電力の五井火力発電所内に設置されました。

要点BOX

- ●米国のガス会社がTARGET計画を主導
- ●GRI計画が開発を引継ぎ
- ●FCG-1計画で大型発電用が開発

りん酸形燃料電池の開発の歴史（1）

オンサイト型（必要な場に設置）

TARGET計画*1　1967年

12.5kWの「PC11」型機

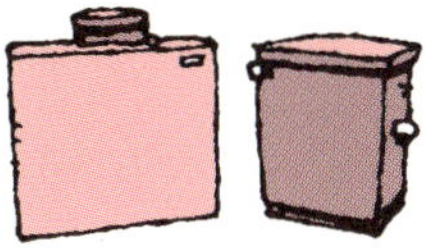

日本（東京ガス･大阪ガス）にも導入　1972～1973年

GRI計画　1976年

40kWのPC18型機

開発に成功

IFC社設立　1985年

200kWのPC25型機

IFC社と東芝が1990年に設立したONSI社で開発（17項参照）

分散型（大規模発電）

ガス会社が中心のTARGET計画に対して、米国内の電力会社が中心となり、MW級の分散型燃料電池の開発を計画

1971年　FCG-1計画*2

1991年　11MW（1万1千kW）機が日本に設置（東京電力五井火力発電所内）

世界最大！

＊1　TARGET:Team for Advanced research on Gas Energy Transformations

＊2　FCG -1:Fuel Cell Generator-1

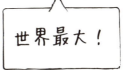

17 日本におけるりん酸形の開発

様々な発電容量タイプが開発され、耐久性も実証

　1973年に起こった第1次石油危機（いわゆる石油ショック）をきっかけに、新エネルギーの開発を進める「サンシャイン計画」が1974年に日本で始まりました。さらに1978年には、省エネルギー技術を開発する「ムーンライト計画」（1993年まで）が始まり、異なる種類の燃料電池の開発が計画され、りん酸形燃料電池はいち早く1981年から本格的な開発が始まりました。

　燃料電池メーカーとして日立製作所、三菱電機、東芝、富士電機がムーンライト計画に参画し、分散型発電用の1MW機、オンサイト型の100kWや200kW級機などが開発されました。水素源の燃料は多くが天然ガスやナフサですが、メタノールの改質で水素を取り出すタイプも開発されました。

　米国IFC社と東芝は、1990年に合弁でONSI社を米国に設立し、200kWオンサイト型のPC25型の商用化を進めました。1995年に販売開始となった商用機PC25C型は、これまでに日本を含め世界中に280台が出荷されました。ONSI社の技術は様々な経緯を経て現在はDoosan Fuel Cell America社に受け継がれ、400kW級オンサイト型が製造されています。

　富士電機は1973年にりん酸形燃料電池の研究開発を始め、国産機初の30kW機を1983年に開発しました。ムーンライト計画に参画してからは、1MWや5MWの分散型、50kW～200kWのオンサイト型や5kWの小型機などを開発してきました。

　1998年には100kWの第一次商用機を販売開始し、それ以降はこの容量に特化して商用化を進めてきました。運転時間は目標とした4万時間を超え、6万時間を超えるものも出てきており、耐久性は十分に実証されてきました。現在は日本国内唯一のりん酸形燃料電池メーカーとして、「FP-100i」型を国内外へ出荷しています。

要点BOX

- ●ムーンライト計画で開発が本格化
- ●オンサイト型が商用化
- ●4万時間の耐久性を実証

りん酸形燃料電池の開発の歴史(2)

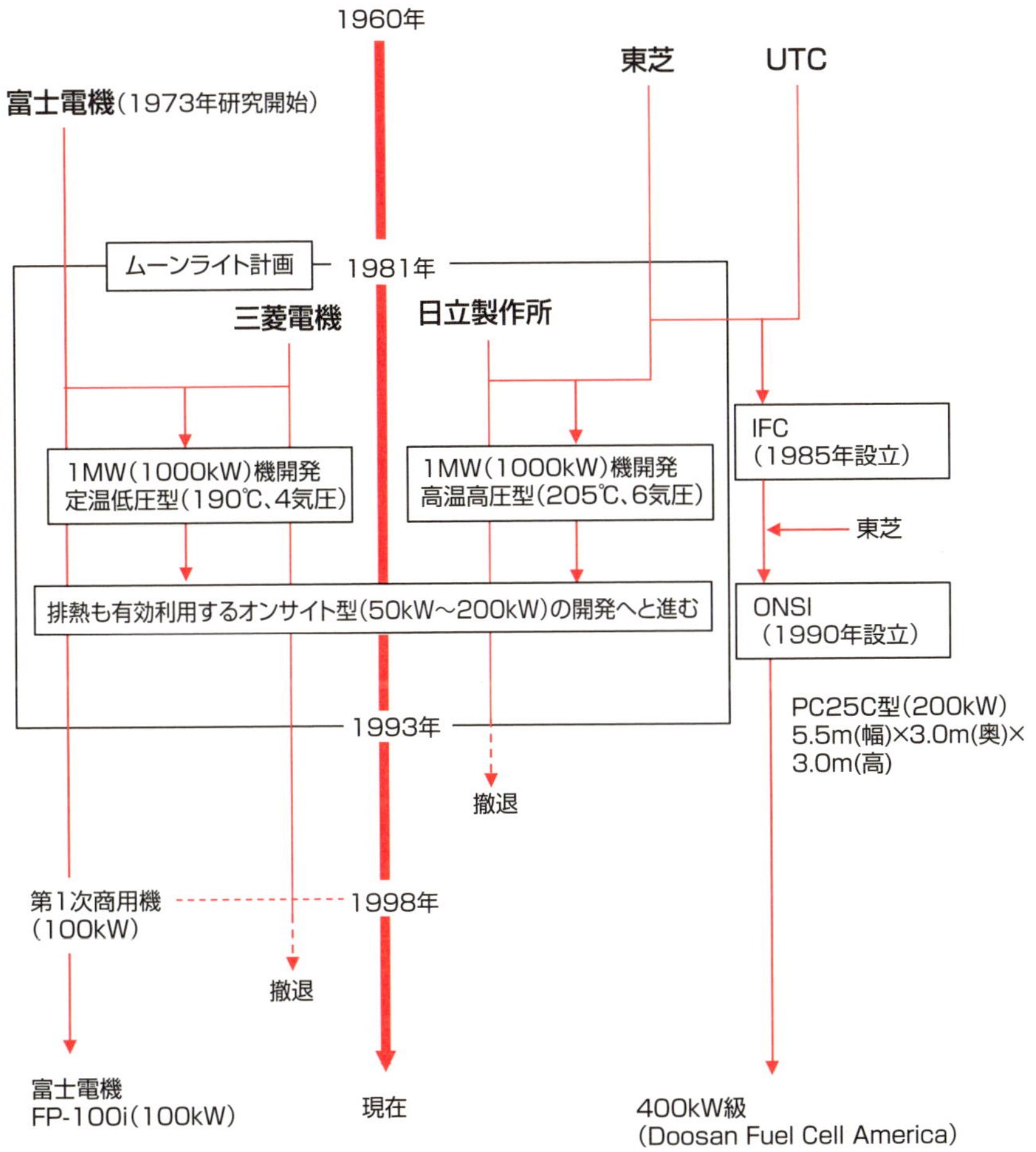

18 固体高分子形の登場

自動車への応用研究が盛んに

米国で１９６１年から始まった「アポロ計画」とほぼ同時に、この計画を実施するために必要な技術を検証するための「ジェミニ計画」が始まり（１９６１〜１９６６年）、１９６５年に打ち上げられたジェミニ5号には、宇宙船の電源として初めて燃料電池が採用されました。この時の燃料電池は、水素イオンが伝導する「固体高分子膜」を使った「固体高分子形燃料電池」が使われました。この時の高分子膜は炭化水素系（主に炭素と水素で構成された高分子）の膜で、当時の技術ではまだ十分な耐久性がなく、電極にも高価な白金を多く使うため、アポロ計画ではアルカリ形燃料電池が採用されました。

その後、炭化水素系よりも耐久性の高いフッ素系の固体高分子膜（詳細は第４章）が開発され、これを用いた固体高分子形燃料電池の開発が進みました。比較的低温（80℃程度）で作動するので起動停止が迅速で、出力密度も大きいことから小型化が可能という特長を生かし、自動車の様な移動体に適用するための研究開発が進んでいきました。

１９９３年にカナダのバラード社（Ballard Power Systems）が商用プロトタイプとして発表した燃料電池バスには、フッ素系の高分子膜を使った固体高分子形燃料電池が搭載されました。これを契機に燃料電池自動車（ＦＣＶ：Fuel Cell Vehicle）の開発が世界中で本格化していきました。

１９９０年代後半から世界中の自動車メーカーが開発車を発表してきましたが、２０００年代に入って実用レベルまで性能が向上し、２０１４年にはトヨタ自動車が、２０１６年にはホンダが販売を開始しました。

ジェミニ計画で固体高分子形燃料電池が宇宙船に採用されてから半世紀が経ち、一般の人々が燃料電池自動車に乗れる時代がやってきたのです。

要点BOX

- ●米国ジェミニ計画で採用
- ●フッ素系高分子膜の登場で開発進展
- ●小型化が可能で自動車用に応用

固体高分子形燃料電池（自動車用）の開発の歴史

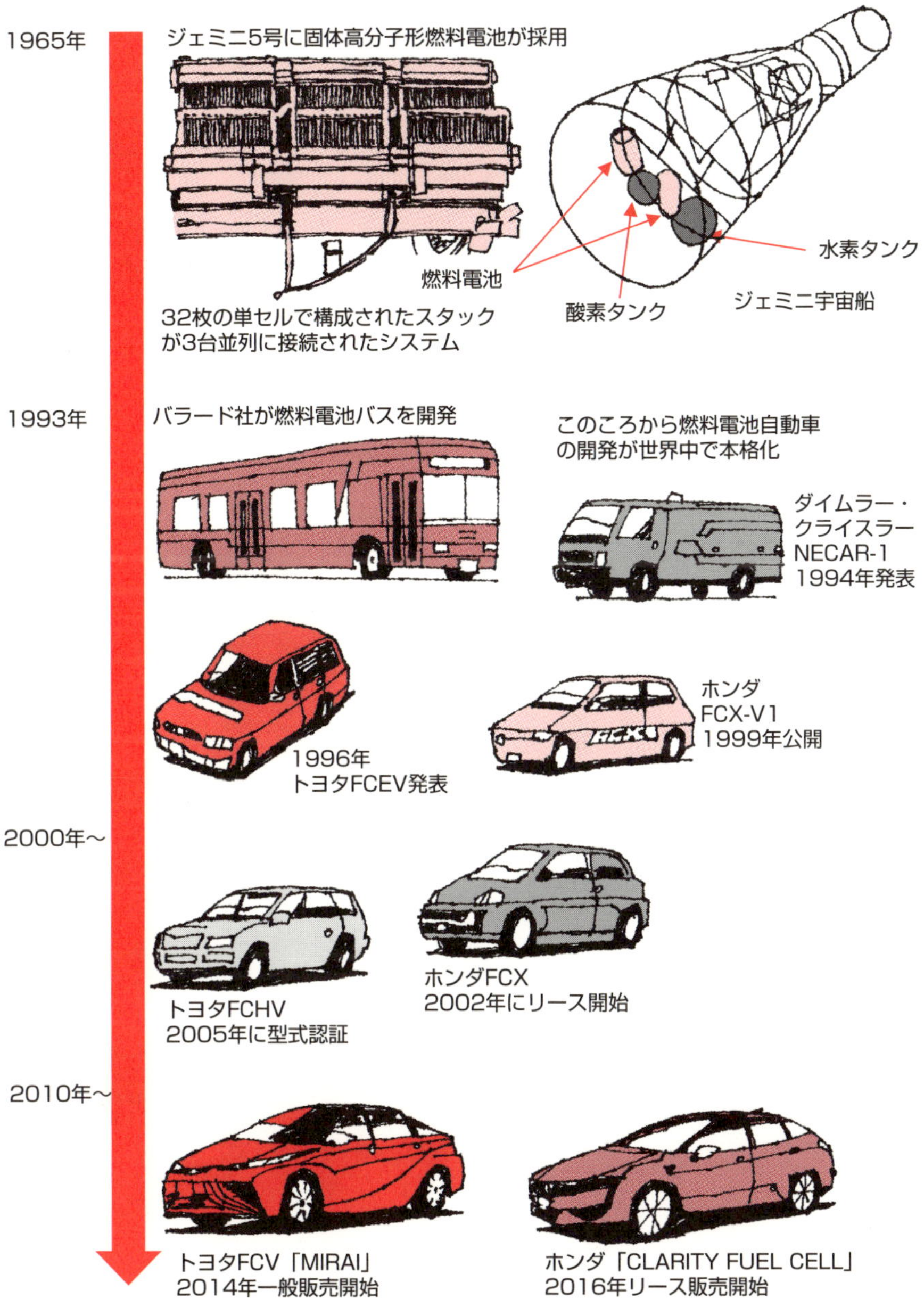

1965年
ジェミニ5号に固体高分子形燃料電池が採用
燃料電池
酸素タンク
水素タンク
ジェミニ宇宙船
32枚の単セルで構成されたスタック
が3台並列に接続されたシステム
1993年
バラード社が燃料電池バスを開発
このころから燃料電池自動車
の開発が世界中で本格化
ダイムラー・
クライスラー
NECAR-1
1994年発表
1996年
トヨタFCEV発表
ホンダ
FCX-V1
1999年公開
2000年～
トヨタFCHV
2005年に型式認証
ホンダFCX
2002年にリース開始
2010年～
トヨタFCV「MIRAI」
2014年一般販売開始
ホンダ「CLARITY FUEL CELL」
2016年リース販売開始

19 家庭用燃料電池の登場

排熱も有効利用で省エネルギー

日本の国家プロジェクトおける固体高分子形の開発は、ムーンライト計画の中で1992年から始まりました。そして1993年に発足した「ニューサンシャイン計画」の中の一事業に引き継がれました。ニューサンシャイン計画では、まずは定置用の1kW級モジュールの研究開発から始まり、1996年からは10～数十kW級の開発へと進んでいきました。ここでは国立研究所2機関と新エネルギー・産業技術総合開発機構（NEDO）が連携して開発を進めていきました。NEDOからは民間企業6社に事業が再委託されました。

2000年になり燃料電池ミレニアム事業と呼ばれた「固体高分子形燃料電池システム普及基盤整備事業」が始まり、日本ガス協会が中心となって、国内外の燃料電池システムメーカー9社とスタックメーカー5社が参加し、様々な試験が行われました。

2005年からは、NEDOから委託された新エネルギー財団が「定置用燃料電池大規模実証事業」を4年間の事業として実施しました。この事業には東京ガスや大阪ガスなどのエネルギー供給事業者や国内燃料電池メーカーが参画し、日本各地で合計3307台の燃料電池システム（700～1000W）の実地試験が行われました。水素源として天然ガスやLPGが使われ、すべて家庭用のコジェネレーションシステム（電気と排熱も利用）としての性能や耐久性などのデータを取得し、商用化への足掛かりとなりました。

2009年、ついに世界初となる家庭用燃料電池「エネファーム」が各社から一般販売開始となりました。その後、16年には累積16万台（固体高分子形のみ）を超え、17年にはパナソニック製のエネファームが10万台を超えました。固体高分子形の家庭用燃料電池メーカーとしては現在、パナソニックが改良とコストダウンを進めて生産を続けています。

要点BOX

- ニューサンシャイン計画で開発本格化
- 2000年からのミレニアム事業で開発加速
- 2009年に世界初の家庭用燃料電池を販売

固体高分子形燃料電池（定置用）の開発の歴史

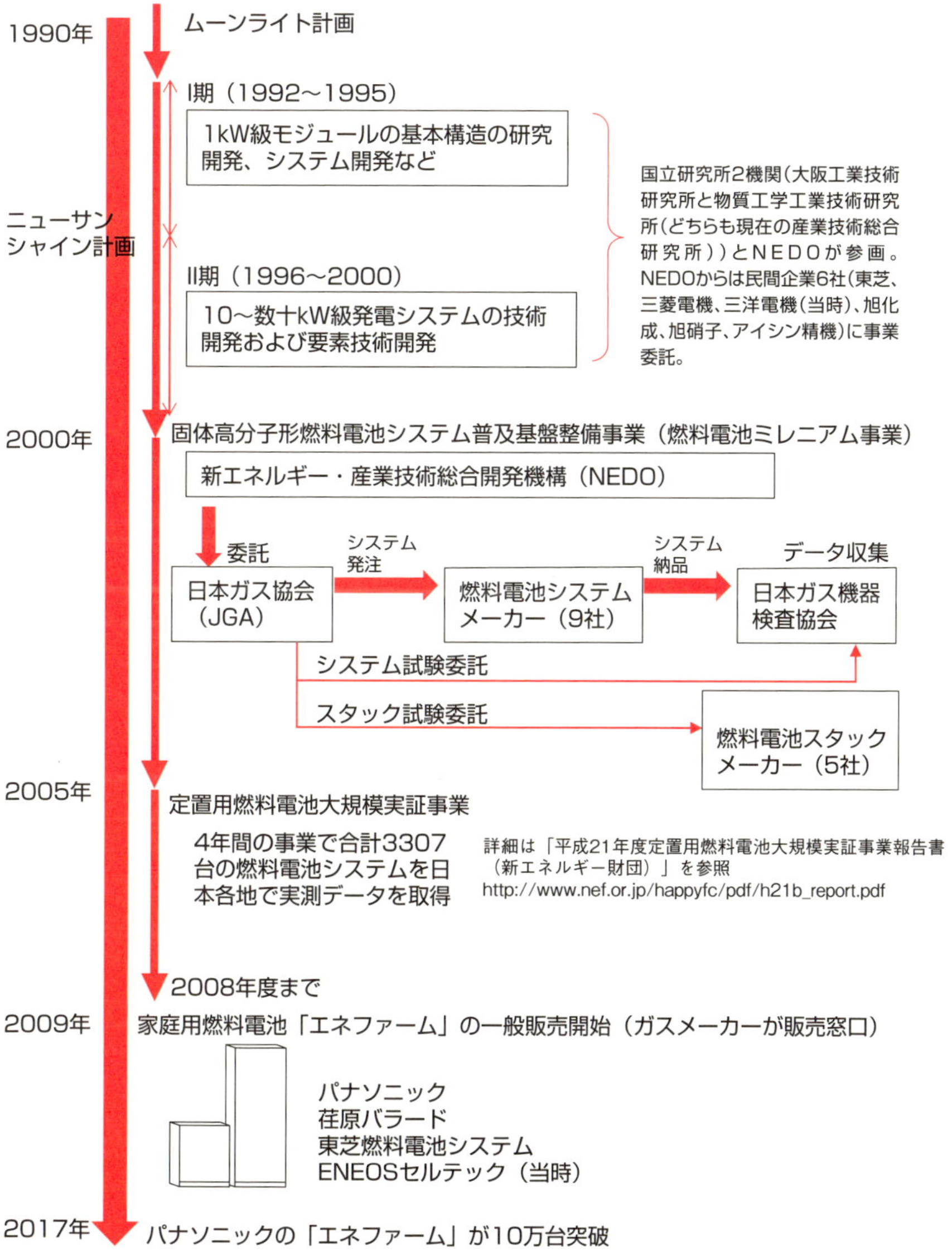
1990年
ムーンライト計画
ニューサンシャイン計画
I期（1992～1995）
1kW級モジュールの基本構造の研究開発、システム開発など
II期（1996～2000）
10～数十kW級発電システムの技術開発および要素技術開発
国立研究所2機関（大阪工業技術研究所と物質工学工業技術研究所（どちらも現在の産業技術総合研究所））とNEDOが参画。NEDOからは民間企業6社（東芝、三菱電機、三洋電機（当時）、旭化成、旭硝子、アイシン精機）に事業委託。
2000年
固体高分子形燃料電池システム普及基盤整備事業（燃料電池ミレニアム事業）
新エネルギー・産業技術総合開発機構（NEDO）
委託
日本ガス協会（JGA）
システム発注
燃料電池システムメーカー（9社）
システム納品
データ収集
日本ガス機器検査協会
システム試験委託
スタック試験委託
燃料電池スタックメーカー（5社）
2005年
定置用燃料電池大規模実証事業
4年間の事業で合計3307台の燃料電池システムを日本各地で実測データを取得
詳細は「平成21年度定置用燃料電池大規模実証事業報告書（新エネルギー財団）」を参照
http://www.nef.or.jp/happyfc/pdf/h21b_report.pdf
2008年度まで
2009年
家庭用燃料電池「エネファーム」の一般販売開始（ガスメーカーが販売窓口）
パナソニック
荏原バラード
東芝燃料電池システム
ENEOSセルテック（当時）
2017年
パナソニックの「エネファーム」が10万台突破

20 発電効率が高い固体酸化物形の登場

家庭用から業務用まで幅広く開発が進行

りん酸形や固体高分子形と異なり、酸化物イオンが移動できるセラミックス材料を電解質に使う「固体酸化物形燃料電池」（詳細は第3章）の開発が進んでいます。高温（700～900℃程度）で運転されるため、発電効率が高い燃料電池として期待されています。

固体酸化物形燃料電池の原型は、スイスのEmil Bauer とHans Preisが1937年に発表したものとされています。研究開発が本格化したのは、米国ウェスチングハウス・エレクトリック社が円筒型の燃料電池を開発した1960年代になってからです。1990年代まで固体酸化物形のトップランナーとして開発を進め、1997年にシーメンス・ウェスチングハウス・パワー社に引き継がれたのち、2000年からは220kWハイブリッド機の試験を始めました。その後、高いコストや耐久性の問題から開発を中止しています。

しかし2001年に設立された米国ブルーム・エナジー社は、NASAの火星探索プログラムで培われた技術を基に固体酸化物形の開発を進め、米国内だけでなく日本にも200kW機が2013年に初導入され、今も業務用に導入が進んでいます。

日本国内では1989年に始まったNEDOプロジェクトで本格的に開発が始まり、多くの企業が様々なプロジェクトに参画しながら、2012年には固体酸化物形の家庭用燃料電池「エネファームTypeS」が販売開始となりました。固体高分子形よりも高い発電効率が特長で、固体高分子形と合わせ導入台数が国内で累計20万台（2017年5月現在）を超えるまでになりました。

家庭用よりも容量が大きい業務用（数kW～数百kW）の開発も進み、2017年に三浦工業の4・2kW機が一般販売開始となり、三菱日立パワーシステムズの250kW級機も市場投入されました。

要点BOX
- ●高温で作動して高い発電効率
- ●2012年に家庭用が販売開始
- ●業務用も商用化始まる

固体酸化物形燃料電池の開発の歴史

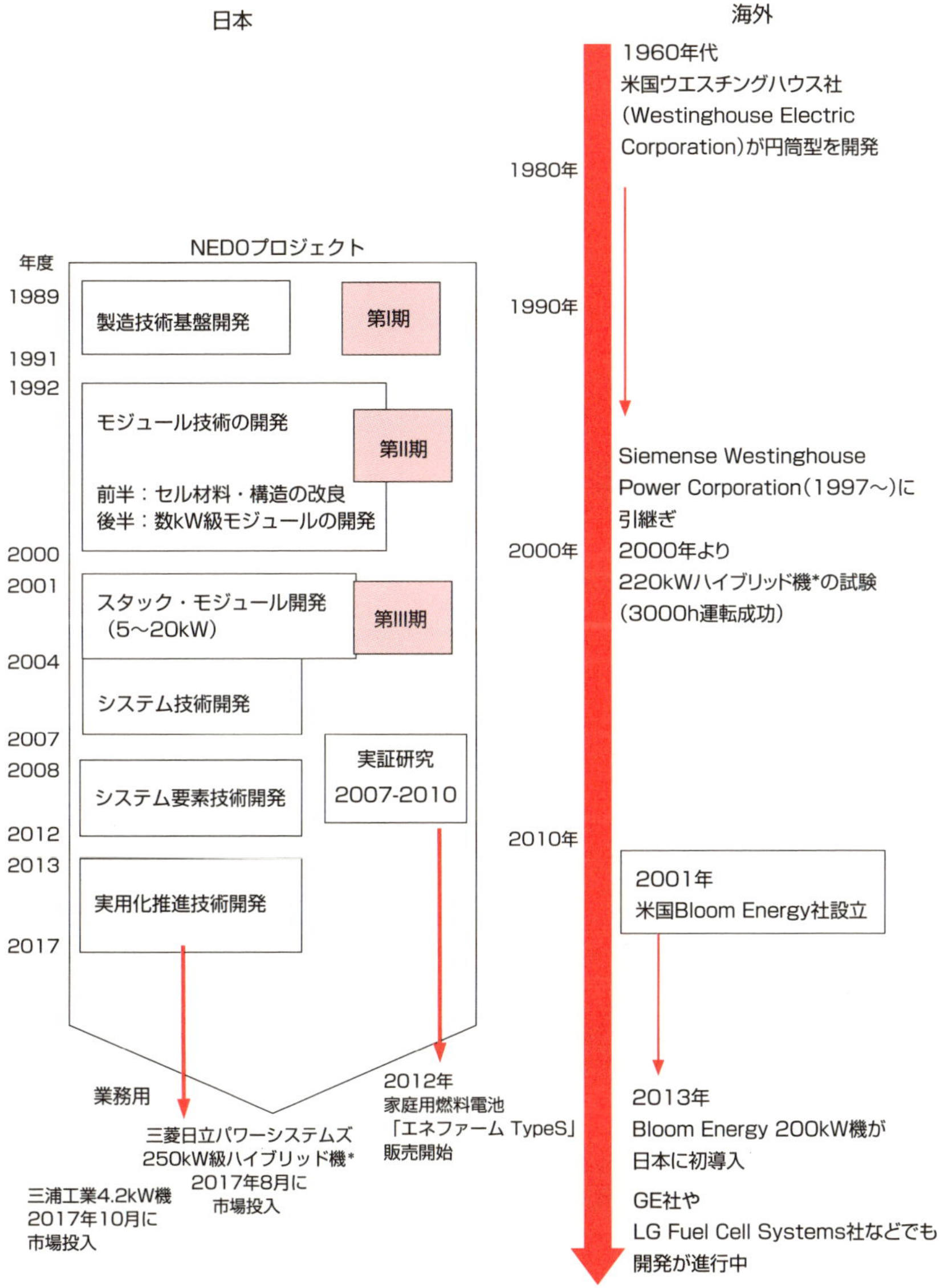

*ハイブリッド機:燃料電池からでる未利用燃料を燃焼させた高温排ガスを利用して発電するマイクロガスタービンを備えたもの

Column

燃料電池に関わった先人たち

ウィリアム・ロバート・グローブ卿
Sir William Robert Grove

燃料電池の原理を1839年に初めて実験的に確認したことから「燃料電池の父」と呼ばれることもあります。1842年には、燃料電池で発電した電気で水の電気分解の実験にも成功しました。

ルドウィッグ・モンド
Ludwig Mond

カール・レンジャー(Carl Langer)と共に燃料電池として作動する「gas battery」を開発し、1889年に発表しました。この時の論文には発電データもきちんと報告されています。この発明を基に特許も取得しています。

フランシス・トーマス・ベーコン
Francis Thomas Bacon

1939年、アルカリ形として初の燃料電池の開発に成功しました。さらに1959年には、5kW級のアルカリ形燃料電池の実証に成功し、これが米国における宇宙船用電源の開発に貢献することとなりました。

第3章

燃料電池のきほん

21 燃料電池の発電効率①

水素と酸素の反応による反応熱がエンタルピー変化

燃料電池の発電効率を計算するための準備として、水素と酸素の反応でどれくらいのエネルギーが発生するのかをまずは見ていきましょう。

4項で説明した通り、水素と酸素を化学的に反応させた時と電気化学的に反応させた時とでは、外部に放出される全エネルギーは全く同じです。具体的にどれくらいのエネルギーになるのかを左ページの図で見てみます。

水素分子2molと酸素分子1molをエネルギー状態の高い原子状態に変化させてみます。この時に必要なエネルギーは1370kJとなります。逆に原子状態から元の水素分子と酸素分子に戻ると、同じだけのエネルギーを外に放出することになります。

では気体の水分子2molを原子状態の水素と酸素に変化させると、1854kJのエネルギーが必要となり、原子状態から気体の水分子に戻ると、同じエネルギー分だけ放出します。

図から分かるように、原子状態のエネルギーレベルから見ると、水素と酸素の状態よりも水の状態の方が低いエネルギーレベルとなっています。このエネルギーレベルの差（484kJ）が、水素と酸素の反応により外部に放出されるエネルギー、つまり「反応熱」に相当し、専門用語で「エンタルピー変化」（ΔHで表す。Δは変化量を意味する）と呼びます。この反応では反応後のエネルギーレベルが下がるため（発熱反応）、エンタルピー変化は負の値となります。

ところで、気体の水が液体に変化する時には、凝縮熱を外部に放出します（水2molあたり88kJ）。したがって、水素と酸素の反応で液体の水が生成する時のエンタルピー変化はマイナス572kJとなります。

図下には反応後の水が気体の場合と液体の場合のエンタルピー変化を水1molあたりの数値で示しています。どちらの数値を使うかで、燃料電池の発電効率の計算結果が異なってきます。

要点BOX

- ●反応熱はエンタルピー変化（ΔH）
- ●生成する水の状態でΔHが異なる

水素と酸素が反応して水ができる時のエネルギーの出入り

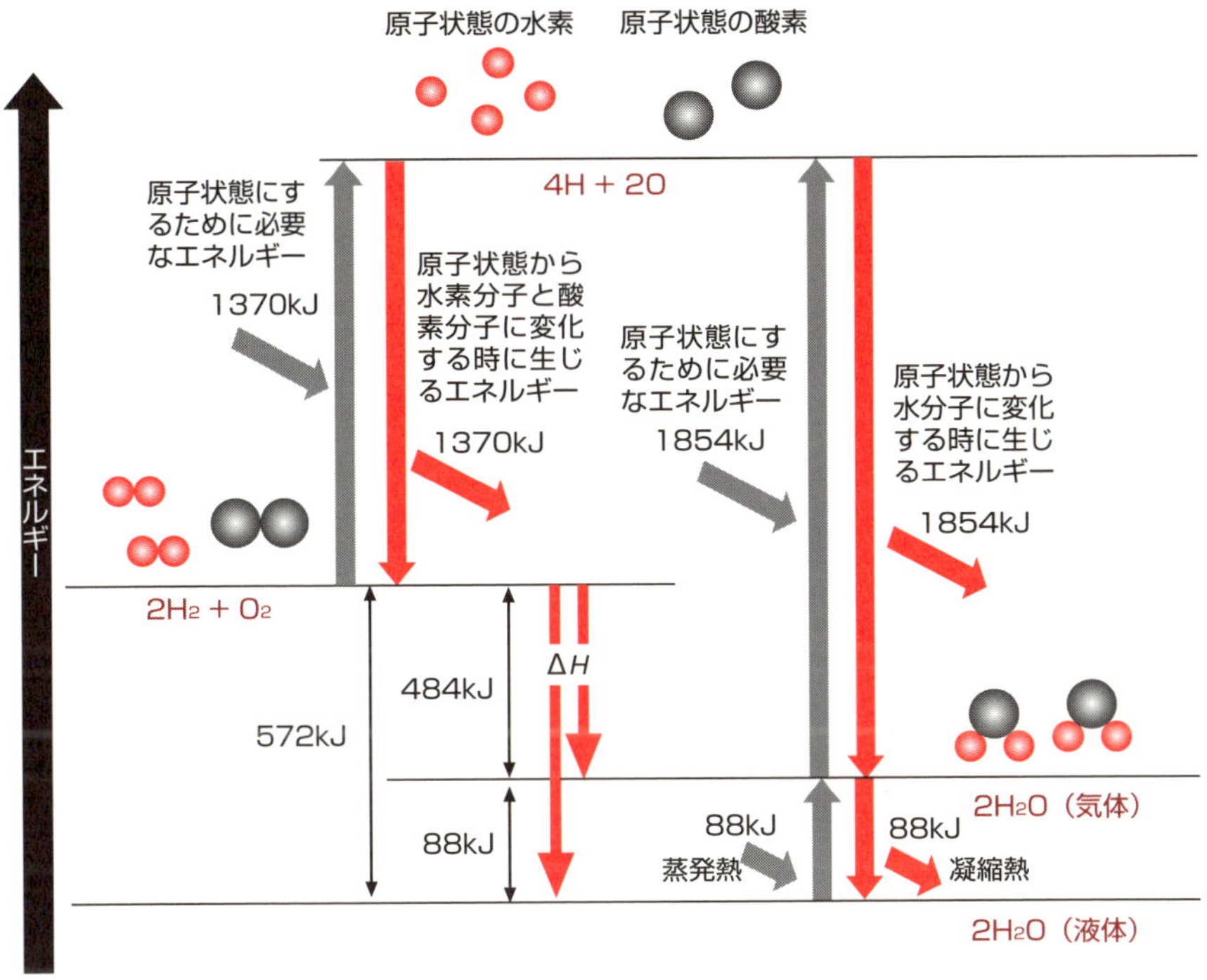

$2H_2 + O_2 \rightarrow 2H_2O$（気体）$\Delta H$ ＝ -484 kJ

$2H_2 + O_2 \rightarrow 2H_2O$（液体）$\Delta H$ ＝ -572 kJ

↓ 水1 molあたりに書き換えると

$H_2 + 1/2O_2 \rightarrow H_2O$（気体）　ΔH ＝ -242 kJ/mol ： エンタルピー変化（反応熱）

$H_2 + 1/2O_2 \rightarrow H_2O$（液体）　ΔH ＝ -286 kJ/mol ： エンタルピー変化（反応熱）

用語解説

Δ：変化量を意味する。ギリシャ文字の大文字で「デルタ」と読む。小文字はδ。

22 燃料電池の発電効率②

ギブズエネルギー変化分が電気エネルギーに変換される

水素と酸素の反応のエンタルピー変化を前項で説明しましたが、このΔHを全て電気エネルギーとして利用できるのでしょうか?

実はΔHをすべて電気エネルギーとして利用できません。熱力学という物理の理論を化学反応に展開したギブズ（Willard Gibbs）は、ギブズエネルギー（ギブズ自由エネルギーともいう。Gで表す）を定義し、化学反応におけるギブズエネルギー変化（ΔG）が負の値になる時、その反応は自発的に進むことを示しました。そのエネルギー変化分を電気エネルギーとして利用できるのです。

ギブズは、エンタルピー（H）とギブズエネルギー（G）の関係を次の式で定義しました。

$$G = H - TS$$

そして反応前後での変化量を次式で表します。

$$\Delta G = \Delta H - T\Delta S$$

ここでSという記号が出てきましたが、これは「エントロピー」と呼ばれます。エントロピーの説明は難しいのですが、物質の乱雑さを表す量だと思って下さい（詳しくは、「トコトンやさしいエントロピーの本」などを参考にして下さい）。例えば、物質がきれいに整列している状態と乱雑になっている状態を比べると、エントロピーは後者の方が大きくなります。このエントロピーの変化量に温度を掛けた量が、エントロピー変化に伴うエネルギー変化となります。このエントロピー変化によるエネルギー変化は、物質そのものが乱雑になったり整頓したりするときに出入りするエネルギーのため、本質的に電気エネルギーへ変換することはできません。

まとめると、水素と酸素が反応する時に放出される全エネルギー変化量（ΔH）から、この時のエントロピー変化によるエネルギー（$T\Delta S$）を差し引いた残りのエネルギーが、電気エネルギーとして私達が利用できるエネルギーとなります。

要点BOX

- ●エンタルピー変化とエントロピー変化
- ●化学反応でギブズエネルギーが変化
- ●ギブズエネルギー変化分が電気に変換可

ギブズエネルギーの変化

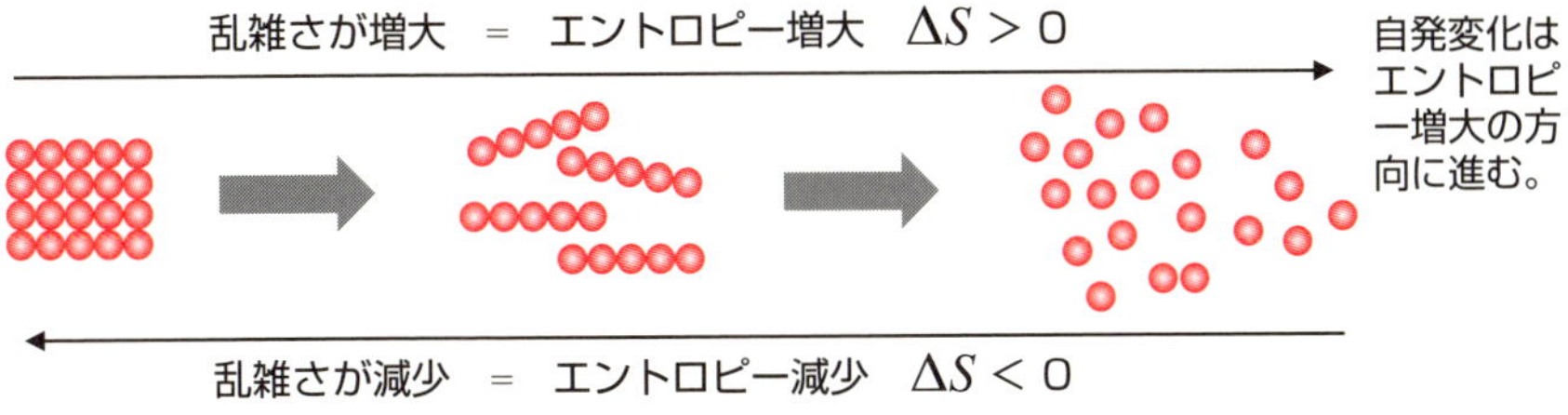

自発変化はエントロピー増大の方向に進む。

ギブズエネルギーの定義

$$G = H - TS$$

G：ギブズエネルギー（J/mol）
H：エンタルピー（J/mol）
S：エントロピー（J/mol・K）
T：絶対温度（K）

反応の前後でのギブズエネルギー変化
（温度・圧力は一定とする）

$$\Delta G = \Delta H - T\Delta S$$

ΔGが負の値となる時、その反応は自発的に進み、そのエネルギーを電気エネルギーへ変換して利用することができる。

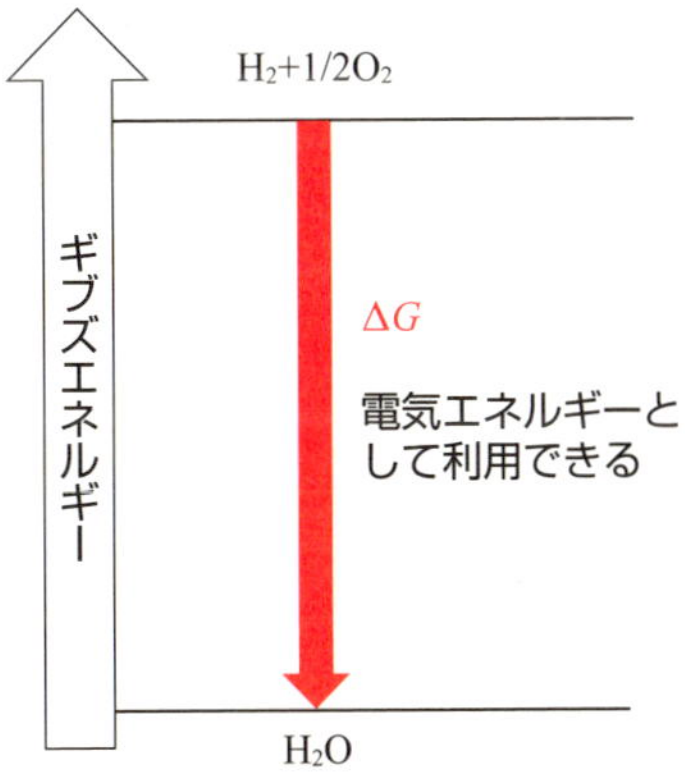

23 燃料電池の発電効率③

生成物の水が液体か気体かで数値が異なる

21項と22項で、燃料電池の発電効率を計算するために必要なエンタルピーとギブズエネルギーの説明をしました。それでは、燃料電池における発電効率を実際に計算してみましょう。

理論発電効率は、水素と酸素の反応におけるエンタルピー変化を基準として、実際に電気エネルギーに変換できるギブズエネルギー変化分がどれだけの割合になるのかを計算します。左ページに示した通り、

理論発電効率＝（ΔG／ΔH）×100％

という式で求めることとなります。

ところでエンタルピー変化は、最終生成物の水が気体か液体かで、その数値が異なることも21項で説明しました。左ページの表には、水が気体と液体の時のそれぞれについて、ΔG、ΔH、TΔSの数値を示してあります（25℃、1気圧でのデータ）。水が液体の時のΔHは、気体の時と比べて44kJ／molの差がありますが、ΔGについては8・5kJ／molの差しかありません。

したがって生成物が液体の水になる場合の方が、理論発電効率の計算式の分母にくるΔH（の絶対値）がより大きくなるため、理論発電効率の数値が小さくなっています。用いるΔHの違いにより、通常はＬＨＶ（低位発熱量）基準およびＨＨＶ（高位発熱量）基準として発電効率が示されますが、どちらの基準で求めたのか明記されていない場合もありますので注意しましょう。

ところで「電池」といえば、出力電圧が何Ｖになるのかが気になります。例えば身近なアルカリ乾電池では約1・5Ｖの出力電圧（開回路電圧）となります。燃料電池の場合は、左ページに示した通り約1・2Ｖの理論電圧となります。実際に電池を使うと電流が流れますが、電流値が大きくなるほど電圧が下がるという話は次の項で説明します。

要点BOX

- ●エンタルピー変化を基準に計算
- ●低位発熱量基準と高位発熱量基準がある
- ●どちらの発熱量基準の数値か注意

燃料電池の理論発電効率

理論発電効率の計算式

$$\text{理論発電効率} = \frac{\Delta G\text{(ギブズエネルギー変化)}}{\Delta H\text{(エンタルピー変化)}} \times 100\%$$

水素と酸素の反応におけるエネルギーデータと燃料電池での理論発電効率(25℃、1気圧)

	ΔG (kJ/mol)	ΔH (kJ/mol)	$T\Delta S$ (kJ/mol)	理論発電効率 (%)
$H_2 + 1/2O_2 \rightarrow H_2O$(気体)	-228.6	-241.8	-13.26	94.5(LHV*)
$H_2 + 1/2O_2 \rightarrow H_2O$(液体)	-237.1	-285.8	-48.70	83.0(HHV**)

*LHV: Lower Heating Value(低位発熱量)
**HHV: Higher Heating Value(高位発熱量)

ギブズエネルギーと理論電圧(E)の関係

$$\Delta G = -nFE$$

n:電子数(水素と酸素の反応で水が1mol生成する時は2mol)
F:ファラデー定数(96485 C/mol)
E:電圧(V)

HHV基準で考えると

$$E = \Delta G/(-nF)$$
$$= -237.1\times10^3/(-2\times96485)$$
$$= 1.23\ \text{(V)}$$

24 燃料電池の発電効率④

排熱も利用することでエネルギーを有効利用

前項で説明した通り、燃料電池に外部負荷をつながない状態の理論電圧は1・2Vとなりますが、この状態の電圧を開回路電圧（ＯＣＶ：Open Circuit Voltage）と呼びます。実際の燃料電池のＯＣＶは、例えば固体高分子形燃料電池では約1・0Ｖ程度になります。これは後ほど説明しますが、水素が電解質膜を通してアノードからカソードへ通り抜ける「ガスクロスリーク」が理由の一つです。

それでは、実際に燃料電池に負荷をつないで電流を取り出していくと電圧はどうなるでしょうか。その様子をグラフにしたのが左ページの図（I-V特性）になります。電流密度（電極の単位面積当たりの電流値）が大きくなるにつれて出力電圧はＯＣＶから減少していくことがわかります。

電流密度の増加とともに電圧が減少してしまう理由として、①抵抗過電圧、②活性化過電圧、③濃度過電圧、の3つの要因があります。ここでいう「過電圧」は、ＯＣＶからの電圧降下と考えて頂いて結構です。

「抵抗過電圧」は、燃料電池自体が持つ抵抗に対してオームの法則（$E=RI$、E：電圧、R：抵抗、I：電流）が成り立ち、電流密度と共に直線的に電圧降下が大きくなります。「活性化過電圧」は、6項で説明した活性化エネルギー分の電圧降下になり、特に低電流密度領域で大きく影響します。「濃度過電圧」は、高電流密度領域で特にカソードへ酸素が供給される速度が遅くなることで生じます。

これらの過電圧分のエネルギーは排熱として放出されます。そのままではもったいないので、家庭用燃料電池「エネファーム」では、これらの排熱（$T\Delta S$分の熱も）を使ってお湯にすることで、エネルギーを有効利用しています。実際には理論発電効率は得られませんが、電気と熱を合わせた総合エネルギー効率は85％（ＨＨＶ基準）にもなります。

要点BOX

- ●電圧が減少する要因が3種類
- ●電圧の損失分は排熱に
- ●電気+熱回収で高いエネルギー効率

燃料電池の発電特性(I-V特性)

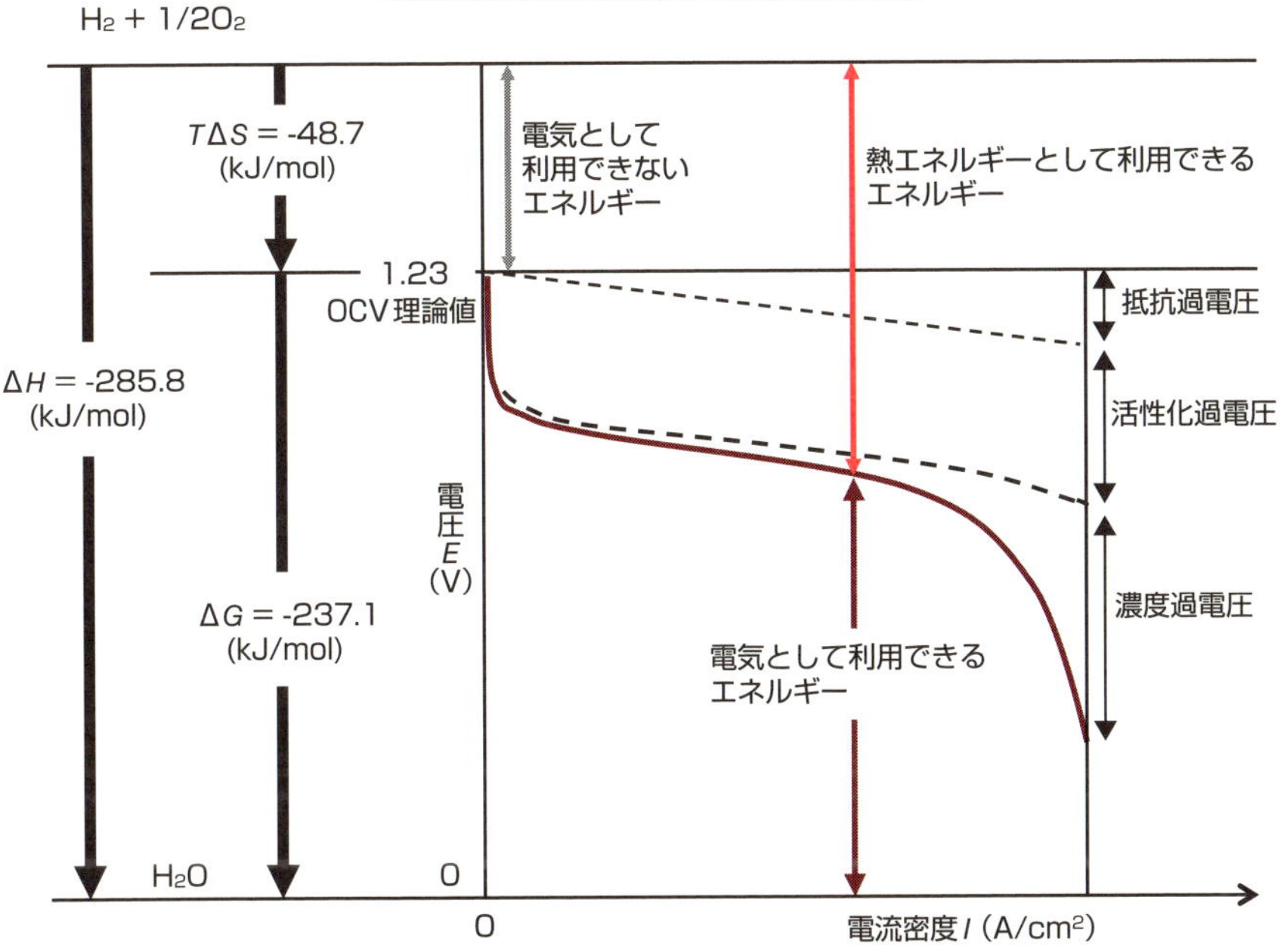

燃料電池の電圧降下

抵抗過電圧　＝　オームの法則による電圧降下

活性化過電圧　＝　触媒活性化エネルギーによる電圧降下

濃度過電圧　＝　ガス供給速度低下による電圧降下

熱となって放出される。
家庭用燃料電池「エネファーム」では
これをお湯として回収している。

電気と熱を合わせた総合エネルギー効率は
85%（HHV基準）にもなる！

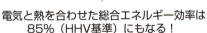

25 燃料電池にはいろいろなタイプがある

電解質の種類によって呼び名が変わる

ここで主要な燃料電池の種類について簡単にまとめて比較してみます。

燃料電池の種類は、使われる電解質の種類によってそれぞれ名前が付けられており、左ページに主要な5つの種類の燃料電池についてまとめてあります。また、各燃料電池の略称もまとめてあります。本書では今後この略称を基本的に用います。

各燃料電池を運転温度で分類した場合、低温形と高温形では電極に使われる触媒に特長があります。運転温度が低いと電極での反応が進みにくく、反応速度を速める（活性化エネルギーを下げる：6項参照）ために、比較的低温でも活性が高い貴金属系の触媒が使われます。一方、高温形では高価な貴金属系の触媒を使わなくとも十分に反応が進みます。

燃料については、どの種類も純水素を貯蔵したタンクなどから供給して発電できますが（自動車用はこの方式）、現状では多くの場合は別装置で化石燃料を改質して作った水素を供給することで発電しています。改質水素を使う場合、副生物の一酸化炭素（CO）が含まれていると、低温形（特に１００℃以下のＰＥＦＣ）で使われるPt触媒を被毒（表面に吸着して触媒性能を劣化させる）してしまうため、特殊なアノード触媒（Pt-Ru系など）が使われることもあります。ＰＥＦＣは低温で作動し、他の種類に比べて出力密度が高いため、部品の小型化が必要な自動車用に適しています。

ＭＣＦＣとＳＯＦＣの特長として、水素源となる燃料を直接アノードに供給し、電池内部で改質反応を起こして水素を取り出すことも可能です。内部改質形と呼ばれ、発電効率が向上します。また、運転温度が高いために、排熱を利用した発電も可能で、総合発電効率が高くなるという利点もあります。

要点BOX

- 電解質の種類で主に5種類に分類される
- 運転温度で低温形と高温形に分類される
- それぞれの特長を生かした用途がある

いろいろな種類の燃料電池

燃料電池の種類		低温作動形			高温作動形	
		アルカリ形 AFC	りん酸形 PAFC	固体高分子形 PEFC	溶融炭酸塩形 MCFC	固体酸化物形 SOFC
電解質の種類		水酸化カリウム (KOH)	りん酸 (H_3PO_4)	固体高分子膜	溶融炭酸塩 (Li_2CO_3, K_2CO_3など)	固体酸化物 (Y_2O_3で安定化 したジルコニア (ZrO_2)など)
電解質中の移動イオン		OH^-	H^+	H^+	CO_3^{2-}	O^{2-}
作動温度		~250℃	150~200℃	~100℃	600~700℃	700~1000℃
電極触媒	アノード	Pt-Pd, Ni	Pt	Pt,PtRu	Ni系	Ni系
	カソード	Pt-Au, Ag系	Pt, Pt合金	Pt, Pt合金	Ni酸化物	La系
燃料		純水素	純水素 改質水素 (天然ガス、 LPGなど)	純水素 改質水素 (天然ガス、 LPGなど)	純水素 改質水素(天然 ガス、ナフサ、 石炭ガス化ガス など(内部改質可))	純水素 改質水素(天然 ガス、ナフサ、 石炭ガス化ガス など(内部改質可))
用途		宇宙用 CO_2で劣化 10kW~100kW級	コジェネレーション (給湯・冷暖房等) 50kW~数百kW級	家庭用 (エネファーム) 数百W~KW級 自動車用 ~100kW	業務用、発電用 数百kW~MW級	家庭用 (エネファーム) 数百W~KW級 業務用 数kW~数百kW級

燃料電池の略称

アルカリ形燃料電池	AFC	: Alkaline Fuel Cell
りん酸形燃料電池	PAFC	: Phosphoric Acid Fuel Cell
固体高分子形燃料電池	PEFC	: Polymer Electrolyte Fuel Cell
溶融炭酸塩形燃料電池	MCFC	: Molten Carbonate Fuel Cell
固体酸化物形燃料電池	SOFC	: Solid Oxide Fuel Cell

26 アルカリ形燃料電池（ＡＦＣ）

宇宙用に開発されてきた

15項で説明した通り、ＡＦＣは宇宙用に開発されてきた歴史があります。ここではその発電原理を見てみましょう。

アルカリ形の名前の通り、水酸化カリウム（ＫＯＨ）などを含むアルカリ水溶液が電解質に使われます。

アノードでは、水素が触媒の働きにより電解質中のOH^-と反応して水が生成し、発生した電子は外部回路を通って電気エネルギーとして利用されます。

カソードでは、酸素と外部を通ってきた電子そして電解質中の水とが触媒の働きにより反応し、OH^-が生成します。このOH^-は、アノードへ向かって移動します。

比較的低温（60～80℃程度が多い）で作動するため貴金属系触媒がよく使われますが、酸性電解質に比べて出力が高いという利点があります。また、酸性電解質よりも腐食性が低く、Niの様な安価な触媒を使うことができ（性能はやや低下する）、電池構成材料の選択肢も広がります。

左ページ下の図は、１９５２年にベーコンが取得した特許に記載されているＡＦＣのセル構造です。電解質溶液を外部からセル内に流通させながら、30～40気圧、１６０～２５０℃の条件で運転されます。セルで生成した水を電解質液から除いて濃度を一定に保つ機構がセル外に備わっています。この電池を改良していき、宇宙船に使われるまでに発展しました。電解質溶液を多孔質材料に浸み込ませて両電極間に組み込むタイプもあります。

ところでＡＦＣには弱点があります。大気環境下でカソードガスとして空気を供給すると、空気中の炭酸ガスが電解質と次の反応を起こし、OH^-濃度が徐々に低下して電池性能が劣化していきます。

$$2OH^- + CO_2 \rightarrow CO_3^{2-} + H_2O$$

これを避けるためには、純酸素を使うか、空気から炭酸ガスを除去して使う仕組みが必要です。

要点BOX

- 水酸化物イオン（OH^-）が電解質中を移動
- 電極触媒に貴金属以外も使える
- 大気中では炭酸ガスの影響で性能劣化

AFC（アルカリ形燃料電池）の発電原理

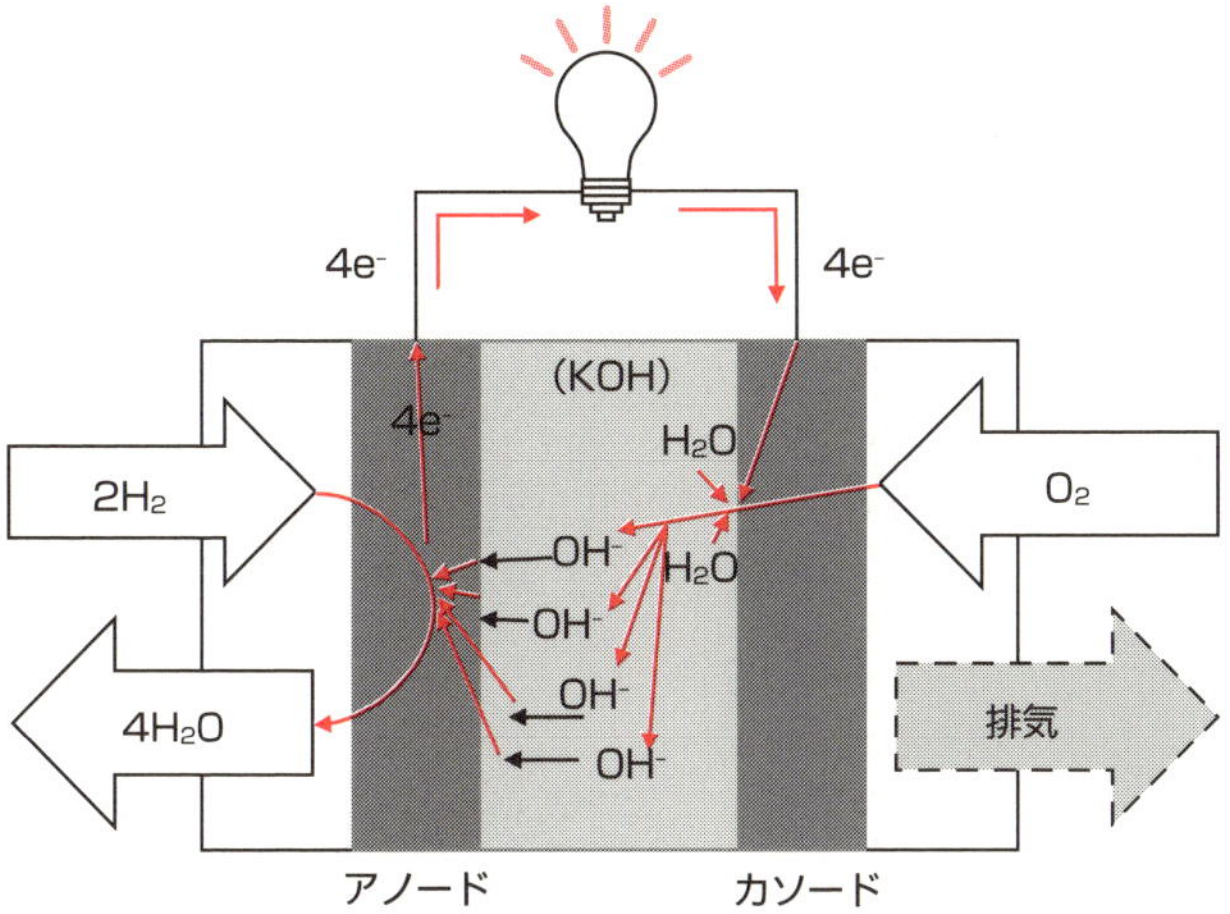

$$2H_2 + 4OH^- \rightarrow 4H_2O + 4e^-$$
$$(H_2 + 2OH^- \rightarrow 2H_2O + 2e^-)$$

$$O_2 + 2H_2O + 4e^- \rightarrow 4OH^-$$

$$2H_2 + O_2 \rightarrow 2H_2O$$

フランシス・ベーコンが1952年に特許取得したAFCのセル構造

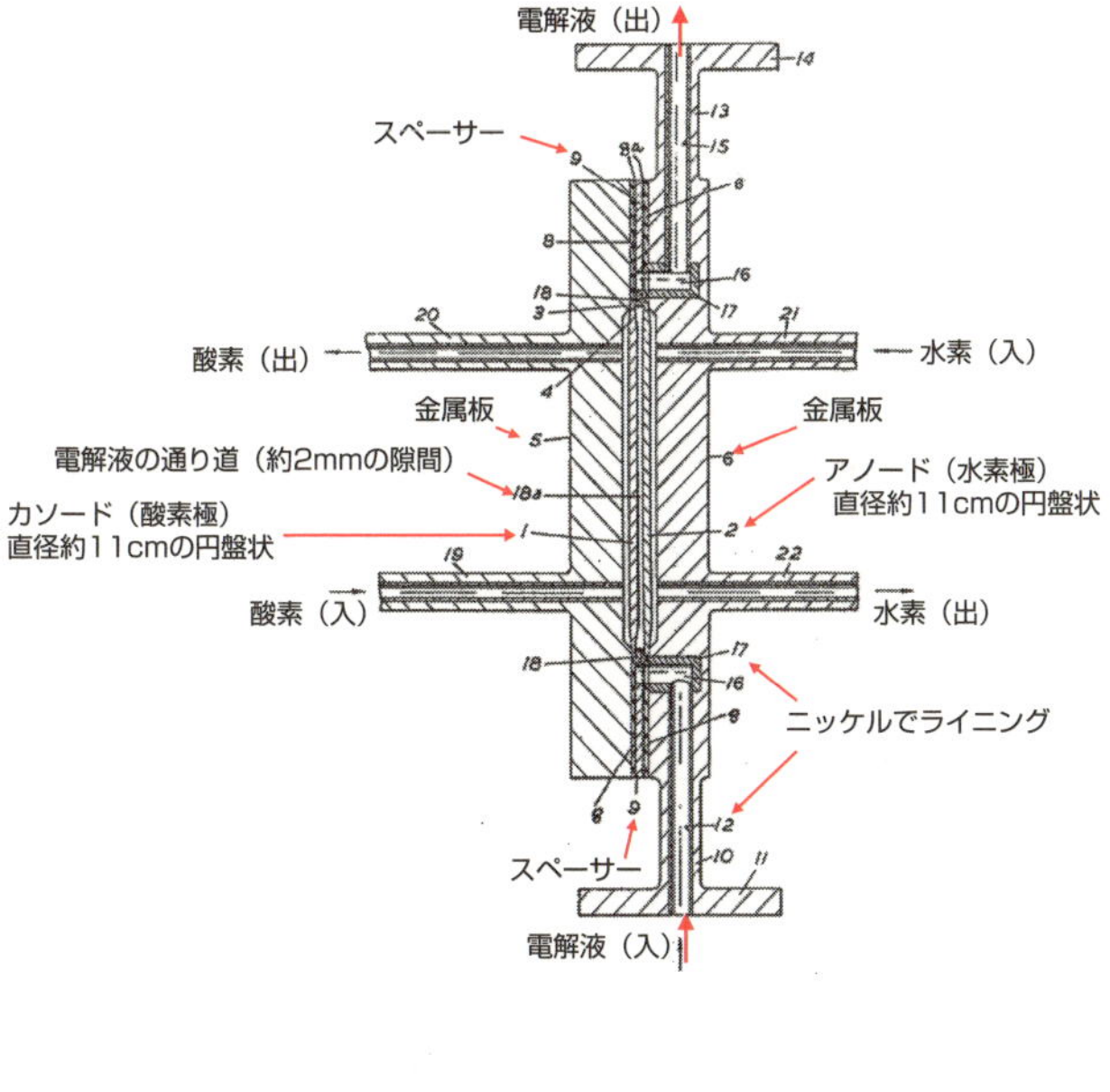

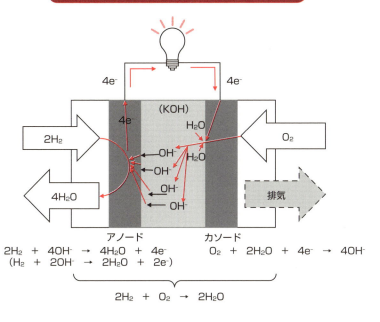

27 りん酸形燃料電池（PAFC）

第1世代型と呼ばれ最も早く商用化

実用化が一番早いと期待され、第1世代型と呼ばれていたPAFCの開発の歴史は16項で説明しました。その名の通り、電解質には約100%濃度の液体りん酸（H_3PO_4）が使われます。

左図の通り、アノードでは触媒上で水素が水素イオンと電子に分かれ、水素イオンがカソードへ向かって電解質中を移動します。カソードでは、外部回路で電気エネルギーとして働いた電子が、酸素および水素イオンと触媒上で反応して水が生成します。

電極触媒には、炭素粉末上にナノメートル（nm：10億分の1m）スケールのPt粒子が担持されたものが基本的に使われます（詳しくは4章で）。

アノードとカソードに挟まれた電解質層は、耐酸性の高い炭化ケイ素（SiC）の粉体で構成された0・1～0・3mm程度の薄い層にりん酸が含浸されています。アノードおよびカソードは、反応ガスが拡散しやすい多孔質炭素材料上に多孔質な触媒層が形成されています。

反応ガスを流す流路として、電極側にリブを形成する場合とセパレーター（アノードとカソードを分離する緻密な炭素板）側にリブを形成する場合とがあります。炭素材料として、高温の酸性溶液中でも腐食されにくい黒鉛化炭素材料が使われます。

200℃程度で運転されるPAFCでは、常温で蒸発しにくい高濃度りん酸でも徐々に消失し、出力が低下します。電解液補給方法として、電解質層にりん酸を定期的に外部注入する方式と、セル内部に設けた電解液リザーバーから多孔質電極の毛細現象でりん酸が補給される方式があります。

実際のPAFCシステムでは、多くの単セルを積み重ねたスタックの形で発電します。発電時に発熱するため、冷却水を流す冷却板が数セルごとに設置されています。高温になって出てきた冷却水は、熱交換機により熱エネルギーとして回収します。

要点BOX

- ●水素イオン（H^+）が電解質中を移動
- ●電極触媒に白金（Pt）が使われる
- ●電解質層にりん酸の補給が必要

PAFC(りん酸形燃料電池)の発電原理

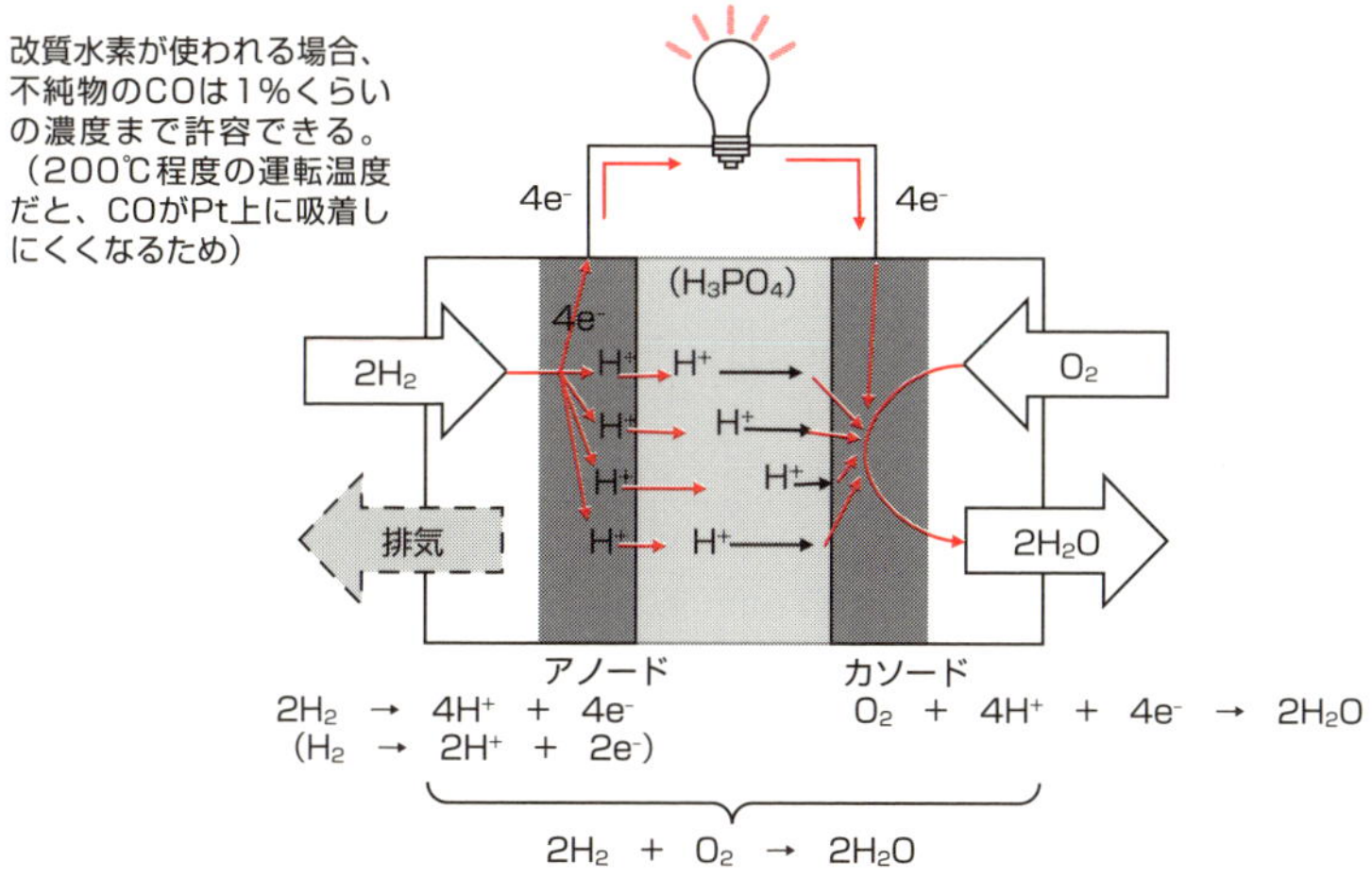

改質水素が使われる場合、
不純物のCOは1%くらい
の濃度まで許容できる。
(200℃程度の運転温度
だと、COがPt上に吸着し
にくくなるため)

PAFCの単セル構造

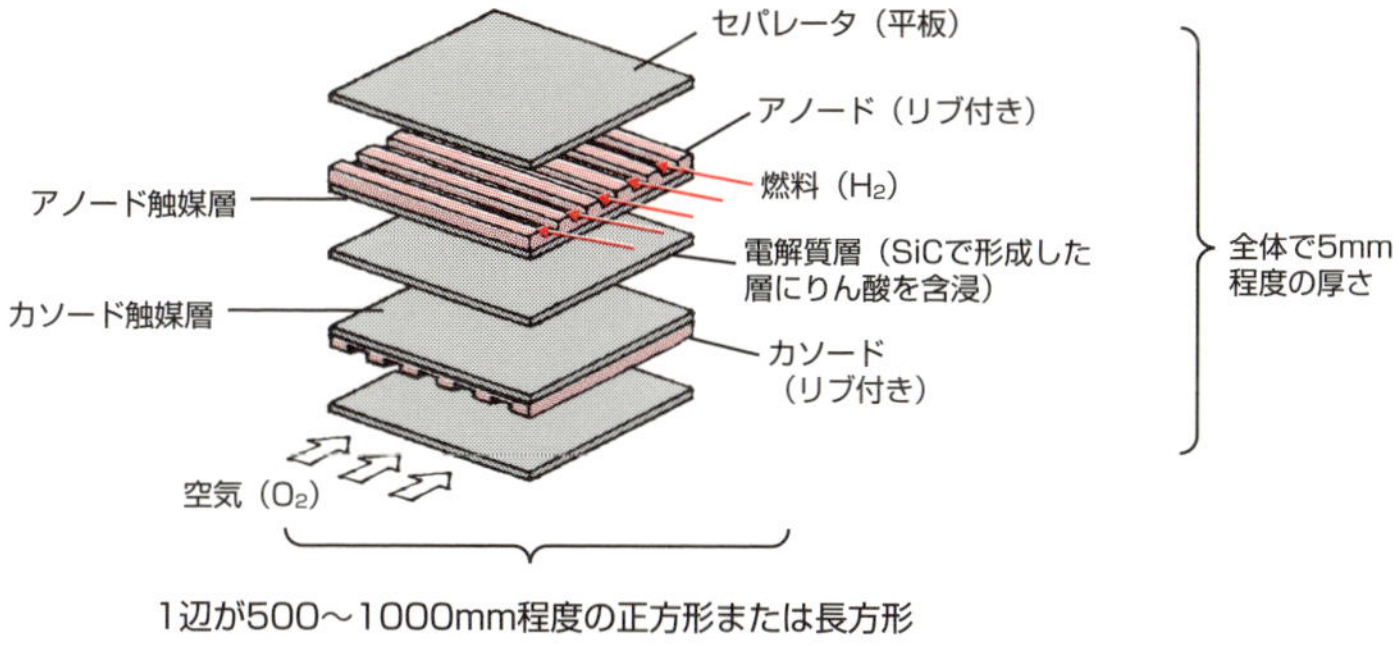

PAFCのスタック構造の一例

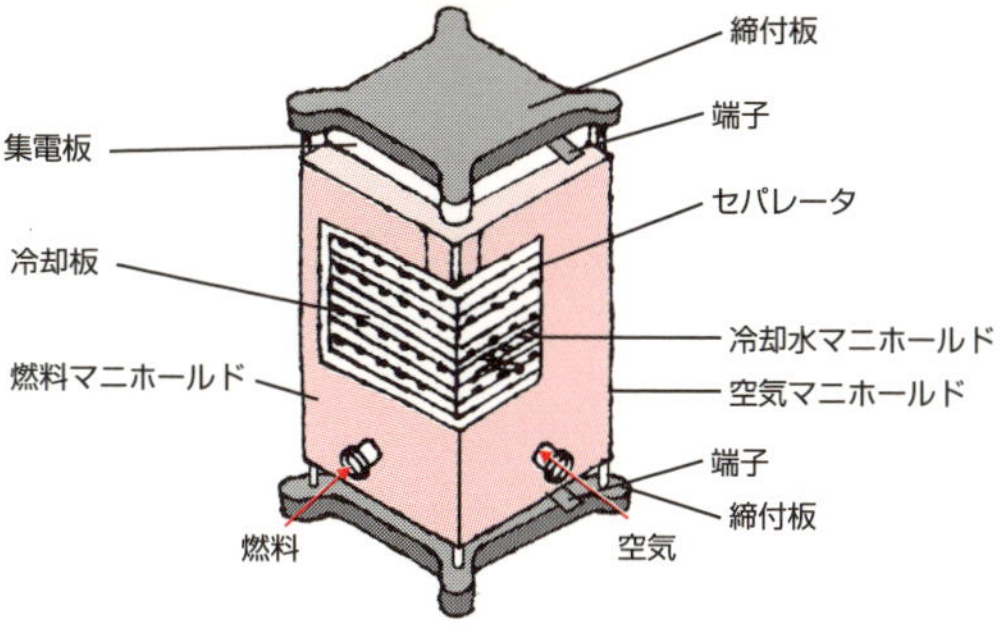

28 固体高分子形燃料電池（ＰＥＦＣ）

固体高分子膜中を水素イオンが移動

ＰＥＦＣの発電原理の図を見て、前項で説明したＰＡＦＣの発電原理と同じであることに気づいたでしょうか。基本的にどちらも水素イオン（H^+）が電解質中を移動しますが、電解質の材料が異なります。ＰＥＦＣに使われる電解質は、H^+が膜中を移動するという特殊な高分子膜（厚み数十μm）です。ただし、膜が水で十分に加湿されていないとH^+が移動することができません。ＰＥＦＣの運転中、膜は常に水で加湿された状態になっている必要があります。ただしセル内部の水が過剰になると、反応ガスの拡散が悪くなって発電性能が低下するため、適度な加湿状態にすることが必要です。

運転温度は膜の耐熱性で制限され、他に比べて非常に低い温度（〜１００℃）で作動しますが、逆に起動時間が短くて済みます。また出力密度が大きいため小型化が可能となります。これらの特長を生かし、自動車の様な移動体向けに開発が進み、燃料電池自動車が市販されるまでに発展しました（18項）。

しかし作動温度が低いため、低温でも活性が高いPt触媒が必要となります。エネファームの様に燃料として改質水素を使う場合は、不純物のCOがPt表面を被毒してしまうため、できるだけCOを低減（10ppm以下。ppmは百万分の一）させるCO除去装置が備わっています。またCOに対して耐被毒性の高い触媒も開発されていて、現状では１００ppm程度までのCO濃度に対応できるPt-Ru系触媒が使われています。

電解質膜は液体電解質に比べて扱いやすく、膜の両側に電極層を形成した膜-電極接合体（ＭＥＡ：Membrane Electrode Assembly）やこれを積層したスタックを比較的容易に作ることができることから、様々な企業がＰＥＦＣ開発に参入しています。

要点BOX

- ●電解質膜は常に加湿が必要
- ●低温運転のため起動が早い
- ●貴金属を使った触媒が必要

PEFC（固体高分子形燃料電池）の発電原理

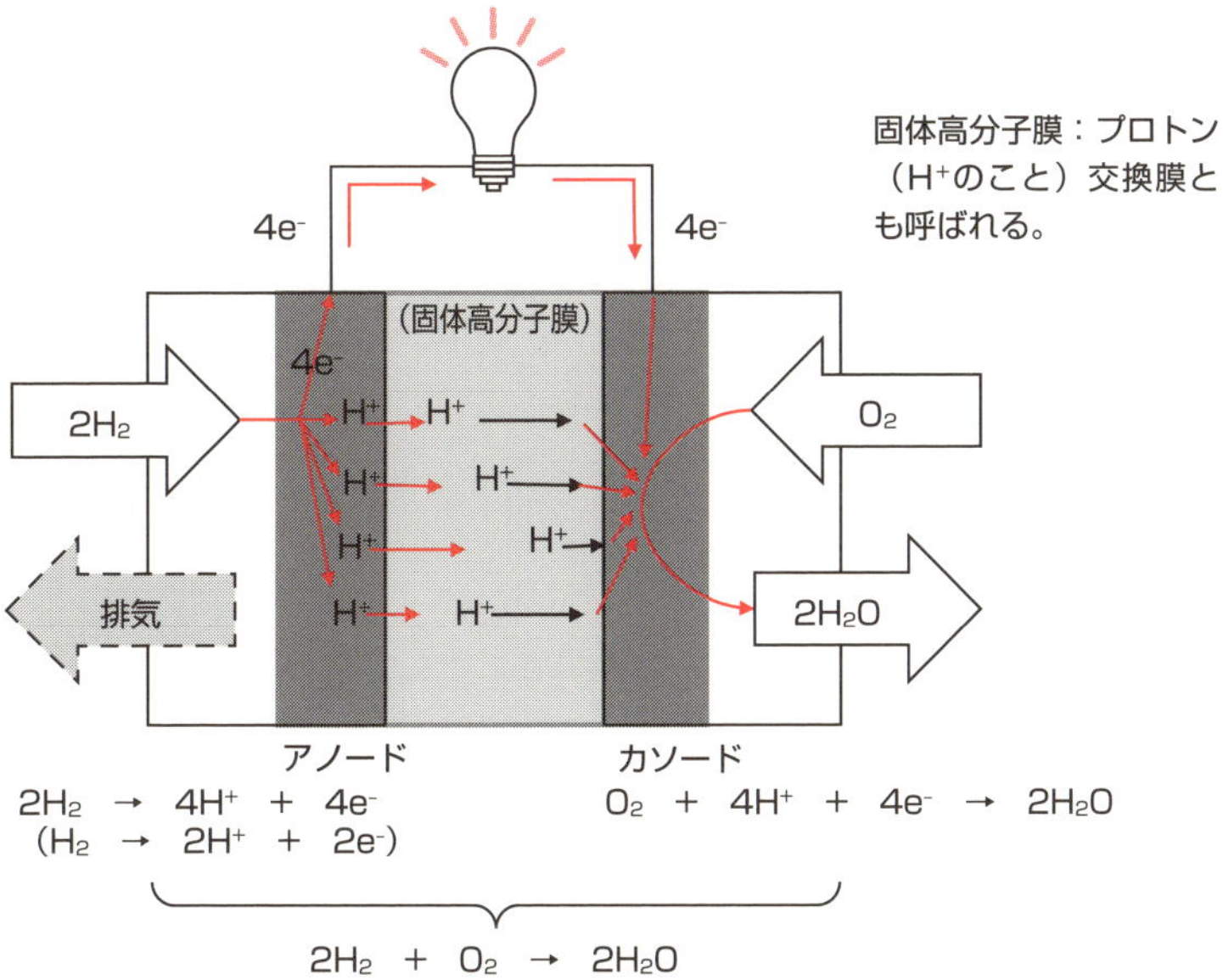

PEFCの単セル構造

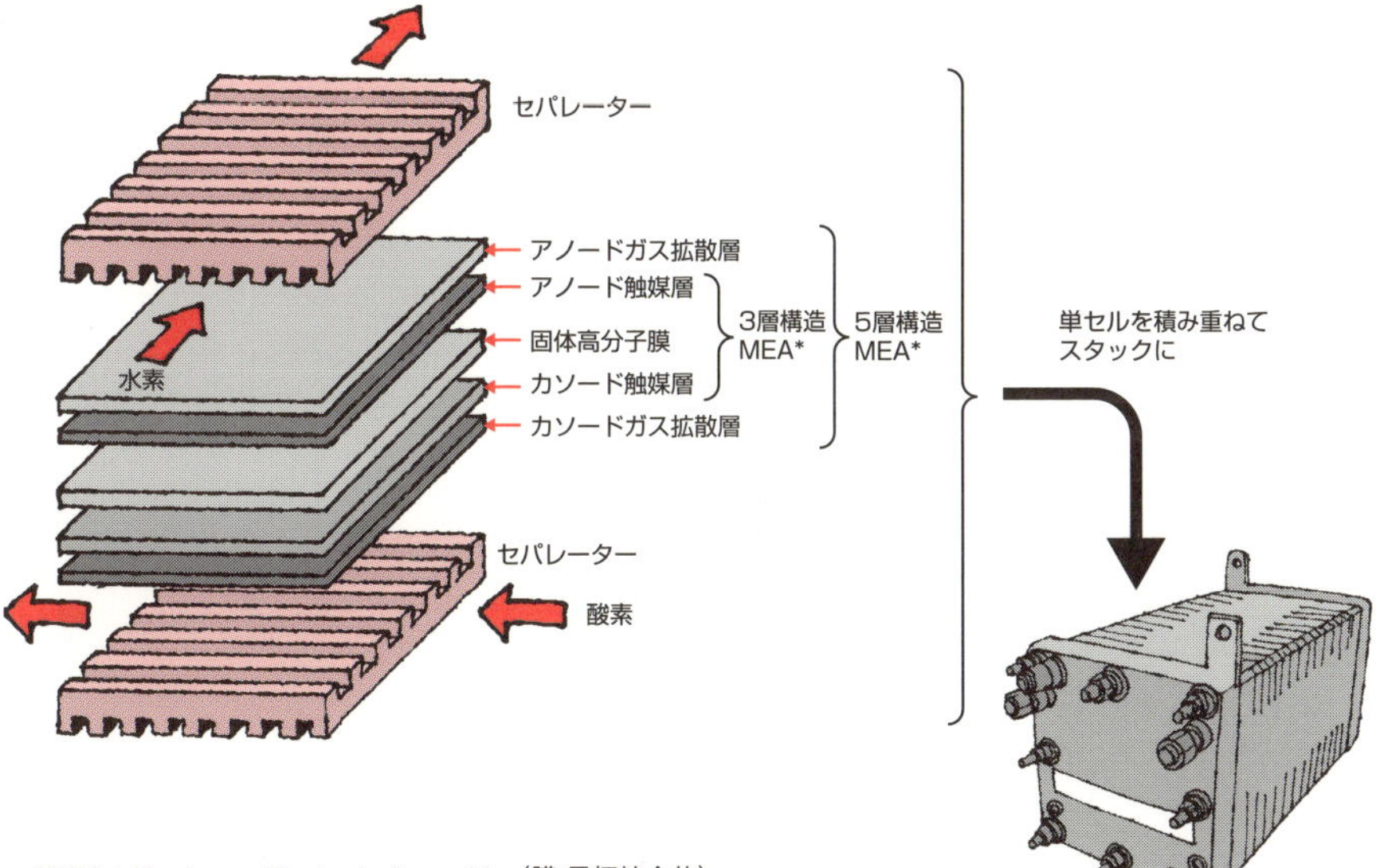

*MEA：Membrane Electrode Assembly（膜-電極接合体）

29 溶融炭酸塩形燃料電池（ＭＣＦＣ）

高温で金属炭酸塩を融解させて運転する

高温作動形燃料電池のＭＣＦＣでは、電解質に炭酸リチウム（Li_2CO_3）と炭酸カリウム（K_2CO_3）の混合物が一般的に使われます。２つを混合することで単独使用より融点が５００℃程度に下がります。実際の運転時の温度（６００～７００℃）で溶融状態となりますが、両電極間に挟まれた多孔質セラミックス層に含浸した状態で使用されます。

運転温度が高いためPtを触媒に使う必要が無く、アノードには多孔質Niが、カソードには多孔質Ni酸化物が電極層に使われ触媒の役目をします。アノードに入った水素は電解質中のCO_3^{2-}と電極上で反応し、水と二酸化炭素が生成します。アノードで生じた電子は外部回路を通ってカソードへ移動します。カソードでは、供給された酸素と二酸化炭素が電極上で電子と反応してCO_3^{2-}が生成し、電解質中をアノードへ向かって移動します。カソードには炭酸ガスを供給する必要がありますが、これはアノードで生成した炭酸ガスをリサイクルして使います。

高温で作動するため燃料電池自体の発電効率が上がり、また高温の排熱も利用した発電も可能です。ただし、温度を上げ過ぎるとセル構成材料が溶融塩により腐食される問題があるため、通常は７００℃以下で運転されます。燃料には主に化石燃料を改質したガスが使われますが、不純物のCOは高温のアノード電極上で水と反応して水素が生成します。ＰＡＦＣやＰＥＦＣで触媒を被毒するCOを、ＭＣＦＣでは除去せずにそのまま燃料として利用できるという特長があります。

日本におけるＭＣＦＣの開発は、ムーンライト計画において１９８０年代から始まり、１９９９年には１０００kW級プラントの開発へと発展しましたが、商用化には至りませんでした。現在は、米国のFuel Cell Energy社がＭＣＦＣのトップメーカーとして、ＭＷ級プラントを世界各国へ出荷しています。

要点BOX

- ●炭酸イオン（CO_3^{2-}）が電解質中を移動
- ●高温運転で発電効率が高い
- ●一酸化炭素（CO）も燃料になる

MCFC（溶融炭酸塩形燃料電池）の発電原理

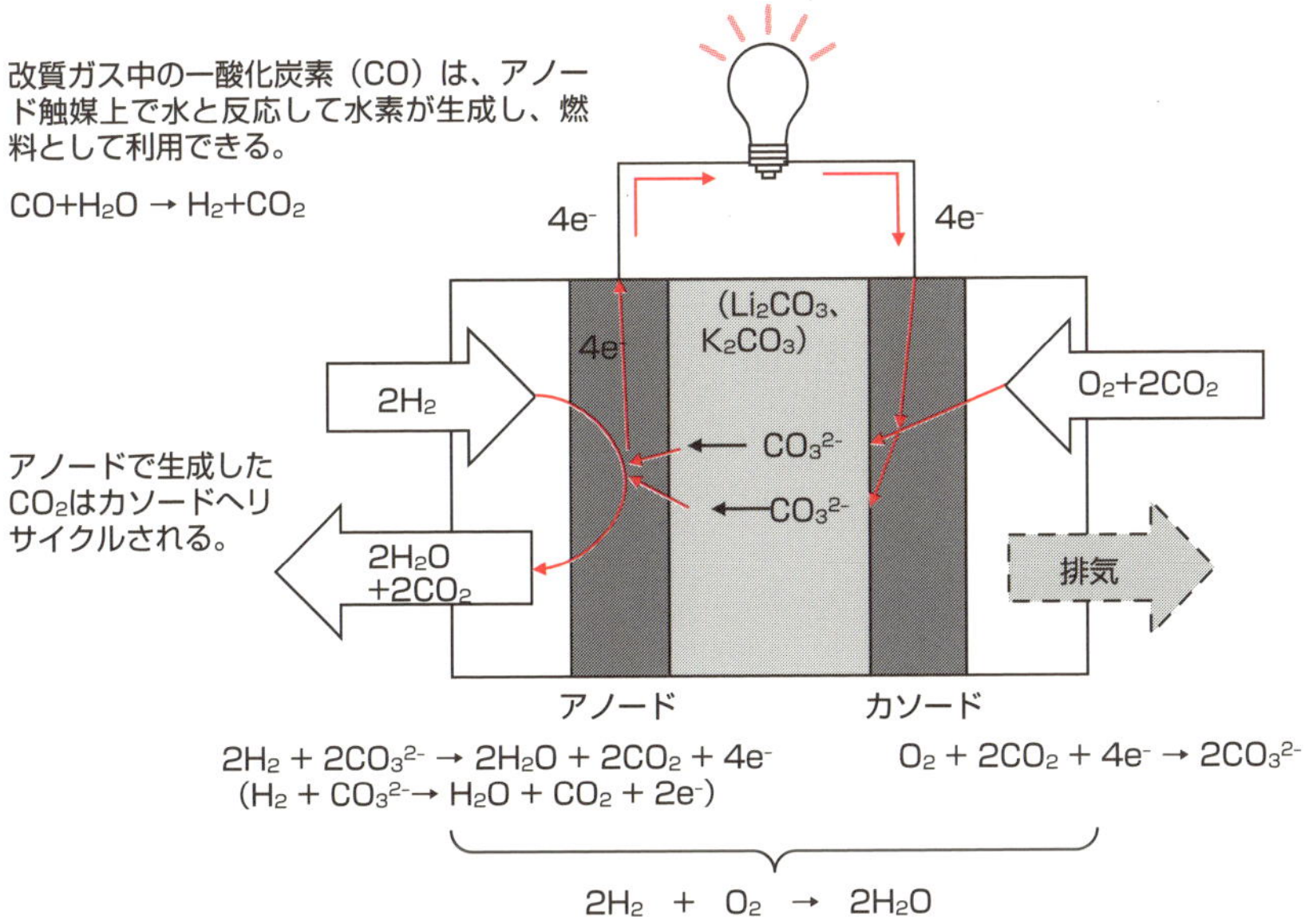

MCFCの単セル構造

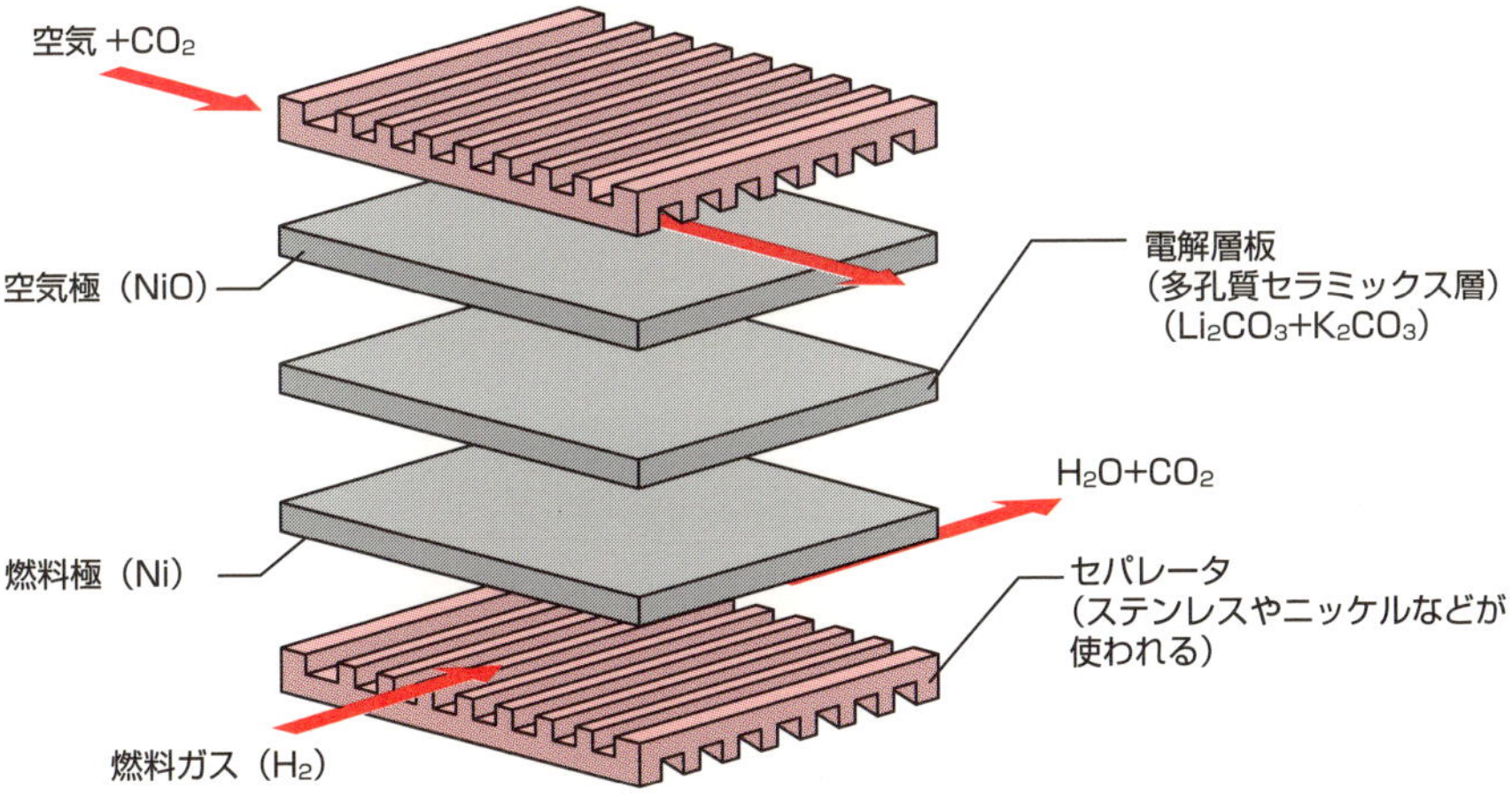

30 固体酸化物形燃料電池（SOFC）

イオン導電性があるセラミックスがカギ

各種燃料電池の中で最も高い温度で運転されるのがＳＯＦＣで、電解質には酸化ジルコニウム（ジルコニア：ZrO_2）に少量の酸化イットリウム（イットリア：Y_2O_3）を添加したセラミックス材料が使われます。温度による結晶構造変化がないため、イットリア安定化ジルコニア（YSZ）と呼ばれます。

このYSZの構造を左図に示しました。ZrO_2はZr^{4+}とO^{2-}が規則正しく整列していますが、ここにY^{3+}が添加されるとZr^{4+}の一部がY^{3+}に入れ替わり、全体の陽イオンと陰イオンのバランスを取るためにO^{2-}の一部（2個のY^{3+}で1個のO^{2-}）が空隙（酸素欠陥）となります。この状態で高温にすると、この空隙を埋めるようにO^{2-}が次々と移動するようになり、イオン伝導性が現れます。

アノードには多孔質構造のNi-YSZ混合材料が、カソードには多孔質構造のLa系酸化物（La-Sr-Co-Oなど）が一般的に使われ、触媒として働きます。

運転温度が高いのでPtの様な貴金属触媒は必要ありません。アノードで電解質の酸化物イオンと水素が反応して水が生成し、生じた電子は外部回路を通ってカソードへ移動します。カソードでは、酸素と電子の反応でO^{2-}が生成し、電解質中をアノードへ向かって移動します。ＰＥＦＣではカソードに水が生成しますが、ＳＯＦＣではアノードに生成します。

運転温度が高いため発電効率も向上しますが、あまり高温で運転すると、各種材料の耐久性に問題が出てきます。しかし温度を下げるとイオン伝導性が低下してしまうため、より低温でもイオン伝導性の高い電解質材料の開発が続いており、現在は７００℃程度で運転ができるようになっています。

セルの構造は平板型と円筒型があり、一般的に平板型は製造が容易だがガスシールが難しい、円筒型はガスシール性に優れるが単位体積当たりの出力密度が小さくなる、など一長一短があります。

要点BOX

- 酸化物イオン（O^{2-}）が電解質中を移動
- 高温（700～1000℃）で運転
- セルには平板型と円筒型がある

SOFC（固体酸化物形燃料電池）の発電原理

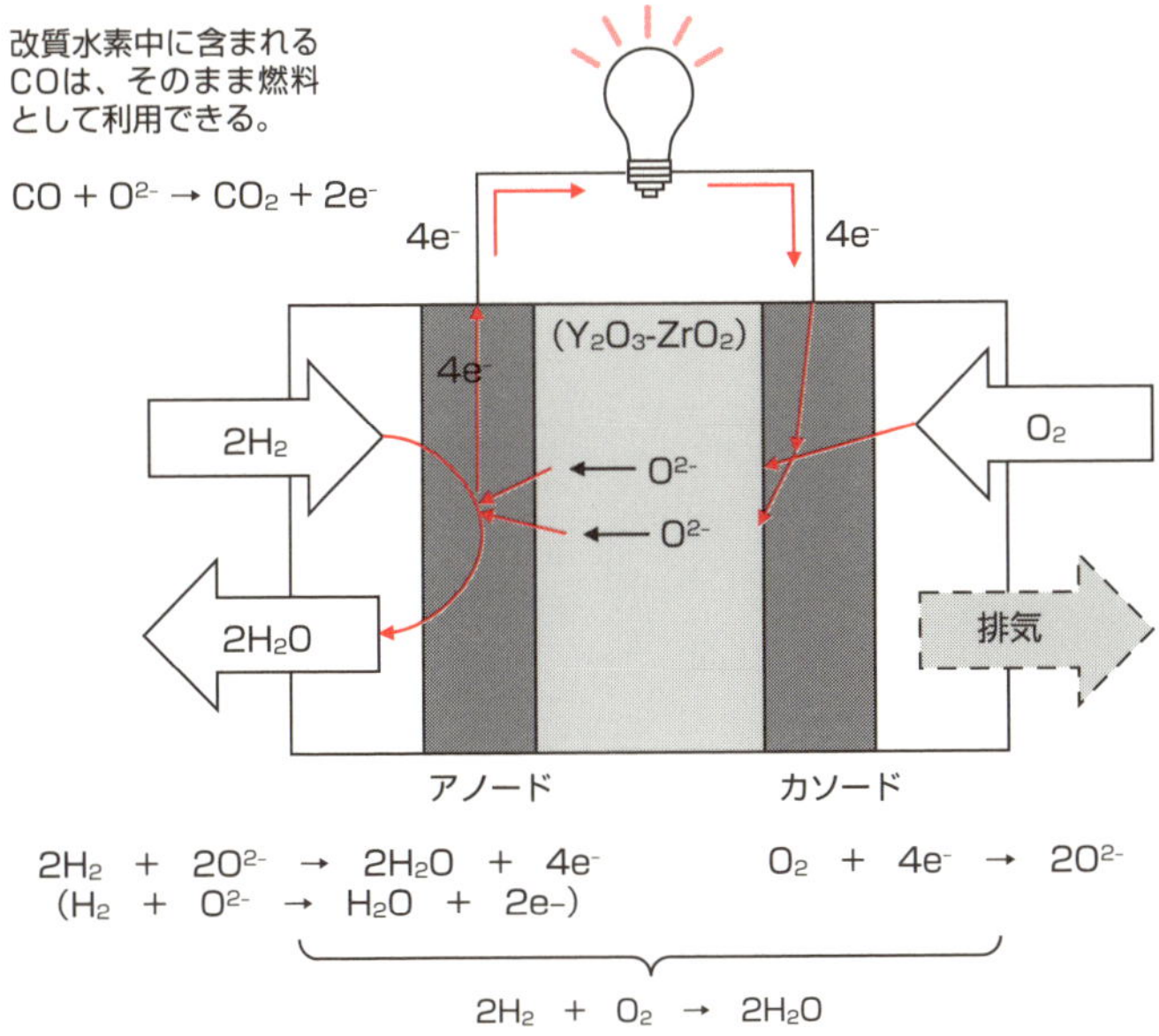

YSZ中をO^{2-}が移動する様子の模式図

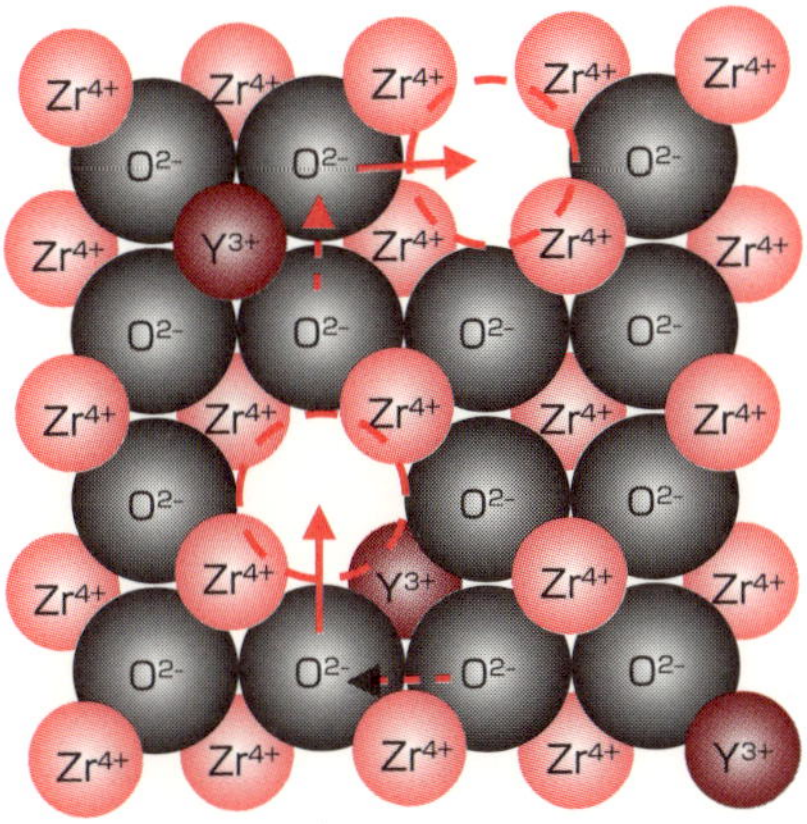

YSZ：Yttria-stabilized Zirconia
（イットリア安定化ジルコニア）

平板型セルと円筒型セルの比較

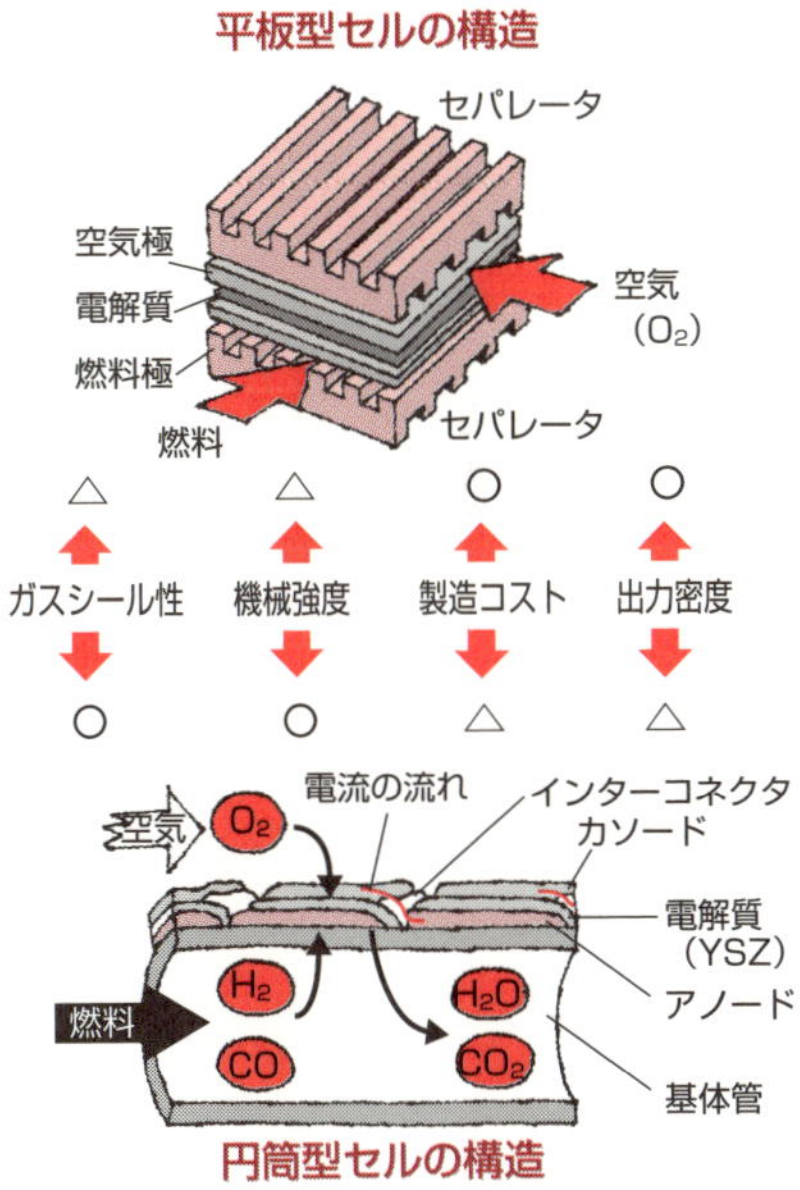

31 直接メタノール形燃料電池（ＤＭＦＣ）

燃料は液体のメタノール

セルの基本構造は基本的にＰＥＦＣと同じで、燃料のメタノール（CH_3OH）を改質せずにアノードへ直接供給するのが直接メタノール形燃料電池（ＤＭＦＣ:Direct Methanol Fuel Cell）です。改質器が無いのでシステムが簡素化でき、水素に比べ液体燃料の方が取扱い易い、という利点があります。

アノードにはメタノールと水を供給します。電極にはＰＥＦＣと同じ貴金属系触媒が使われ、アノードで生成したH^+は電解質膜中をカソードへ向かって移動し、電子は外部回路へ移動します。アノード反応の最終生成物はCO_2となります。カソードでは、H^+と酸素そして電子が反応して水が生成します。

ＤＭＦＣの大きな課題の一つは、アノード反応の過程でH^+を生成しながら最後にCOが触媒上に残存するという点です。このCOを水と反応させてCO_2にするための活性化エネルギーが大きく、これが電池の出力損失になります。28項で説明した通り、エネファームでは改質水素中に残存するCO対策としてPt-Ru系触媒が用いられています。実は吸着したCOを除去するメカニズムはＰＥＦＣと同じで、ＤＭＦＣでもアノードにPt-Ru系触媒が使われます（左図）。ただし性能はまだまだ不十分で、さらなる高性能化が求められています。

もう一つの大きな課題は、メタノールが膜を通してカソードへ透過し、電池の出力が低下してしまうことです。メタノールが透過しにくい膜の開発も求められています。

ＤＭＦＣの開発は、小型電子機器用を想定して行われてきました。充電する必要がある二次電池に比べ、燃料のメタノールさえ持ち運べばいつでもどこでも発電できるという優位性があります。それ以外の用途として、最近では（２０１７年12月発表）通信基地用の非常用電源として開発した１kW級ＤＭＦＣの例があります。

要点BOX

- ●セルの基本構造はPEFCと同じ
- ●活性の高いアノード触媒が必要
- ●メタノールが膜を透過し出力が低下

DMFC（直接メタノール形燃料電池）の発電原理

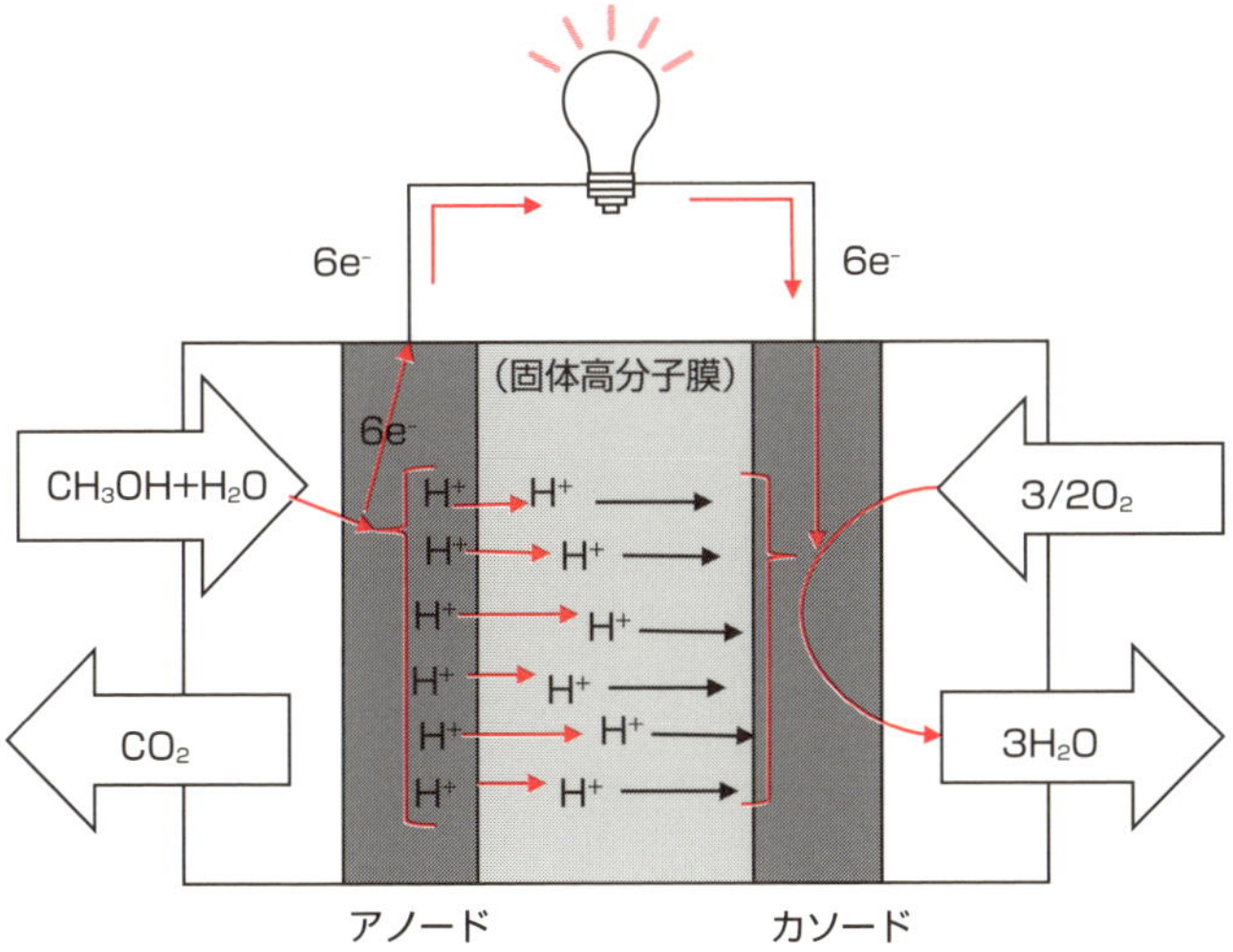

$$CH_3OH + H_2O \rightarrow CO_2 + 6H^+ + 6e^- \qquad 3/2O_2 + 6H^+ + 6e^- \rightarrow 3H_2O$$

$$CH_3OH + H_2O + 3/2O_2 \rightarrow CO_2 + 3H_2O$$

Pt-Ru触媒上でのメタノールの反応過程

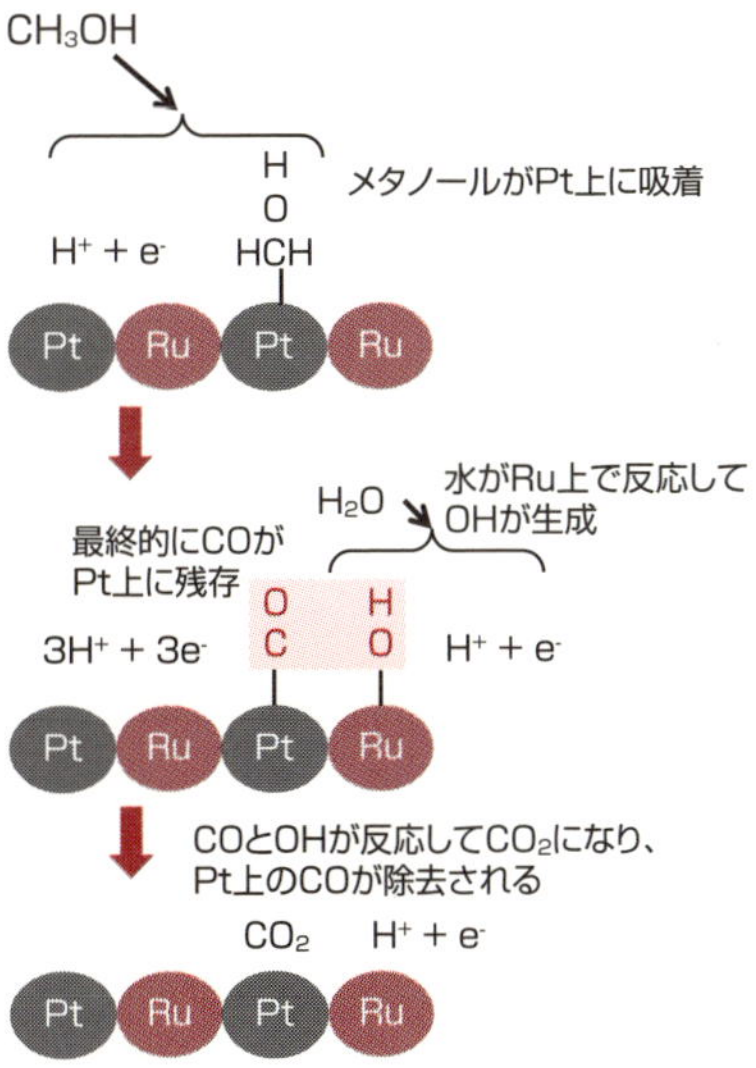

携帯電話充電用DMFCにメタノールを補給

出典：東芝のプレスリリースをもとに作成

1kW級DMFC

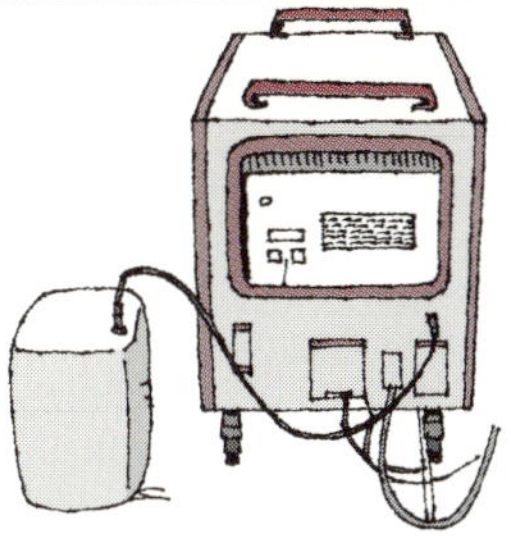

出典：フジクラのニュースリリースをもとに作成

32 その他の特殊な燃料電池

水素以外の燃料で発電

燃料として水素ガスではない、さらに水素源として本質的に炭素を含まない燃料を使った燃料電池があります。

窒素原子と水素原子から構成されるヒドラジン（N_2H_4）という物質は、非常に反応性が高く、様々な化学反応で還元剤として使われたり、ロケット用燃料としても使われたりします。このN_2H_4を使い、電解質としてアニオン交換膜を使った燃料電池の開発例を左上図に示しました。原理はＡＦＣと同じですが、電解質は液体ではなくアニオン（陰イオン）のOH^-が移動する高分子膜です。ヒドラジンを使ったＡＦＣでは、⑴理論発電効率はほぼ１００％（ＨＨＶ）、⑵アルカリ形のため貴金属以外の触媒も使える、⑶ヒドラジン（水和物）は液体で扱いやすい、などの特長があり、現在も開発が進められています。

ヒドラジンと構成元素が同じであるアンモニア（NH_3）を燃料として使う試みも進んでいます。発電原理はＳＯＦＣと同じで、燃料のアンモニアを直接アノードに供給して発電することができます（左下図）。アンモニアを使う利点として、⑴発電時に窒素と水しか排出しない（改質水素の様にCO_2を排出しない）、⑵水素と同様に空気より軽く、漏れてもすぐに上方へ拡散する、⑶水素の燃焼範囲（4～75体積％）よりも狭く（16～25体積％）安全性が高い、⑷常温で加圧すると10気圧程度で液化し運搬が容易になる、等が挙げられます。大量に漏洩すると人体に影響がある点は不利ですが、アンモニアには独特な臭気があるため微量の漏れでもすぐに感知でき、迅速な対処が可能です。

ヒドラジンやアンモニアを使った燃料電池は発電時にCO_2を排出しませんが、これらの燃料を製造する時にもCO_2を排出しないクリーンな方法で、かつ低コストで製造できるかどうかが今後の課題です。

要点BOX
- ●ヒドラジン（N_2H_4）を使うAFC
- ●アンモニア（NH_3）を使うSOFC

燃料にヒドラジンを使うアニオン交換形燃料電池

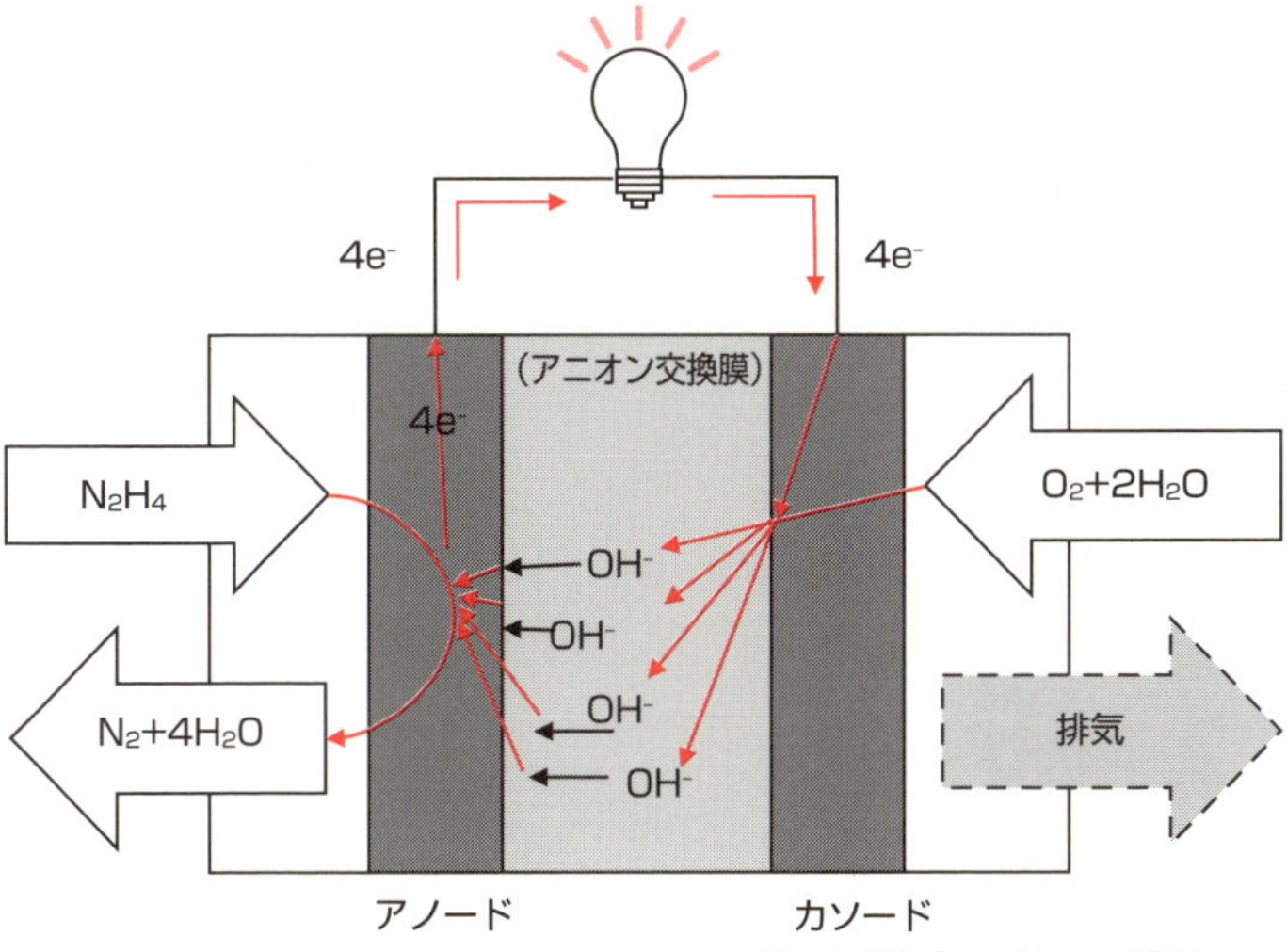

$$N_2H_4 + 4OH^- \rightarrow N_2 + 4H_2O + 4e^- \qquad O_2 + 2H_2O + 4e^- \rightarrow 4OH^-$$

$$N_2H_4 + O_2 \rightarrow N_2 + 2H_2O$$

直接アンモニアSOFC

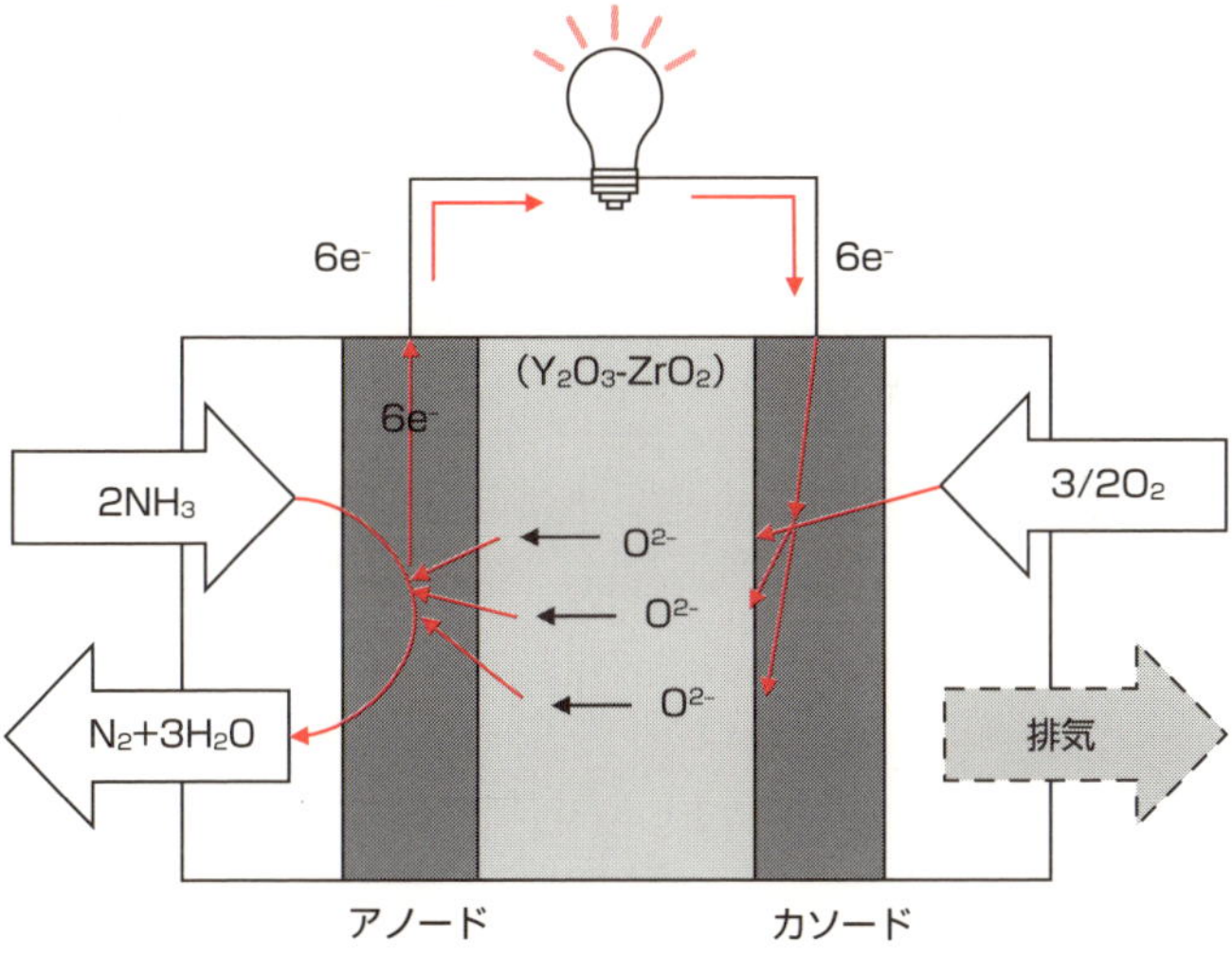

$$2NH_3 + 3O^{2-} \rightarrow N_2 + 3H_2O + 6e^- \qquad 3/2O_2 + 6e^- \rightarrow 3O^{2-}$$

$$2NH_3 + 3/2O_2 \rightarrow N_2 + 3H_2O$$

Column

小型電子機器用 DMFC vs Liイオン電池

31項で登場したＤＭＦＣを使った製品として、モバイルパソコンや携帯電話などの携帯型小型電子機器用に開発されたものがあります。しかしこれら電子機器類は現在、リチウムイオン電池が搭載されて作動しているものがほとんどだと思います。

普段私たちが使っている携帯電話に内蔵されているリチウムイオン電池の技術開発が進み、非常に小型化され、高い負荷がかかる使い方をしなければ、充電無しで１日使えるまでになりました（機器側の低消費電力化もあります）。しかし、充電する時は必ず電源に接続する必要があり、電源がないような環境にいる時は大変不便です。交換用のリチウムイオン電池を複数個持ち歩いたり、充電用の携帯型バッテリーを持ち歩いたりするのは煩わしいものです。

これに対してＤＭＦＣは、燃料さえあればどこでも長時間にわたり発電することが可能です。

ＤＭＦＣのもう一つの利点は、燃料のメタノールは長期保存が可能で劣化しません。これに対しリチウムイオン電池は、長期保管中に少しずつ放電していくという欠点があります。緊急用の電源としてＤＭＦＣは大変魅力があり、この用途で今後も需要があることが期待されます。

しかしＤＭＦＣの課題としては既に説明した通り、（１）高活性なアノード触媒の開発、（２）メタノールが透過しない電解質膜の開発、があります。ＤＭＦＣが今後さらに普及していくためには、これらは超えていかねばならない重要な課題です。

第4章

燃料電池を支える材料や技術

33 電池を構成する材料

セルは様々な材料の組合せでできている

第3章では様々な種類の燃料電池について見てきました。本章では、家庭用や自動車用として今後ますます期待が高まっているＰＥＦＣ（固体高分子形燃料電池）について、どのような材料が使われているのか、どのような性能が求められているのか、などについて見ていきたいと思います。

左図に示した通り、実際の燃料電池はたくさんの単セル（一組のアノード・カソード・電解質・セパレーターで構成された電池の最小構成単位）が積層されたスタックの形で発電しています。

セルの中心部に使われている固体電解質膜（詳細は後ほど説明）の多くは、炭素（Ｃ）・水素（Ｈ）さらにフッ素（Ｆ）が含まれた高分子材料で、「フッ素系高分子膜」と呼ばれます。H^+（水素イオン、プロトンともいう）が膜中を移動できるような構造になっており、このH^+の伝導度を高めることが膜の性能を向上させる重要な課題の一つです。

膜の両側にはアノード（水素極）層とカソード（酸素極）層が形成されています。どちらも基本的にPt触媒が使われており、触媒の活性次第で電池の特性が大きく左右されるため、セルの心臓部ともいうべき材料です。特にカソード側の活性化エネルギーが大きいため、より高性能なカソード触媒を開発することが重要です。

膜と電極層を一体化したＭＥＡ（膜ー電極接合体）の製造法はいろいろとありますが、低コストで生産性の高い製造法が要求されます。また、ＭＥＡの製造法で発電特性が変わることがあるため、触媒や膜の性能が十分に発揮できるように製造法を最適化する必要があります。

ＭＥＡの両側には、ガス流路が形成されたセパレーターが配置されます。カーボン系と金属系があり、それぞれに一長一短があります。

要点BOX

- ●セルの心臓部は電極触媒
- ●各材料に性能向上が求められる
- ●コスト低減も重要課題

セルを構成する材料と求められる性能の向上

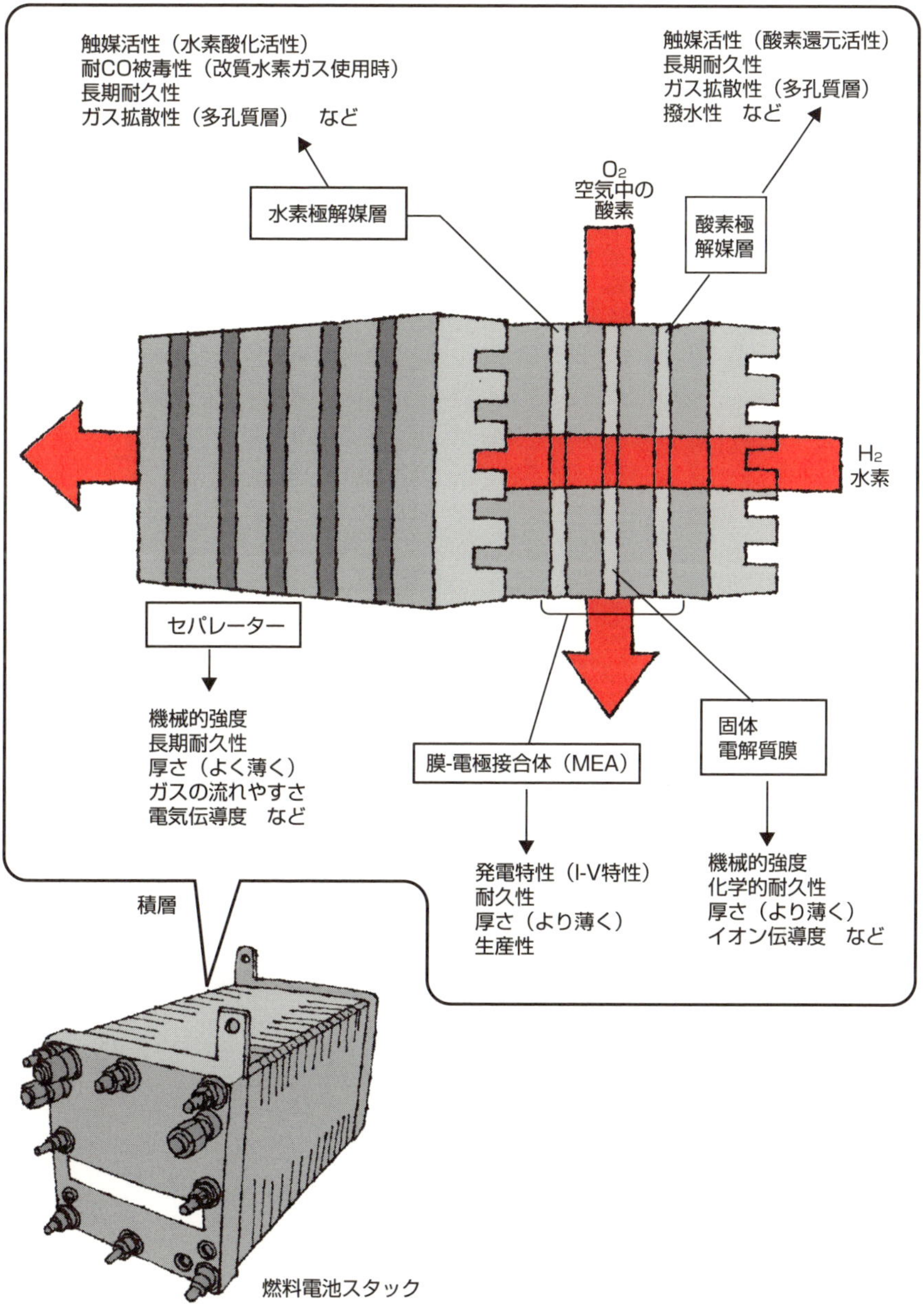

34 燃料電池の心臓部〜電極触媒

反応を効率よく進めるPt触媒

燃料電池反応は自発的に進む反応ですが、活性化エネルギーの山（特にカソード反応）を越えて反応を速く進めるためには、Pt触媒の力を借りる必要があります。

Ptの活性が高い理由はまだ完全に解明されておらず、世界中の研究者がその理由を探究しながら、より活性の高い触媒の研究開発を続けています（42項で紹介）。理由解明の研究の紹介は本書の趣旨から離れるためいたしません。ここでは、Pt触媒の働きがイメージできるよう、触媒上で反応がどの様に進んでいるのかを図で説明します。

電極反応が進むには、反応ガス（気体）、触媒のPt（固体）、電解質（液体）の三相が接した状態の場所が必要で、これを三相界面と呼びます。まずアノードでは水素分子が三相界面のPt上に吸着します。実際の電極層内では触媒とイオノマー（ionomer：アイオノマーともいう。電解質膜と同じ材質）が混合され接しています。厳密な三相界面は線ですが、左図の様にイオノマーが薄く被覆しているPt表面も、溶解した水素が比較的速く移動して三相界面となります。吸着した水素はPtと電子的な相互作用で水素イオンと電子に分かれます。

カソードでも同様に、まずは酸素分子が三相界面のPt上に吸着します。Ptと相互作用して酸素原子同士の結合が弱まったところにH^+と電子が反応して水が生成します。両極の反応、特にカソードの反応が実際にどのように段階的に進んでいるのかは、まだ完全には解明されていません。Pt上への酸素の吸着が強すぎでも弱すぎでもなく、程よく相互作用をしながら進むとイメージして下さい。

燃料電池の性能向上には、カソードの活性化エネルギーを大きく減らせる触媒を開発すること、そして反応が効率よく進むような三相界面が多い電極を作ること、が大変重要となります。

要点BOX

- ●Ptは低温でも活性が高い
- ●カソード触媒がより重要
- ●高活性化の努力が今も続く

アノードでの水素酸化反応

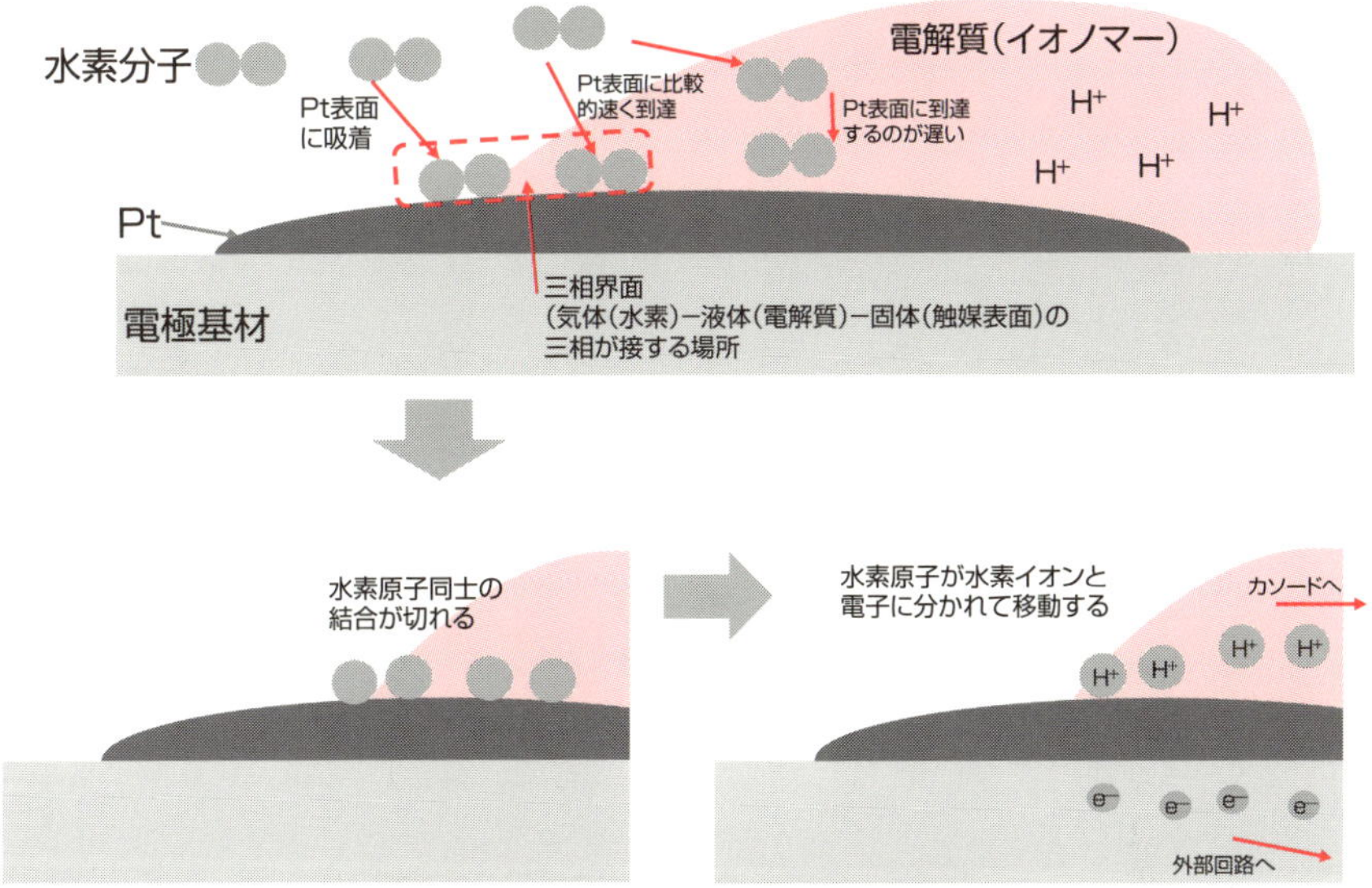

カソードでの酸素還元反応

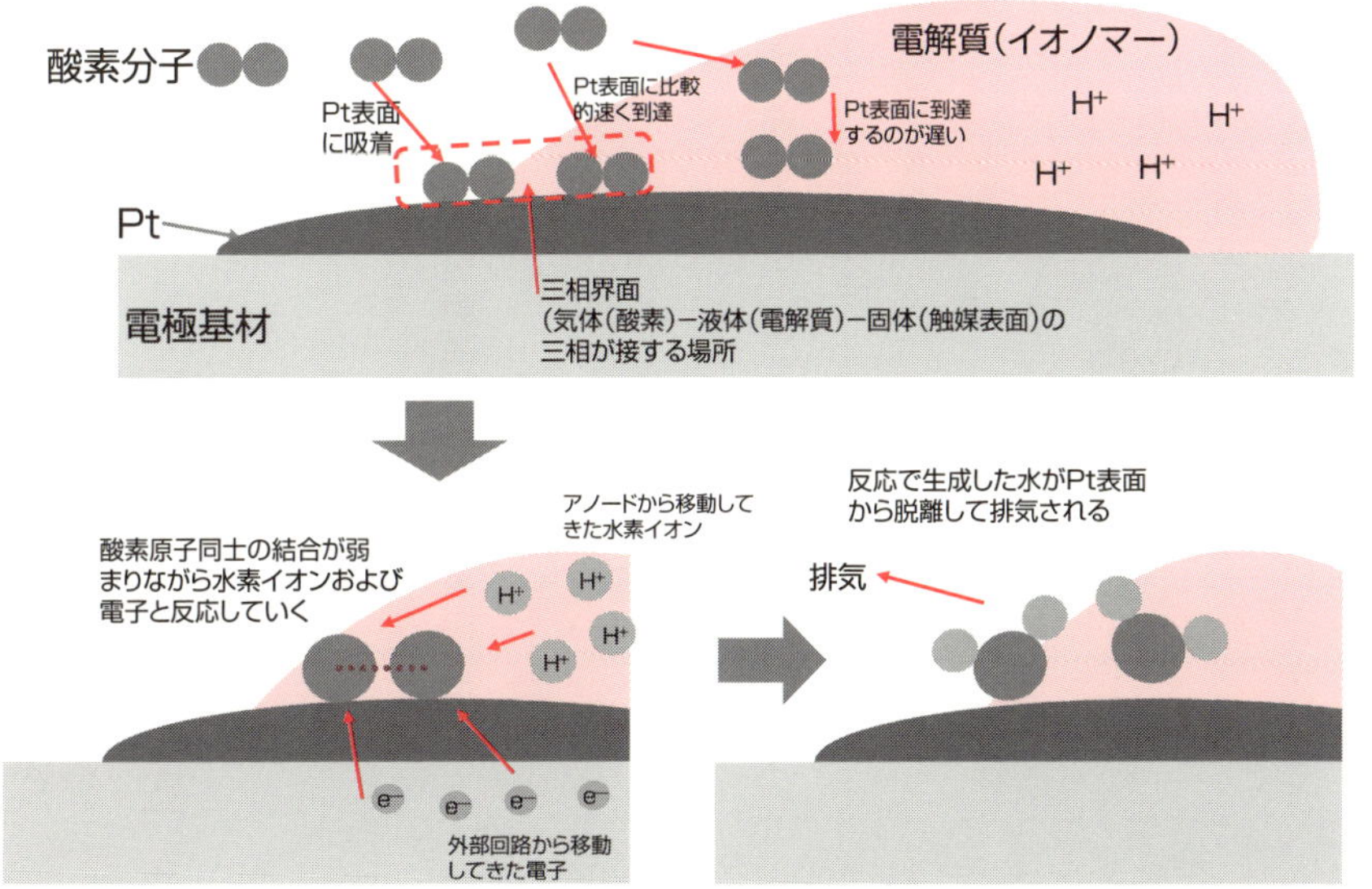

35 Ptの表面積を測定する

電気化学測定法とガス吸着法がある

Pt触媒の活性を上げるにはどんな方法があるでしょうか? 左上図の様に、大きな立方体の触媒1個より、小さな立方体に切り分けた方が反応する表面が広くなり活性が上がります。Pt触媒の活性の比較には、Ptの表面積を測定してPt単位質量当たりの表面積（比表面積）を求めます。

実用化されているPt触媒は、数nmの大きさのPt粒子が炭素材料（37項参照）の上に担持（下地材料の表面に固定すること）されています。肉眼では見えませんが、高倍率の電子顕微鏡でPt粒子を観察することは可能で、観察した粒子サイズの平均値から表面積を計算できます。ただし全体のごく一部を観察したデータからの計算値という事になります。これに対し、測定したい触媒試料中のPtすべての表面積を測定するには、電気化学的に測定する方法とガス吸着法で測定する方法とがあります。

電気化学的な測定は、左図の様な装置で行います。酸性溶液（硫酸など）中で基準電極に対して試験電極に加える電圧（電位）をある範囲で変化させていくと、特定の電位範囲でH^+が電子を受け取って還元されてPt上に吸着し、その時の電流が記録されます。この電流値をグラフから求めてPtの表面積を計算します。溶液が入り込めないような細孔に存在するPtは測定値に反映されません。

ガス吸着法で行うには、測定試料を装置内に入れ、ここにCOガスを導入します。既に説明した通り、Pt上にCOは吸着しやすいため、最終的にPt表面すべてをCOが覆うまで吸着が進みます。吸着されずに余ったCOが装置から出てきますので、入れた量と出てきた量の差から吸着したCO量が分かり、Pt表面積が求まります。CO分子は非常に小さいので、小さな細孔内のPt粒子にも到達して吸着し、基本的に全てのPt表面が測定できます。

要点BOX

- ●触媒反応は表面積が大きい方が有利
- ●触媒活性の比較にはまず表面積測定

触媒の表面積の違い

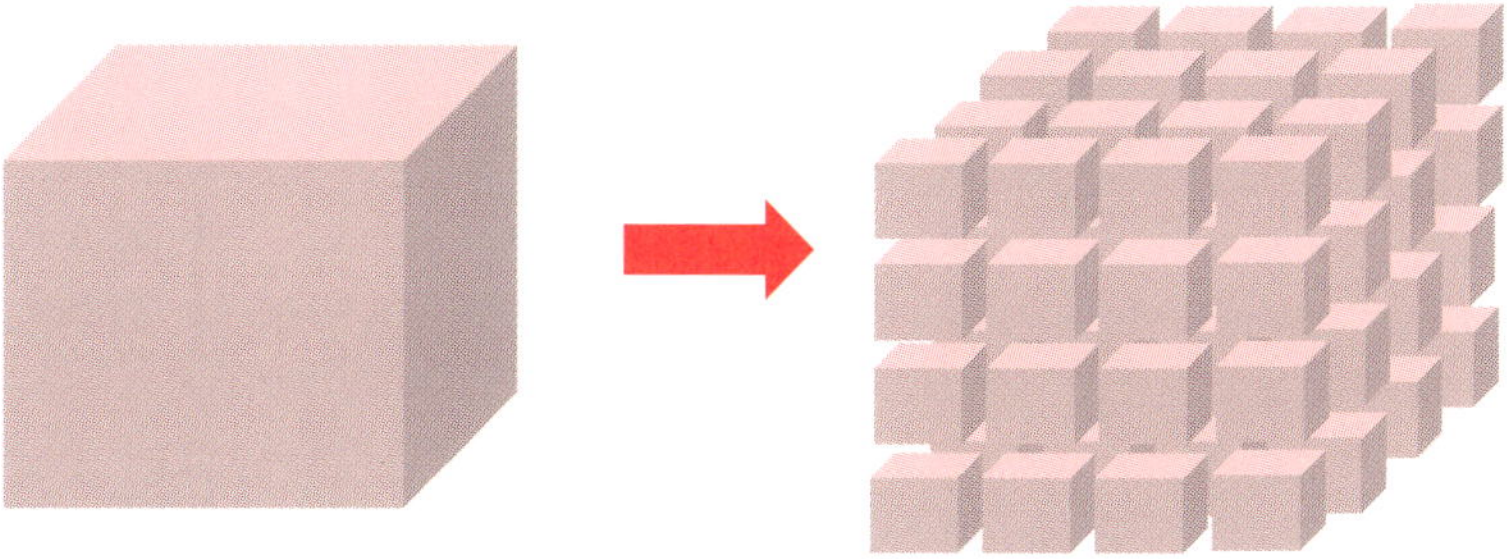

1個の大きな立方体を小さな立方体に切り分けると、全体の表面積が大きくなる。

Ptの表面積測定（電気化学法の原理）

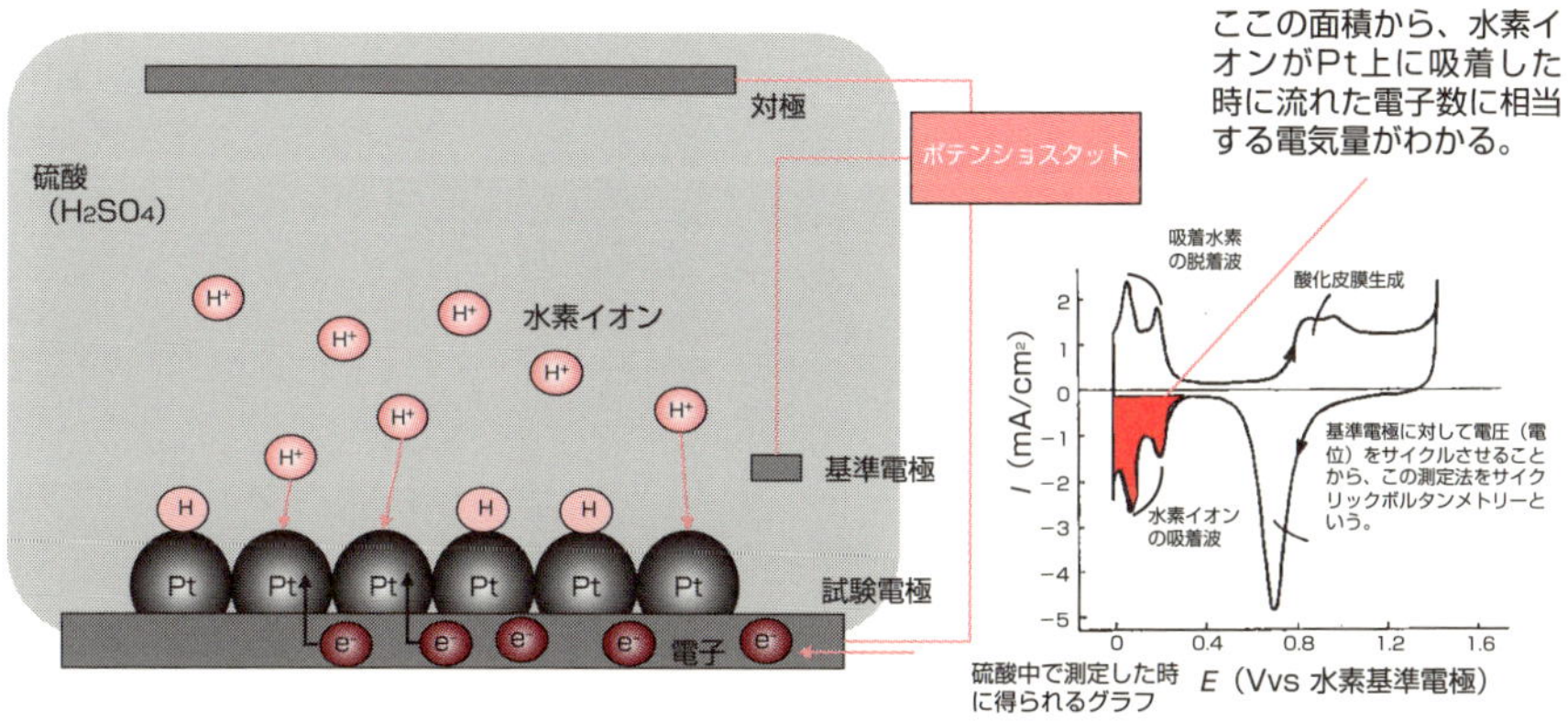

Ptの表面積測定（ガス吸着法の原理）

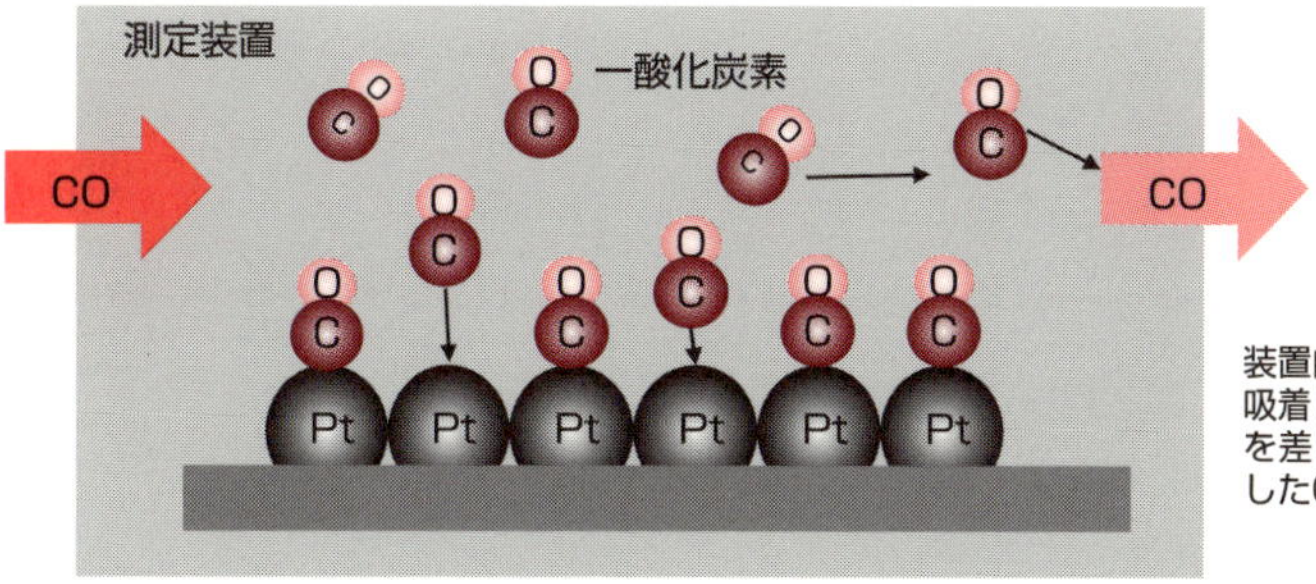

装置内に導入したCO量から吸着しないで出てきたCO量を差し引くと、Pt上に吸着したCO量がわかる。

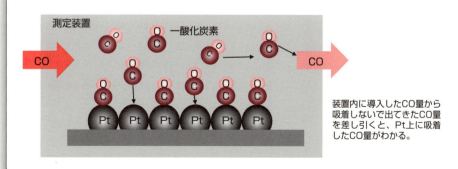

36 電極触媒の性能向上

質量活性と比活性について

35項では、触媒の表面積が大きくなると触媒活性は向上するという説明をしましたが、燃料電池として実際に発電した時の性能を比較するには、同じ条件でどれだけ多くの電流を流すことができるかを考えます。それは、電流が多く流れるということは、それだけ反応速度が速いということだからです。

実際の触媒活性を比較するには、何かを基準にする必要があります。ここでは電極に使われているPtの単位質量当たり（1g当たり）にどれだけ多くの電流を流すことができるか（質量活性：A/g-Pt）を、触媒単位質量当たりの表面積（比表面積：cm^2-Pt/g-Pt）との関係で考えてみましょう。

触媒の比表面積が大きくなると質量活性も大きくなるはずですから、両者には比例関係が成り立つと考えます。そうすると、質量活性と比表面積の関係は一般的な比例式（y=ax）の形、すなわち

質量活性（A/g-Pt）＝比例定数×比表面積（cm^2-Pt/g-Pt）

で表すことができます。この時の比例定数は、両辺の単位を考慮すると（A/cm^2-Pt）となり、これを触媒の比活性と呼びます。

この比例式から次のことが分かります。

(1)比活性が同じ触媒では、比表面積が大きい触媒が高活性になる（質量活性が大きくなる）。

(2)比表面積が同じ触媒では、比活性が大きい触媒が高活性になる（質量活性が大きくなる）。

実際にPt触媒を作る時は、まずPtの比表面積がより大きくなる（粒子がより小さくなる）方法を考えます。さらに、比活性を大きくするために、Ptと他の元素を組み合わせた合金触媒（PtNi、PtCo、PtCoCrなど）を作る方法が昔から検討されてきて、実際に合金触媒が特にカソードに使われています。

要点BOX

- ●触媒比表面積と質量活性は比例関係
- ●比例定数に相当するのが比活性
- ●Pt合金触媒で比活性が向上

触媒の質量活性と比表面積の関係

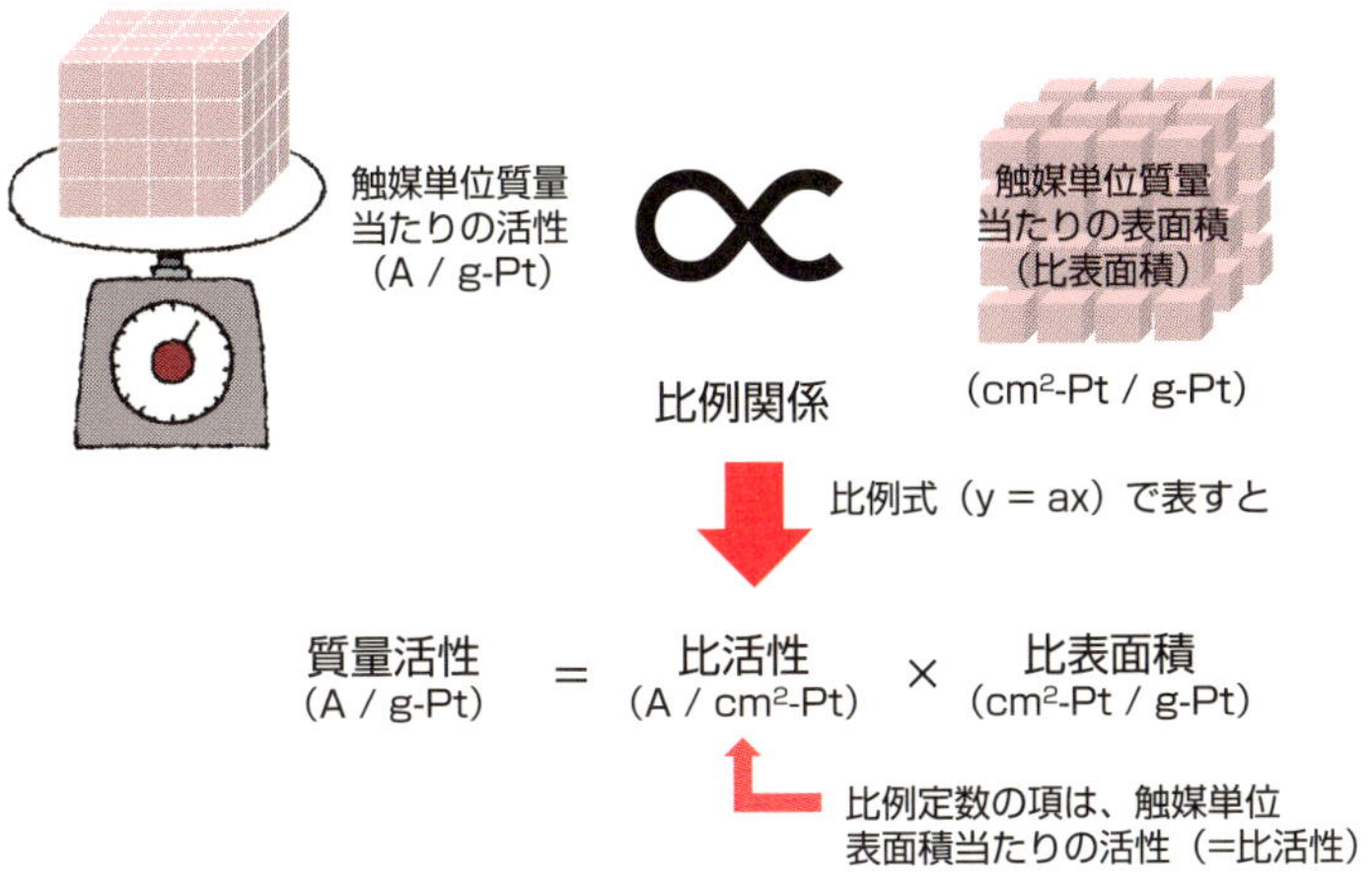

触媒の質量活性と比活性

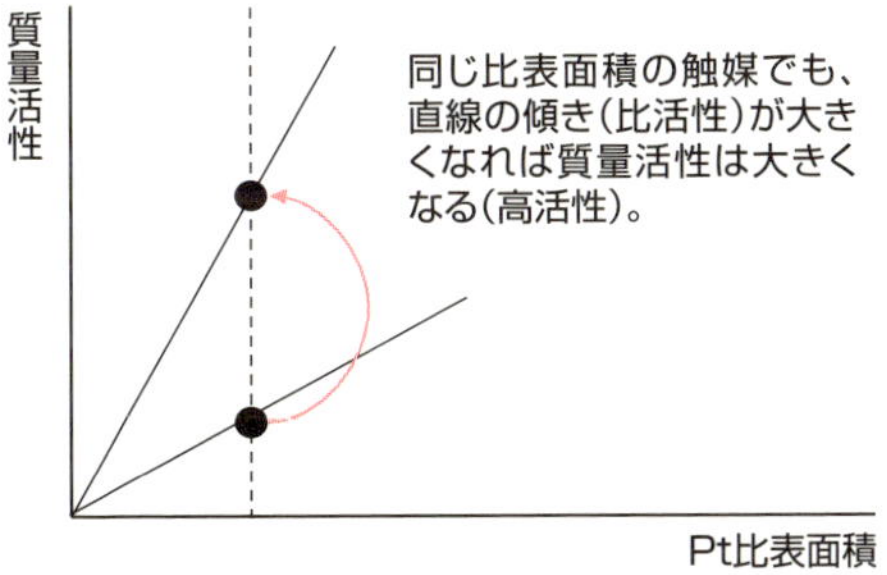

Pt触媒とPt合金触媒の比活性

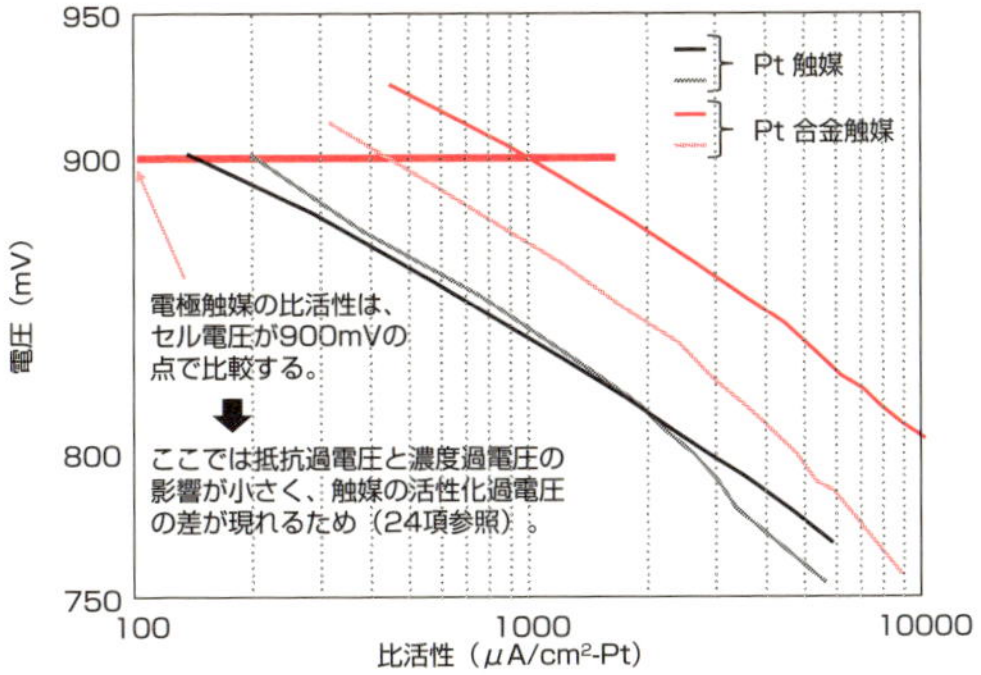

37 電極触媒に使われている材料

Pt粒子を載せる下地となるカーボン担体

Pt触媒の活性を上げるためにはPtの比表面積を大きくする、つまりPt粒子を小さくすることが必要だということを36項で説明しました。

ところがPt粒子を小さくすればするほど、お互いがくっついて凝集しやすくなります。これではせっかく小さなPt粒子を作っても、触媒として実効的に働く表面が少なくなってしまいます。

そこでPt粒子同士が凝集しないように、下地となる材料（担体）の上にばらばらに分散して固定化（担持）するという方法でPt触媒を製造します。担体に必要な条件として、電極反応で電子が速く移動できるよう高い電子伝導性が求められます。さらに、Pt粒子を分散させるためには、一般的に比表面積が大きい担体が有利になります。

これらの条件を満たす担体として、カーボンブラック（黒色粉末状の炭素）がよく使われます。カーボンブラックは、身近なところでは自動車用タイヤに使われています（タイヤが黒い理由）。カーボンブラックには大きく分けてファーネスブラックとアセチレンブラックがあり、それぞれで多くの種類があります。製造法によって物性がいろいろと変わるため（特に比表面積）、用途によって選択します。

左下のグラフには、あるカーボン担体を使って作った標準的Pt触媒（Pt/Cと表記）、高比表面積カーボン担体を使ったPt/C触媒のPt比表面積の例を示してあります。Pt担持量が増えるといずれもPt比表面積が小さくなります。これは同じ面積の場所により多くのPt粒子を担持しようとすると、大きなPt粒子ができやすいからです。比表面積の大きな担体を使うと、同じPt担持量でもPt比表面積が大きくなります。また、触媒製造法を変えるとさらにPt比表面積を大きくすることも可能です。

どんなカーボン担体を用い、どんな方法で触媒を作るかは、触媒メーカーによって様々です。

要点BOX

●ナノスケールのPt粒子は凝集しやすい
●下地材料にPt粒子を分散させる
●下地材の表面積と触媒の作り方が重要

燃料電池用Pt触媒の基本構成

小さなPt粒子はお互いにくっついて凝集しやすくなる。

凝集すると反応に寄与できる表面が少なくなり、触媒活性が低下する。

Pt粒子が凝集しないように、表面積の大きな下地材（専門用語で「担体」という）の上に固定化する（専門用語で「担持する」という）。

担体の表面積が小さいと、Pt粒子が凝集した状態で担持される。

- 触媒粒子（nmスケール）
- カーボン担体
- カーボン担持Pt触媒（Pt/C）

カーボンブラック
Pt触媒の担体としてよく用いられる。

- **ファーネスブラック**: 石油系原料を高温炉内で不完全燃焼させて製造
- **アセチレンブラック**: アセチレン（C_2H_2）を高温炉内で熱分解して製造

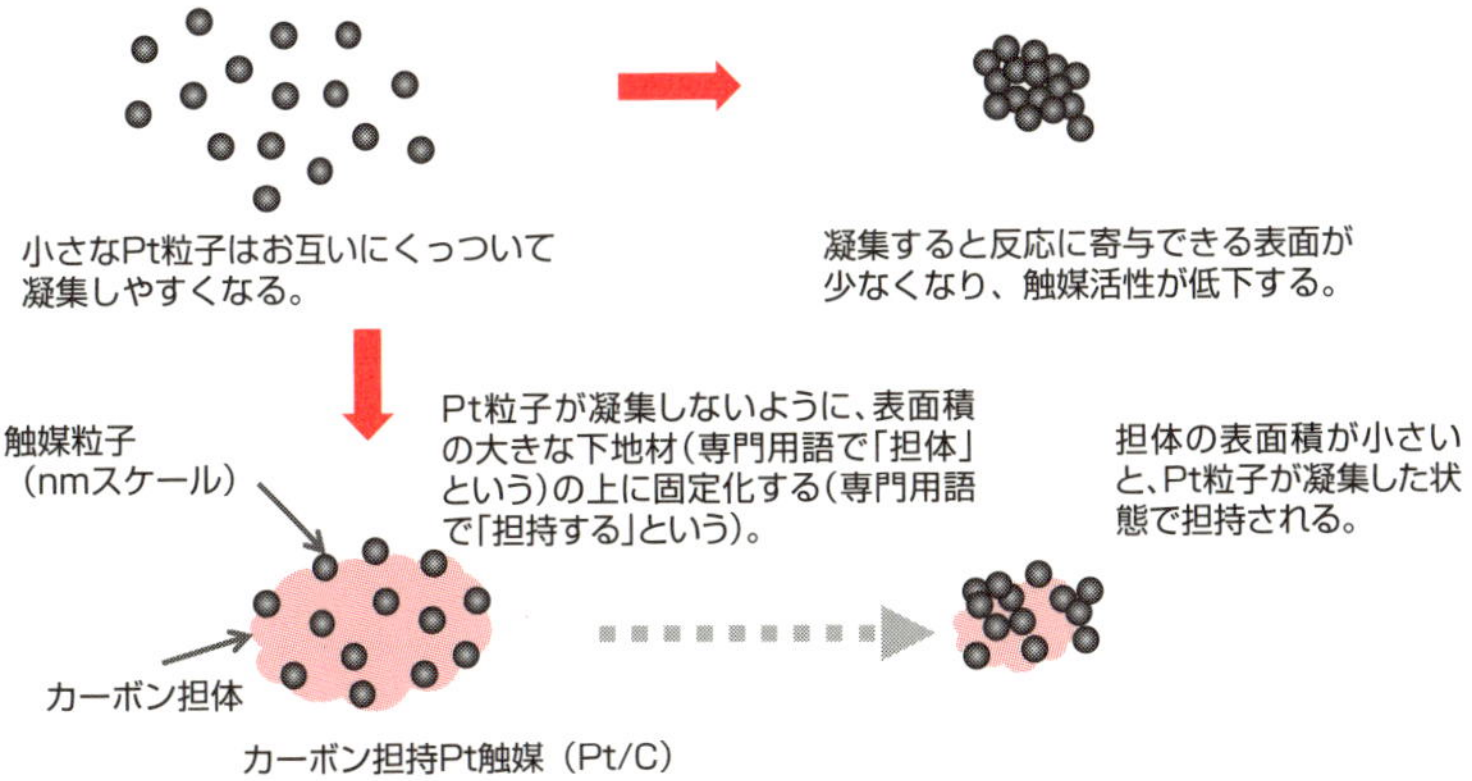

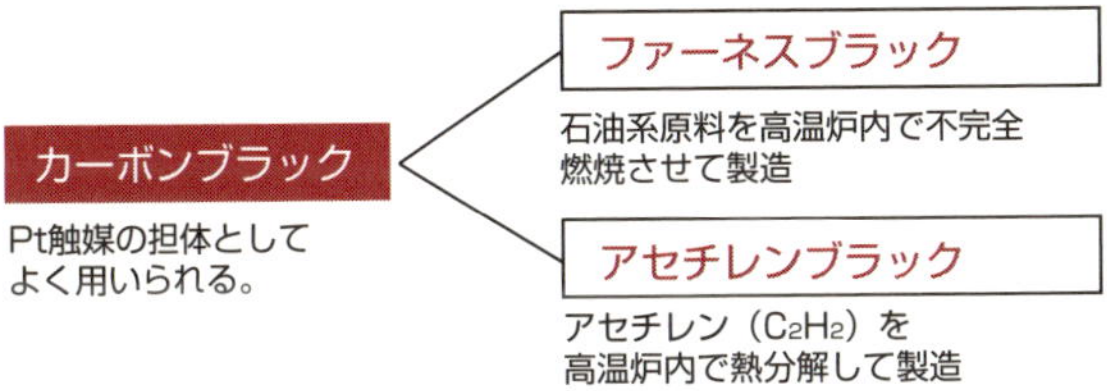

様々なPt/C触媒のPt担持量 vs Pt比表面積

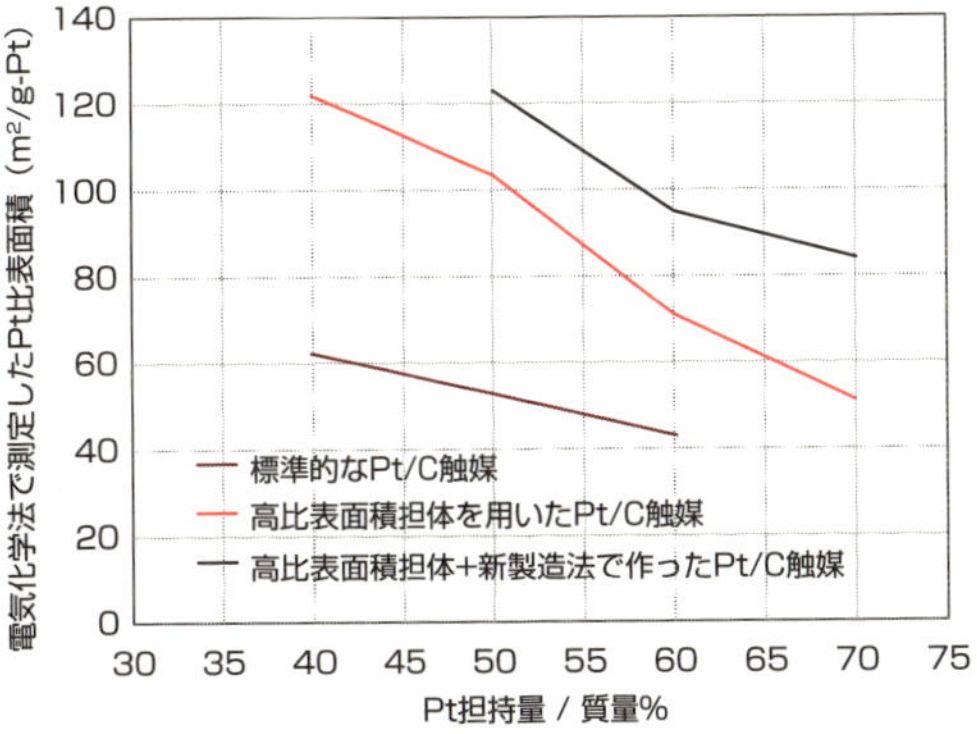
- 高比表面積担体を用いたPt/C触媒
- 高比表面積担体＋新製造法で作ったPt/C触媒

森田敬愛， 固体高分子形燃料電池電極触媒開発の現状と課題，
自動車技術会春季大会燃料電池フォーラム予稿集，pp.13-16，2005年5月

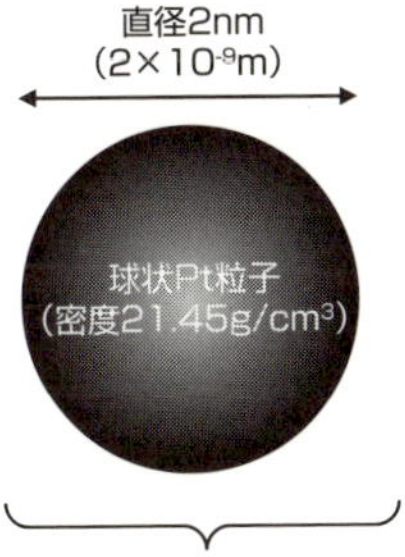

直径2nm ($2×10^{-9}$m)
球状Pt粒子（密度21.45g/cm³）

Q　このPt粒子の比表面積は？

答　約140m^2/g

38 標準電極電位を理解しておこう

標準水素電極の標準電極電位（E^0）が基準

39項で燃料電池の部材が電気化学的に腐食する話をする前準備として、「標準電極電位」という電気化学に関する専門用語に少し触れておきます。

燃料電池では、水素から取り出された高いエネルギー状態の電子を利用して発電しています。14項で出てきたボルタの電池も同じで、アノードでは亜鉛が溶出して、高いエネルギーの電子が出てきます。これを電気エネルギーとして利用し、最後にカソードでのH^+の還元反応で消費されます。それぞれの電極反応に関与する電子のエネルギーは、標準電極電位（E^0）という尺度で比較できます。基準となるのは次の反応が起こる電極で

$$2H^+ + 2e^- = H_2 \qquad E^0 = 0\ (V)$$

と決められています。水素の圧力が1気圧、水溶液のH^+濃度が1㏖／L、温度が25℃の条件において、右方向と左方向の反応速度がちょうどつり合っている（平衡状態）のが標準状態です。

E^0が負になるほど、その反応の電子エネルギーは高い状態にあり、E^0がより正の反応に電子を与えやすくなります。したがってE^0の差がある2つの反応を組み合わせると電池を作れます。左図でボルタの電池は①と②の反応の組合せです。E^0がより負の①で酸化反応が進み（$Zn \rightarrow Zn^{2+} + 2e^-$）、ここで生じたエネルギーの高い電子が②の反応系に移って還元反応（$2H^+ + 2e^- \rightarrow H_2$）が進みます。両反応の$E^0$の差が電池の理論電圧となります。

標準電極電位から電極の電位が変化した時、その反応は平衡状態から移動します。例えば④の反応の場合、負の方向へ変化すると還元方向に、正の方向へ変化すると酸化方向に進むと理解して下さい。少し複雑になってしまいましたが、左図を何度も見ながら、電極電位の大小と電子エネルギーの大小の関係、電極電位の変化方向と反応が進む方向の関係をしっかりと押さえておきましょう。

要点BOX

- ●標準水素電極のE^0を0Vと決めた
- ●E^0が負になるほど電子エネルギーは高い
- ●2つの反応のE^0の差が理論電池電圧

標準電極電位の例

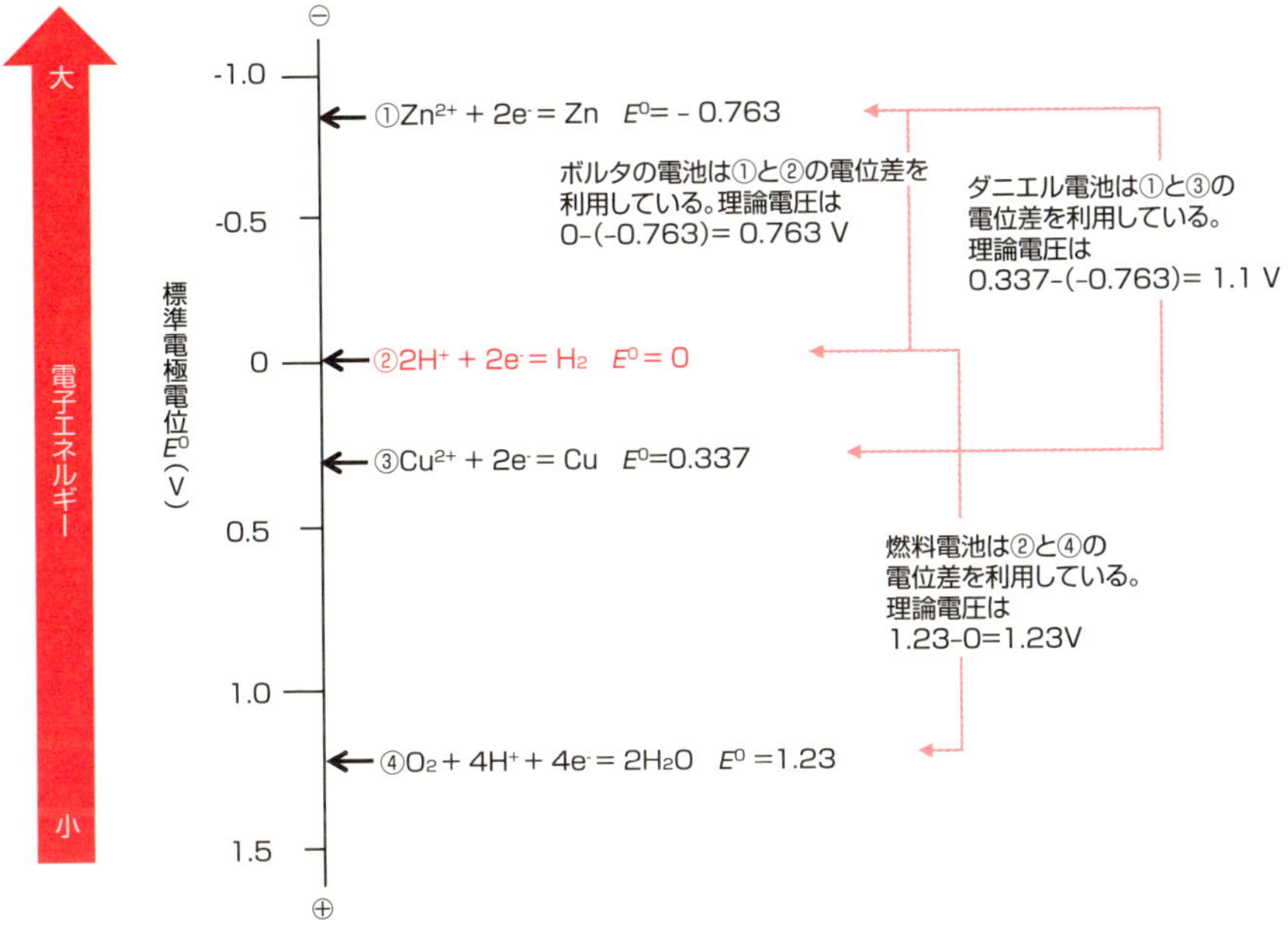

電極電位の変化と反応の進む方向

④の標準電極電位よりも電極電位が負の方向(エネルギー状態が高くなる)に変化すると、④の反応は還元方向に進むようになる。
$O_2 + 4H^+ + 4e^- \rightarrow 2H_2O$

④ $O_2 + 4H^+ + 4e^- = 2H_2O$ $E^0 = 1.23$

④の標準電極電位よりも電極電位が正の方向(エネルギー状態が低くなる)に変化すると、④の反応は酸化方向に進むようになる。
$2H_2O \rightarrow O_2 + 4H^+ + 4e^-$

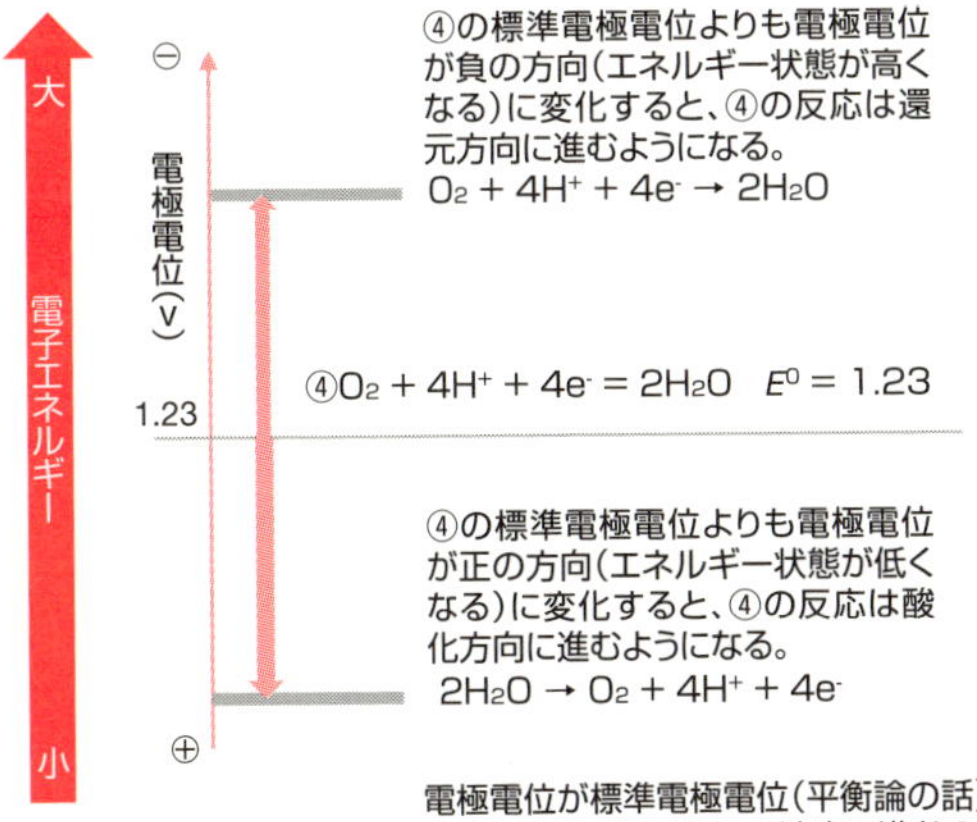

ダニエル電池

英国のダニエルが1836年、ボルタの電池を改良して発明した。

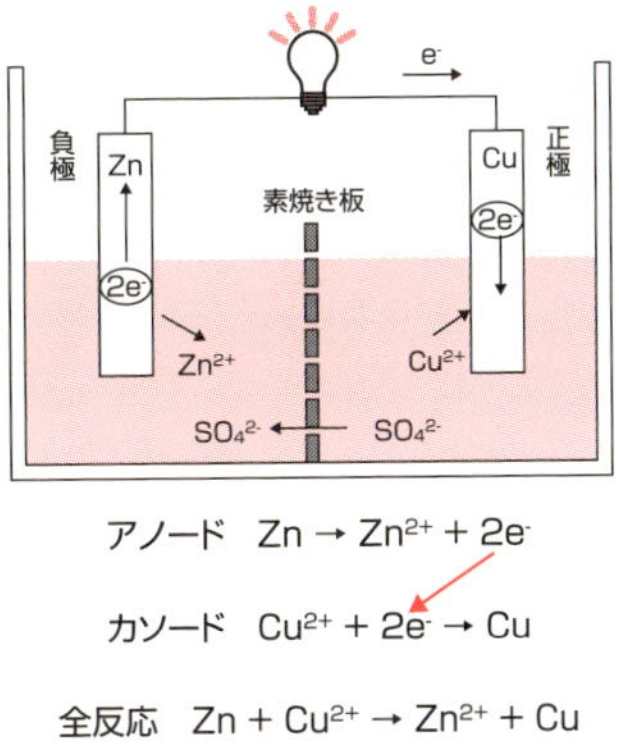

電極電位が標準電極電位（平衡論の話）から大きくずれるほどその反応は進みやすくなるが、どれくらいの速度で進むのか（速度論の話）は分からない。

アノード　$Zn \rightarrow Zn^{2+} + 2e^-$

カソード　$Cu^{2+} + 2e^- \rightarrow Cu$

全反応　$Zn + Cu^{2+} \rightarrow Zn^{2+} + Cu$

39

燃料電池の起動時の材料腐食問題

燃料電池内部に局部電池ができて材料が腐食

37項では、Pt触媒はカーボン材料を担体として作られるという話をしましたが、ここではカーボンを使っているために起こる問題について説明します。

まず燃料電池の初期状態として、アノード・カソード両極とも空気が充満しているとします。この状態から開回路のままアノードへ水素を導入し始めると、セル内部では次のような反応が進行します。

①：アノード流路内で、水素に置換された部分と空気がまだ残っている部分との間に界面ができる。

②：水素が入ってきたアノード触媒上で水素酸化反応が進行する。

③：アノード流路内で酸素がまだ残っている部分に、②で生じた電子がアノード電極内を伝わって移動する。②で生じたH^+は電解質膜を通ってカソードへ移動する。

④：アノード内の酸素と③で移動してきた電子、そして電解質膜からのH^+が反応して酸素還元反応が起こる。

⑤：④の反応で消費されたH^+を供給しようとして、加湿状態にあるカソードでは次の反応が進む。

$C + 2H_2O \rightarrow CO_2 + 4H^+ + 4e^-$ ……………(1)

$2H_2O \rightarrow O_2 + 4H^+ + 4e^-$ ……………(2)

⑥：⑤で生じた電子が、③の過程でH^+を受け取ったカソード部分に移動し、酸素還元反応が起こる。

このようにしてセル内で回路（局部電池）が出来上がり、カソード側のカーボン材料が酸化消失（腐食）すると、触媒性能の劣化につながります。

以上の現象は実際に実験的に確認されており、カソードの一部分が1・5Vという高い電位になることも観測されています。アノード内が完全に水素で置換されるまでの短時間ですが、(1)と(2)の反応が酸化方向へ進みます。これらの反応が起きないような、起きたとしても(1)よりも(2)の反応が優位に進むような工夫が必要となります。

要点BOX

- ●アノードに酸素が残っている状態で発生
- ●水素を供給し始めた直後に起こる
- ●カソードのカーボン材料が酸化消失

燃料電池起動時の電気化学的腐食

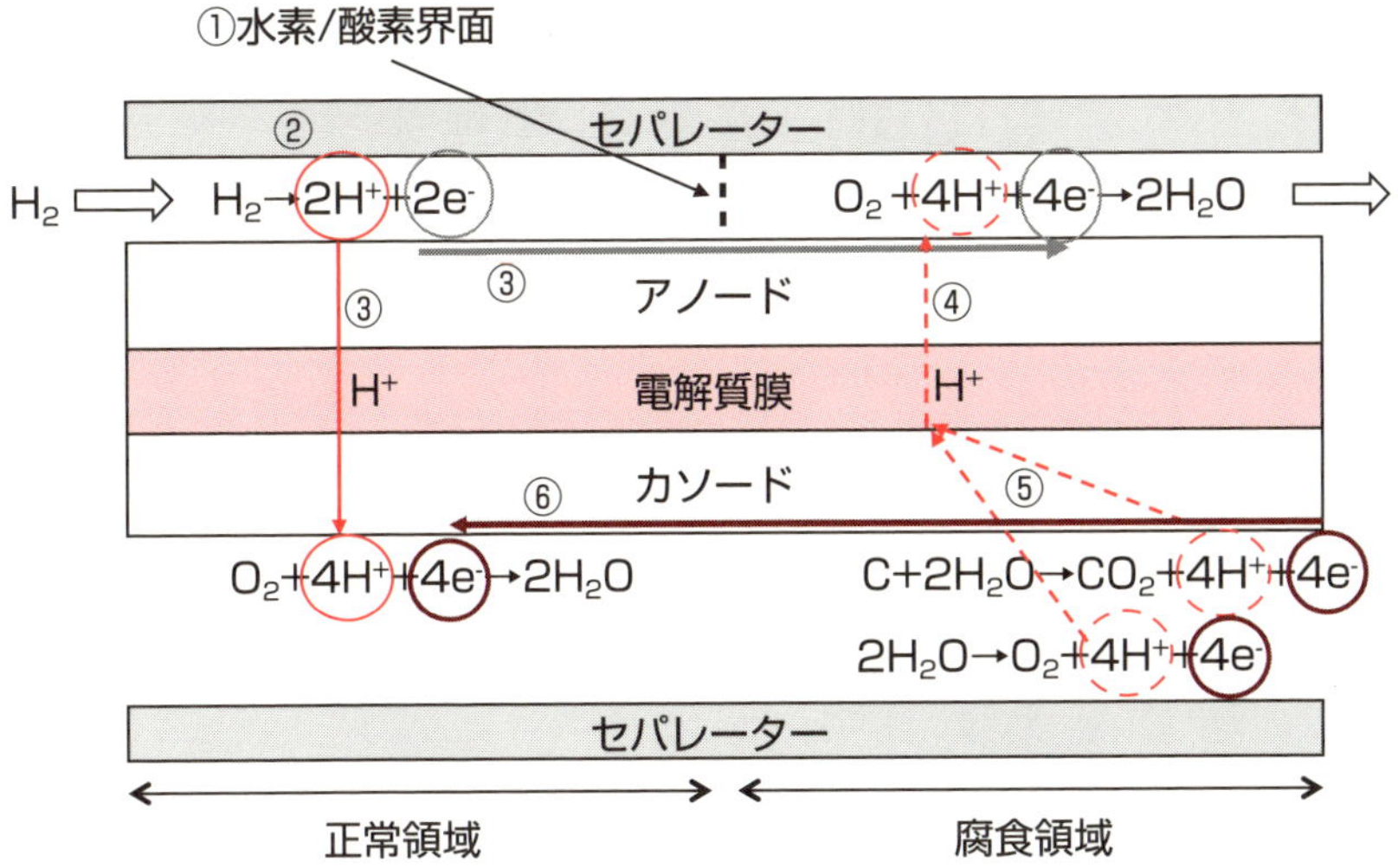

アノードで起こる酸素還元に見合う量のH^+を供給しようとして、カソードでは水の酸化及びカーボンの酸化が進む。H^+をより速く供給しようとしてカソードの電位が上昇し、カーボンの酸化が進みやすくなる。

カソードが高電位になった時の反応

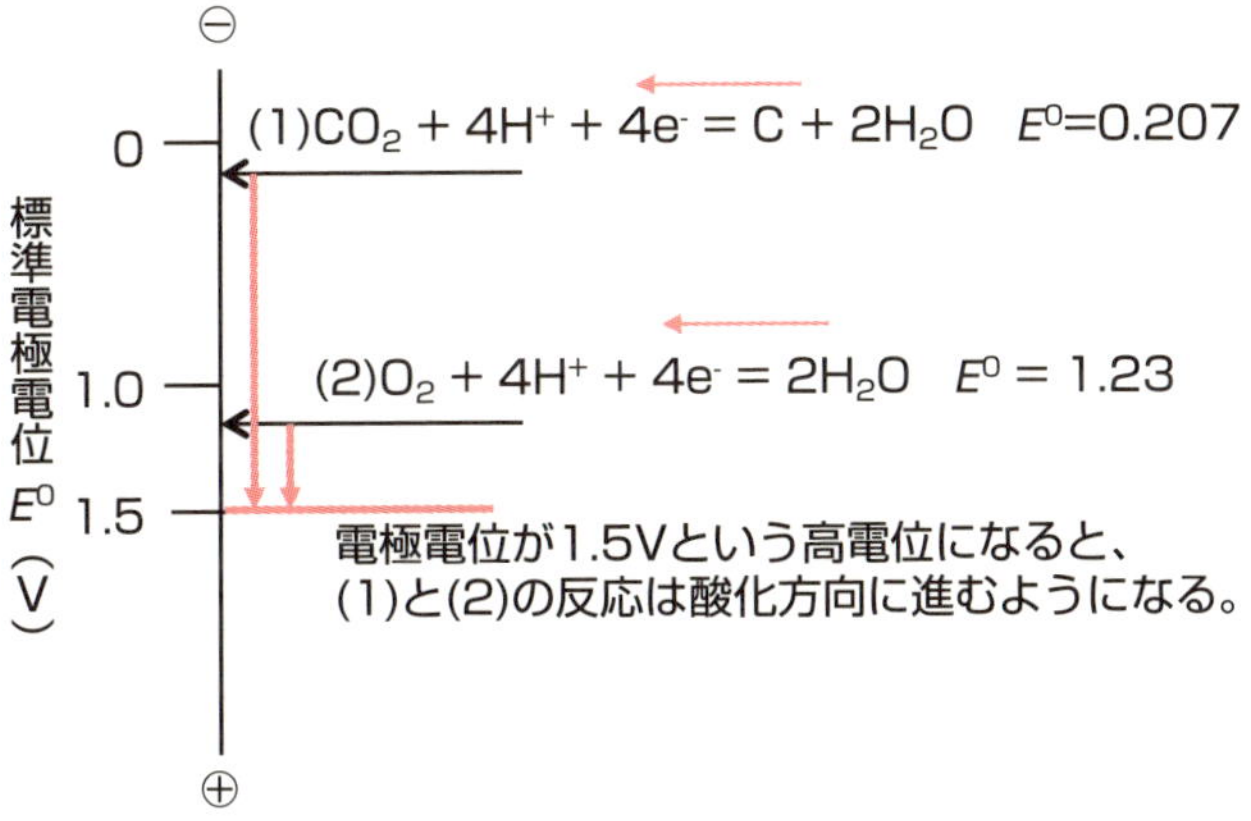

40 触媒の耐久性

Pt粒子とカーボン担体の安定性がカギ

世の中のどんな材料も、長い期間使っていると徐々に材質や性能が劣化していきます。燃料電池でも同様で、燃料電池を長期間運転していると徐々にPt触媒の性能が劣化していきます。触媒の初期の活性が高いことはもちろん、長期間の使用において劣化しにくい、耐久性の高い触媒が望まれます。

Pt触媒の劣化原因の一つは、使用中にPt粒子が粗大化して、表面積が減少してしまうことです。劣化のメカニズムの研究が進み、特にカソードでは主に左図の2の様に、溶出したPt粒子が他のPt粒子上に析出して粗大化していくことが推測されています。また、溶出したPtが電解質膜中に析出する現象も観察されています。セルの電圧が上下動を繰り返す間に、カソードのPt粒子の表面は酸化と還元を繰り返します。この過程でPt粒子が溶解していくと考えられています。特に電圧の上下動が激しいＦＣＶでは、この劣化の抑制が重要です。

Pt触媒のもう一つの劣化原因は、担体のカーボンの腐食によるものです。燃料電池は通常、約０・６～１・０Ｖ（これがほぼカソードの電位となる）の間で運転されますが、これは、担体のカーボンが水と反応してCO_2となる反応が進むには十分に高い電位になっています。また、39項で説明したような高電位状態になる場合もあります。実際にどの程度の速度で進むかは、カーボン材料の種類に依存します。この問題は、いち早く実用化へと進んだＰＡＦＣでも重要視されてきて、37項で説明したカーボンブラックを高温で熱処理（黒鉛化処理）して安定化したものを担体として利用してきました。

触媒の改良や燃料電池の運転法の工夫により、ＰＡＦＣでは6万時間以上の耐久性が達成され、エネファームのＰＥＦＣは9年間の耐久性を実現しています。またＦＣＶ用のＰＥＦＣは、乗用車用途では15年（20万km）の耐久性が確保されています。

要点BOX
- ●Pt粒子の粗大化で劣化
- ●カーボン担体の耐腐食性も重要
- ●触媒の改良がセルの耐久性向上に寄与

Pt粒子の粗大化

1 小さな粒子が担体上を移動し、合体して大きな粒子になる。

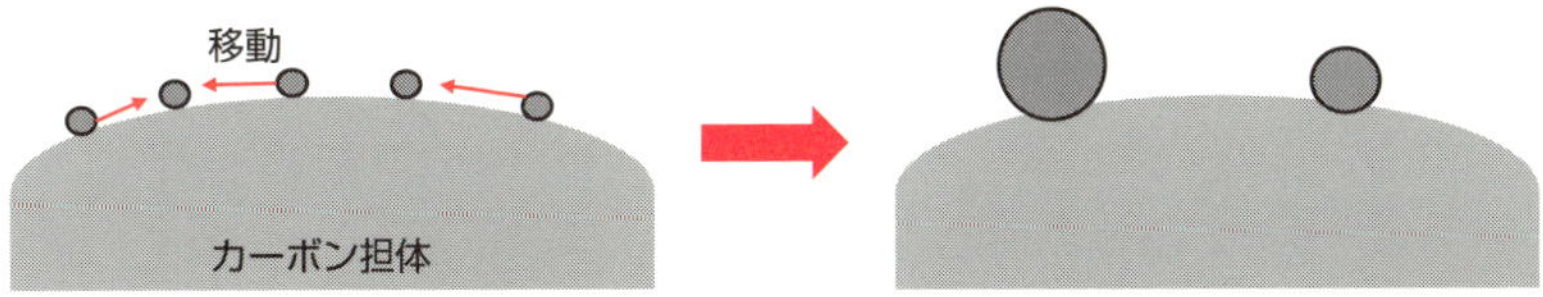
移動
カーボン担体

2 小さな粒子が電解質中に溶解し、より大きな粒子上に析出し、より大きな粒子が形成される。

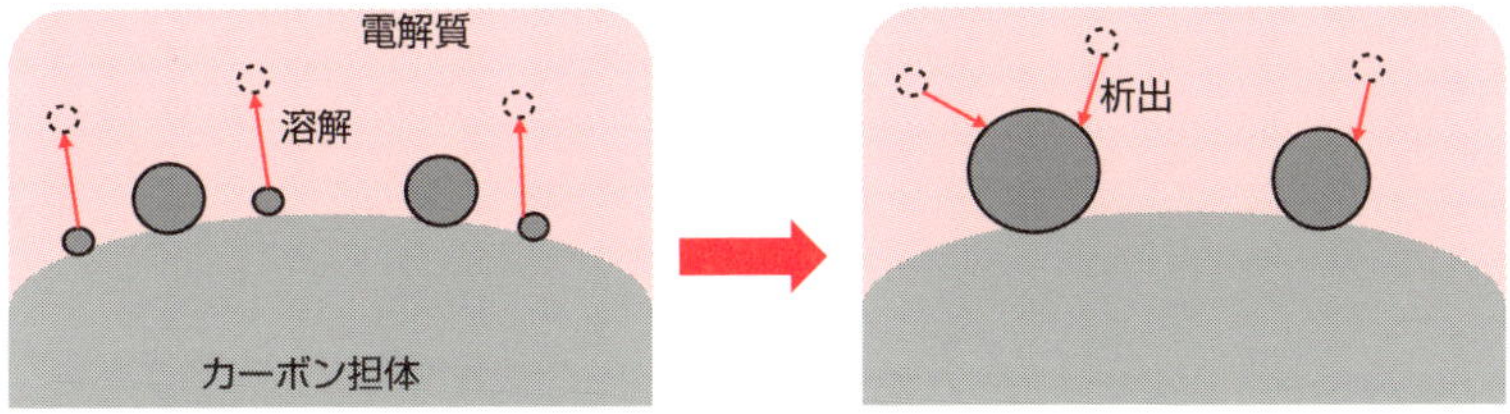
電解質
溶解
カーボン担体
析出

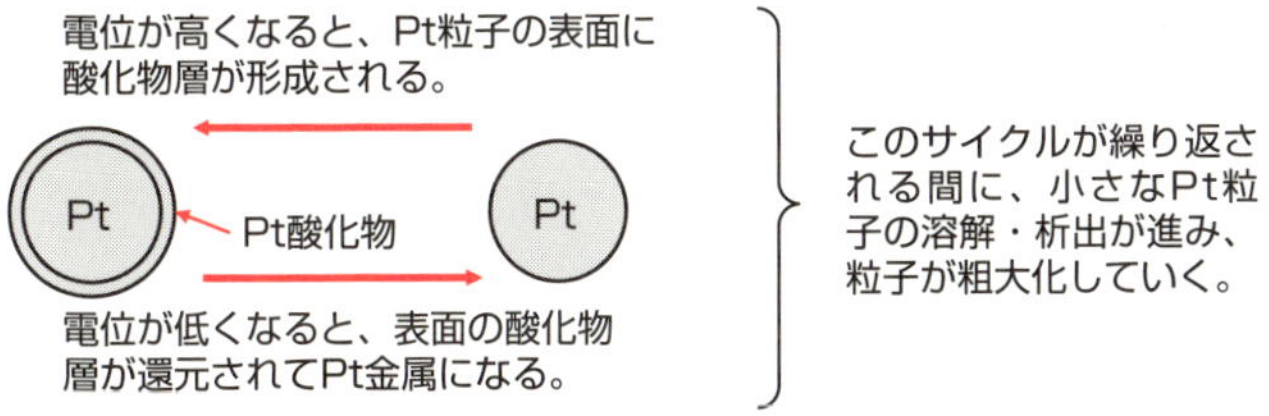
電位が高くなると、Pt粒子の表面に
酸化物層が形成される。
Pt
Pt酸化物
Pt
電位が低くなると、表面の酸化物
層が還元されてPt金属になる。
このサイクルが繰り返さ
れる間に、小さなPt粒
子の溶解・析出が進み、
粒子が粗大化していく。

カーボン担体の腐食

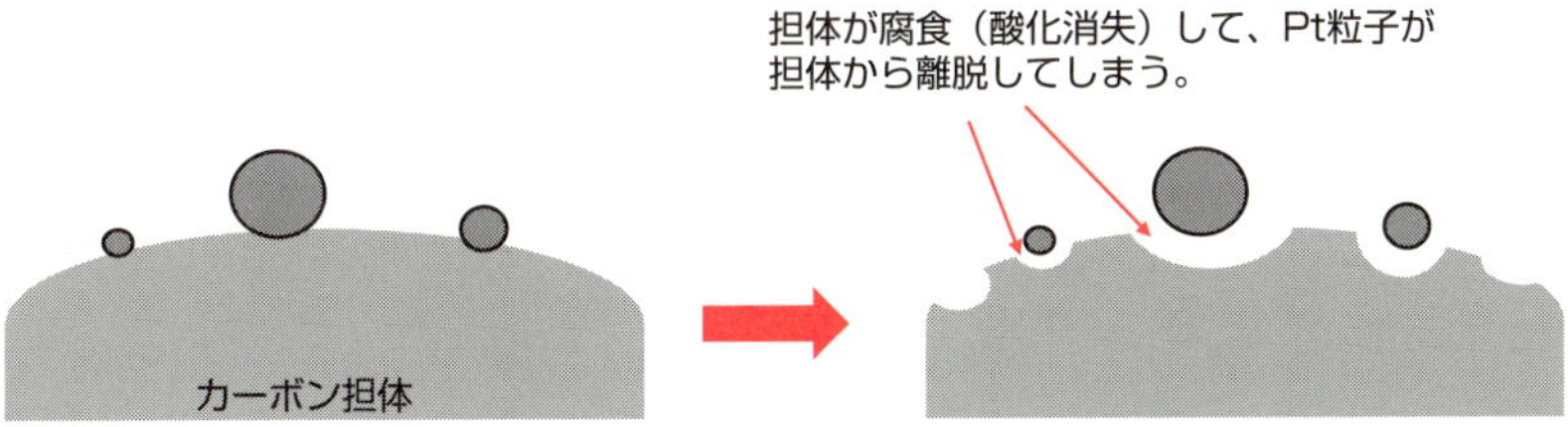
担体が腐食（酸化消失）して、Pt粒子が
担体から離脱してしまう。
カーボン担体

$$CO_2 + 4H^+ + 4e^- = C + 2H_2O \quad E^0 = 0.207V$$

電極の電位が高くなればなるほど、酸化方向へ進みやすくなる。

41 燃料中に含まれる不純物の対策

Pt触媒の大敵は一酸化炭素

家庭用燃料電池「エネファーム」では、都市ガス（メタンが主成分）を水蒸気改質反応させて作った水素を燃料として使っています。この改質反応では10％程度のCOが生成し、そのまま燃料電池に導入するとアノード触媒のPtにCOが吸着（被毒）してしまい、触媒活性が低下して発電できなくなってしまいます。

エネファームの改質装置部には、左図にある通り改質器だけでなく最終的にCOを10ppm以下にするための仕組みが備わっています。

都市ガスには、万一のガス漏れのために付臭剤（硫黄化合物）が含まれています。この硫黄が改質器の触媒を劣化させるため、脱硫装置でこの硫黄化合物を除去してから改質器に導入します。改質器では、メタンと外部から導入した水蒸気が反応して、水素と10％程度のCOが生成します。このガスを次のCO変成器で水と反応させると、水素と二酸化炭素に変化します。ただしこの段階でもCOが0・5％程度残ってしまうため、さらにこのCOを酸素（空気）と共に酸化器へ導入してCO_2へと変化させ、CO濃度を10ppm以下にしてから燃料電池スタックへ導入します。CO酸化器でCO濃度をできるだけ下げようとして酸素を入れ過ぎると、せっかく作った水素が酸素と反応して消費されてしまうため、反応条件をうまく設定する必要があります。

このような改質水素に対し、100ppm程度のCO濃度まで耐性がある触媒として、31項で説明したDMFCと同様のPt-Ru触媒が使われています。左下図に示した通り、COがPt上に吸着し、その隣にあるRu上で水が分解してOHが吸着します。最後にPt上のCOとRu上のOHが反応して、Pt表面のCOが除去されます。長期運転中に徐々に劣化していくため、さらに耐久性が高い、もっと高濃度のCOにも耐性があるアノード触媒が望まれています。

要点BOX

●改質水素の製造工程でCOが生成
●CO濃度は10ppm以下に
●耐CO被毒性能があるPtRu触媒

メタンの水蒸気改質工程

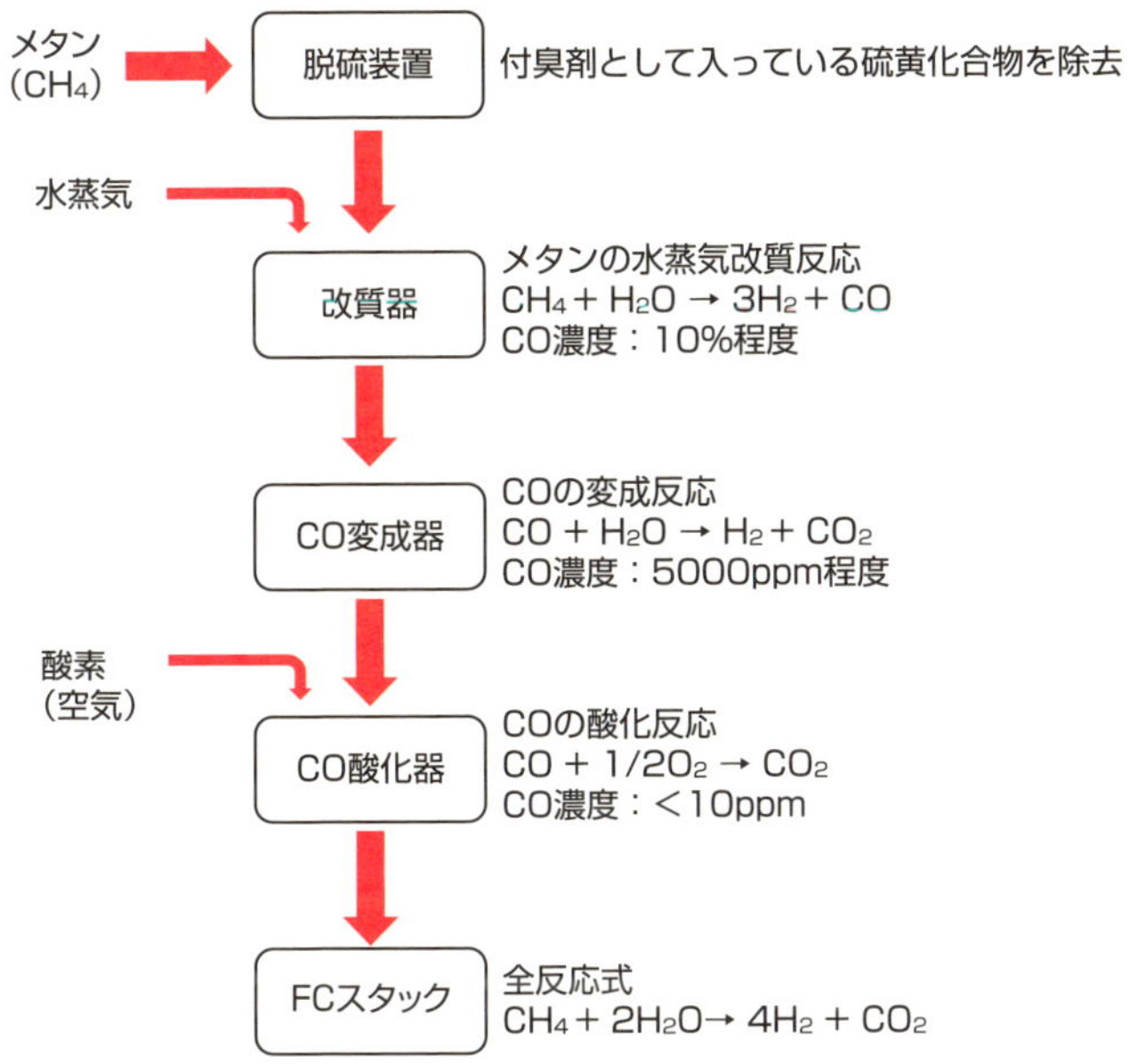

PtRu触媒のCO除去メカニズム

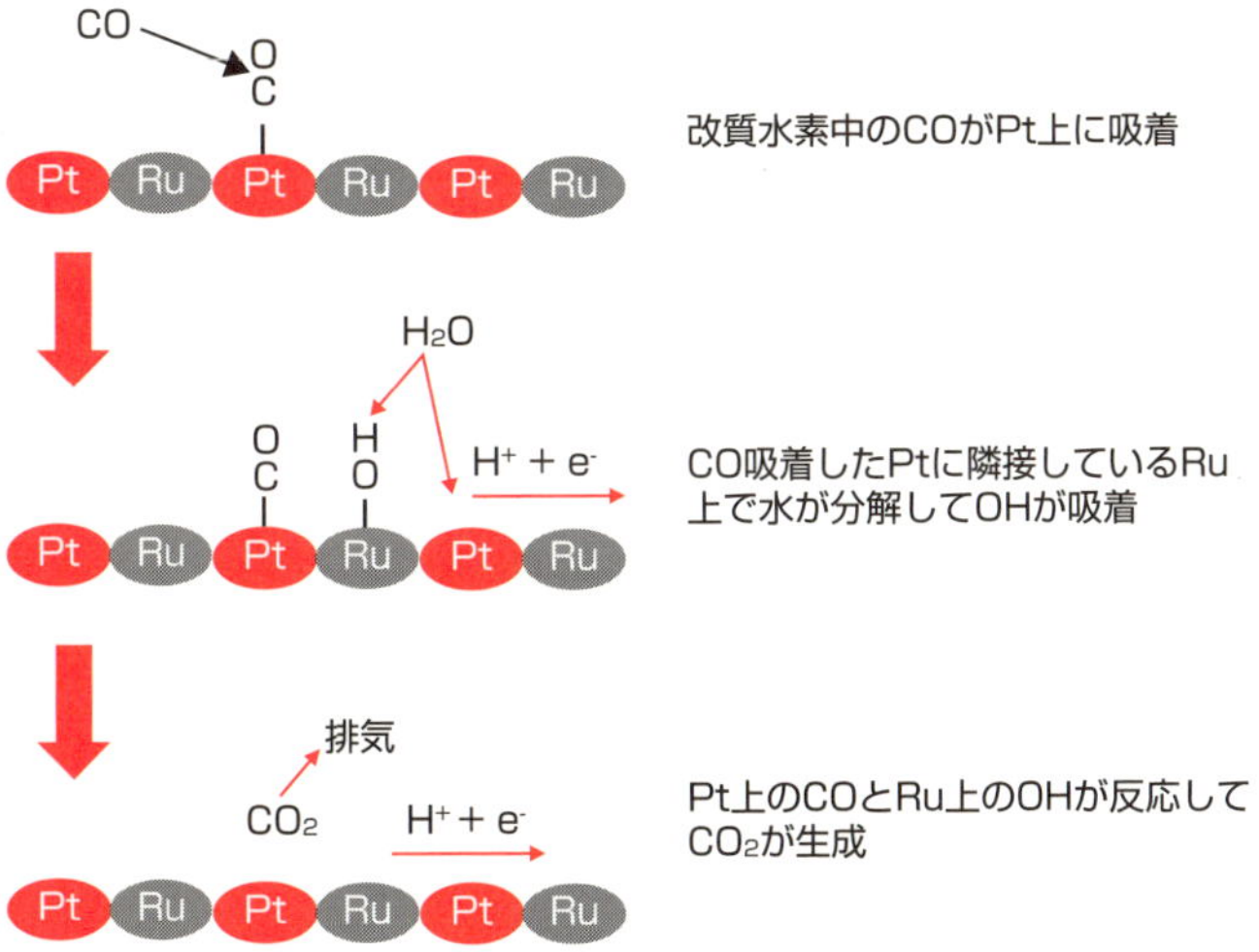

42 触媒開発の最近の動向

コアｰシェル型触媒や非Pt触媒が登場

ＰＥＦＣの電極触媒に使われているPtは、資源が希少で高価なため（詳細は7章）、使用するPt量をいかに減らすかが重要な課題の一つです。

Pt触媒は粒子の最表面しか使われておらず、粒子内部のPtは無駄になってしまいます。金などの基板上に一原子層だけ形成させたPtの活性が高くなるという基礎研究の結果を粒子状のPt触媒に応用する研究が進みました。その結果、金（Au）やパラジウム（Pd）等のナノ粒子の表面にPt原子層を形成させた「コアｰシェル型触媒」が開発され、Pt粒子よりも実際に高い活性が得られています。現在は、コアの材料を安価な材料にする、低コストで大量生産を可能にする、等の課題に取り組んでいます。

これに対し、Ptを一切使わない炭素系触媒の開発が進んでいます。中でも群馬大学と日清紡が共同で開発した「カーボンアロイ」触媒は、高分子金属錯体（金属原子に高分子が結合したもの）と樹脂の混合物を高温で炭化処理した材料です。非Ptカソード触媒として高い活性を示し、これを使ってカナダのBallard社が30Ｗ級ＰＥＦＣを開発しました（２０１７年９月発表）。まだPt触媒には性能が及びませんが、今後の進展が期待されています。

40項では、Pt触媒の劣化過程について説明しましたが、初めから酸化物の状態であれば耐久性に優れた触媒になるという考えの元、Zr、Ti、Ta等の非Pt系金属酸化物をカソード触媒に適用した研究が行われています。まだPt触媒の活性には及びませんが、現在も研究開発が進められています。

一方で、現状のPt/C触媒の耐久性向上のために、触媒粒子の表面をシリカ（SiO_2）等の金属酸化物でごく薄く被覆するという試みがあります。Pt粒子の溶出やカーボン担体の腐食が抑制されるという効果が得られています。また、カーボンより安定な導電性金属酸化物を担体に使う試みもあります。

要点BOX

- ●粒子の表面だけPtのコア-シェル型触媒
- ●Ptを使わないカーボンアロイ触媒
- ●従来のPt/C触媒の改良も進行中

コアーシェル型触媒

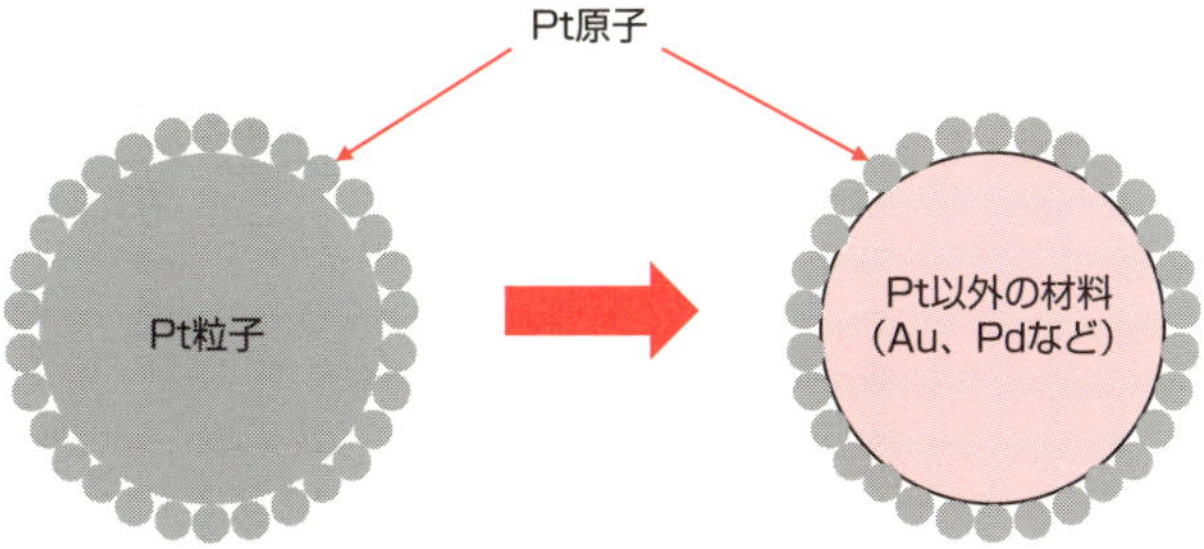

カーボンアロイ触媒

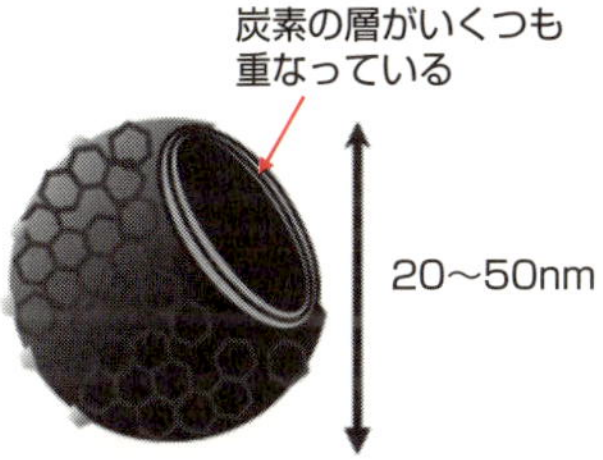

高分子金属錯体と樹脂を混合し、熱処理して得られたカーボンアロイ触媒（中空の球殻状構造）

出典：群馬大学 尾崎研究室HP

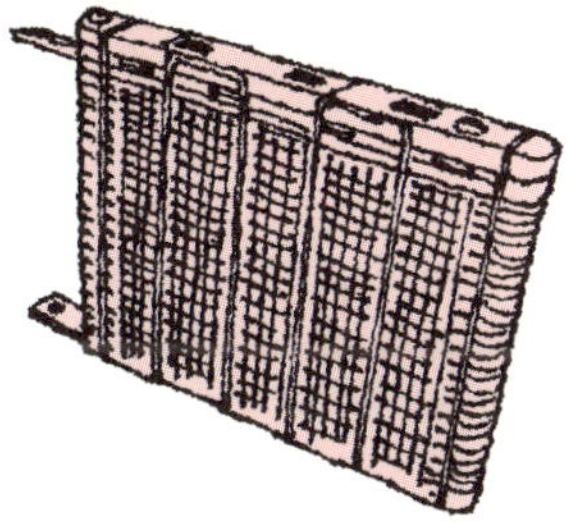

カーボンアロイ触媒をカソードに使ったPEFCスタック（30W級）

シリカ被覆Pt/C触媒

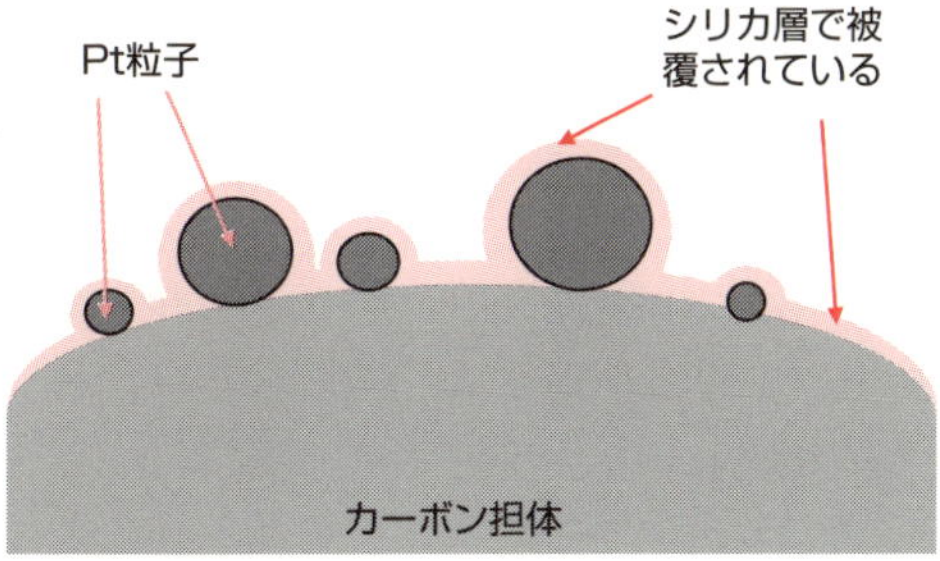

導電性金属酸化物を担体に使ったPt触媒

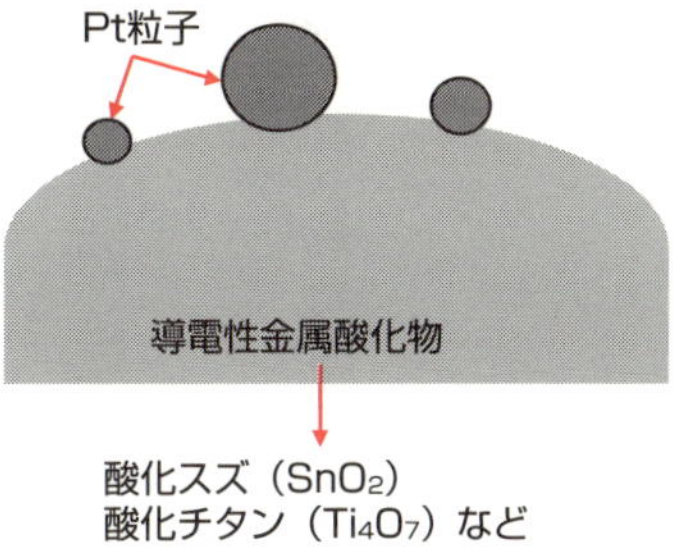

43 固体高分子膜の進歩

さらに薄く、さらに高耐久化する努力が続く

ＰＥＦＣの電解質には、水素イオン伝導性がある高分子膜（厚さ数十㎛）が使われており、主要な製品として「ナフィオン」膜（米デュポン社）、「ゴアセレクト」膜（日本ゴア）、「フレミオン」膜（旭硝子）などがあります。電極触媒と同様、燃料電池の性能を左右する重要な材料です。

この高分子膜は左図の様に、テトラフルオロエチレン（CF_2-CF_2）が長くつながった主鎖（「テフロン」と類似構造）と、主鎖と酸素原子を介してつながった側鎖で構成されています。側鎖の末端に結合したスルホン酸基（-SO_3H）が集合して2～5㎚ほどの大きさのクラスター（ブドウなどの「房」の意味）を作り、1㎚ほどの大きさのパス（通り道）でお互いに三次元的につながっています。

親水性のクラスターは、加湿されると水で満たされ、水素イオンが動けるようになります。水素イオンは、水分子と結合してオキソニウムイオン（H_3O^+）になり、隣の水分子を介して次々と飛び移るホッピング機構で主に移動すると考えられています。

膜に要求される性能として、(1)高い水素イオン伝導性、(2)化学的安定性、(3)ガスクロスリークが少ない、(4)機械的強度が高い、等が挙げられます。燃料電池の運転中、カソードでは水の他に過酸化水素（H_2O_2）が生成する場合があり、これが膜を化学的に劣化させる原因となります。膜厚を薄くするとセルの内部抵抗が低減し出力が向上しますが、ガスクロスリークが大きくなり、それによってH_2O_2の生成が増加し、セルを劣化させます。薄くてもガスクロスリークが少ない膜の開発が求められています。

フッ素系膜の製造コストが高いことも課題です。材料が安価な炭化水素系膜の開発も進んでいますが、フッ素系より耐久性が劣り、分子構造などを工夫して耐久性を向上させる研究が進んでいます。

要点BOX

- ●フッ素系高分子膜が主流
- ●水素イオンが動くには加湿が必要
- ●低コストな炭化水素系膜の開発も進む

フッ素系高分子膜の構造

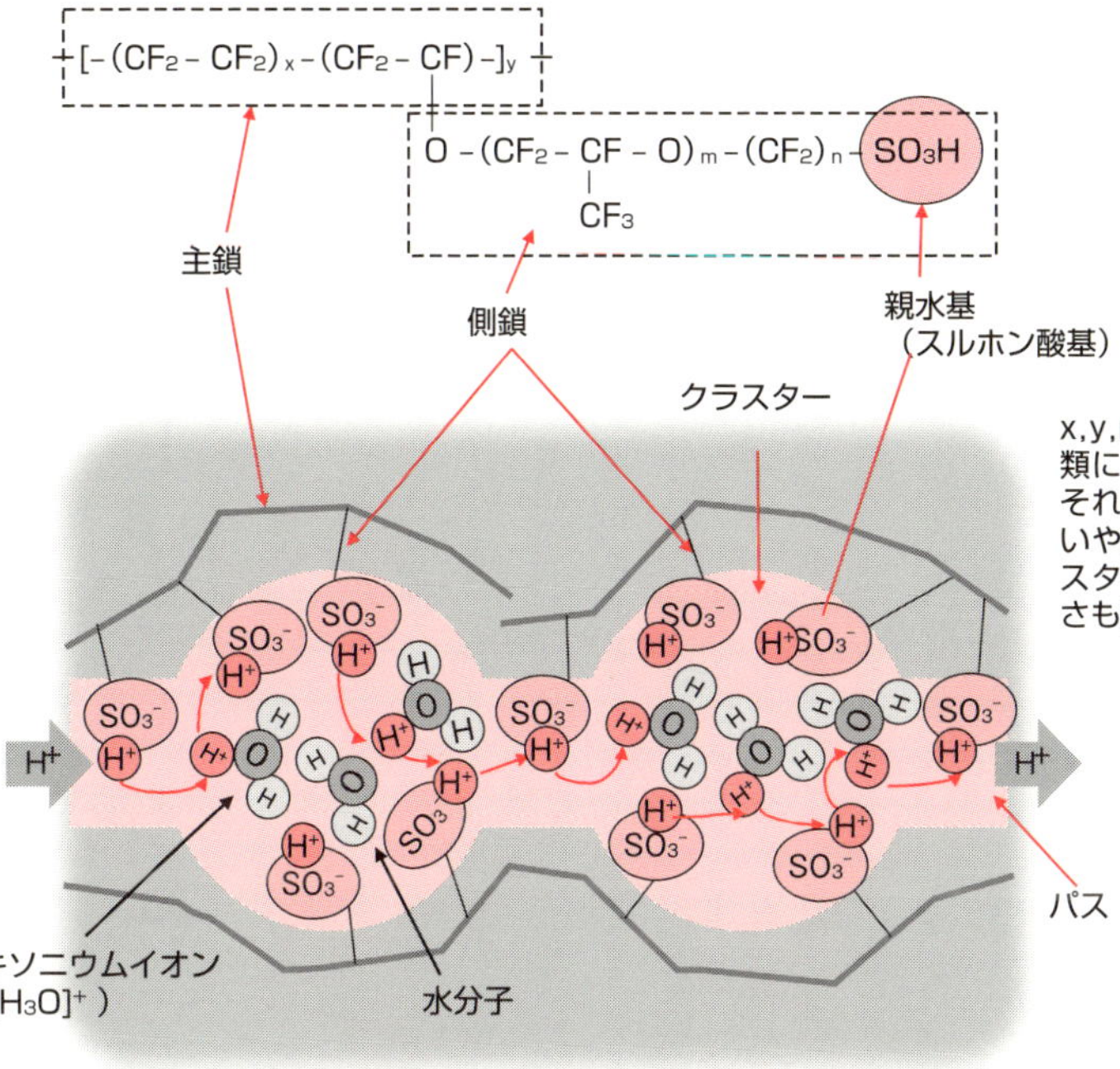

x,y,m,nの数字は種類によって異なり、それに伴う構造の違いや加湿状態でクラスターやパスの大きさも変化する。

電解質膜に求められる性能

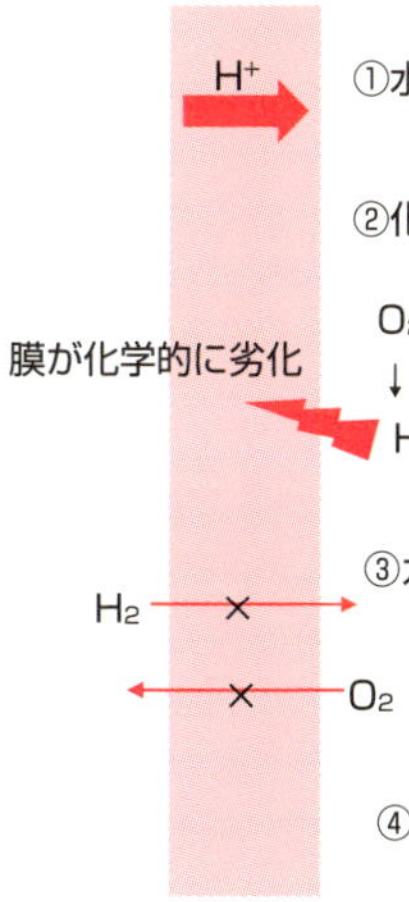

①水素イオン伝導性が高いこと

②化学的に安定であること

$O_2+2H^++2e^-$

↓

H_2O_2

③ガスクロスリークが少ないこと

ガスクロスリークが増えるとH_2O_2の生成量も増え、②と同様に膜が化学的に劣化する。

④機械的強度が高いこと

強度向上のために、補強材（繊維系材料など）を入れた製品もある。

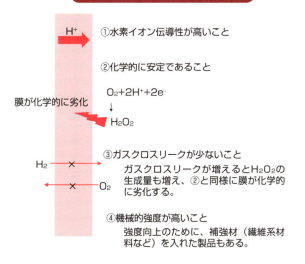

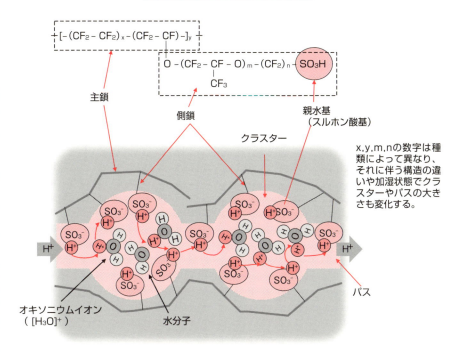

44 膜-電極接合体(MEA)の構造

ガス拡散性と触媒利用率の向上が重要

これまでにPEFCに使われる触媒や膜の説明をしてきましたが、実際のセルにするためには、膜の両側に触媒層が形成されたMEAを作ります。

MEAの製造方法は左図の様に2通りあります。一つは、ガスを電極層に拡散させる基材（ガス拡散層）上に触媒層（数十μm程度）を形成するCCS法で、アノードとカソードをそれぞれ作り、最後に膜を間に挟んで圧着します。もう一つは、膜の両面に触媒層を形成するCCM法で、最後に電極基材で両面を挟んで圧着します（28項の図も参照）。ガス拡散層（GDL：Gas Diffusion Layer）には、80%近い気孔率のカーボンペーパー（炭素繊維製不織紙、厚さ0・2～0・4mm程度）が使われます。MEAを速く安く大量に製造するための努力が続けられており、CCMを印刷法で連続生産するRoll-to-Roll法などの開発が進んでいます。

MEAに要求される性能として、拡散層には高いガス拡散性とともに撥水性も要求されます。膜を加湿するために加湿したガスを導入しますが、特にカソードでは生成水も加わり、電極内に水が滞留してしまうとガス拡散性が低下してセル出力が低下します。余分な水は排出されやすいように拡散層をPTFE（「テフロン」）等で撥水処理します。

触媒層のPt/C触媒は、MEAの開発初期のころは膜に接しているPt表面しか有効に使われていませんでした。触媒層にも電解質（イオノマー）を混合することでPt表面と電解質の接合面（三相界面）が増え、その結果Pt利用率が増加して発電性能が向上しました。触媒とイオノマーの混合法や触媒層の形成方法は重要です。34項で説明した通り、Pt表面をイオノマーで厚く覆い過ぎると、三相界面へのガス拡散速度が低下し、発電性能が低下します。触媒層のイオノマーは電解質膜と同様、水で十分に加湿されている必要があります。

要点BOX

- ●MEAの低コスト化と高生産性が必要
- ●触媒層へのガス拡散性が重要
- ●Ptとイオノマーの接合面積を増やす

MEAの製造法

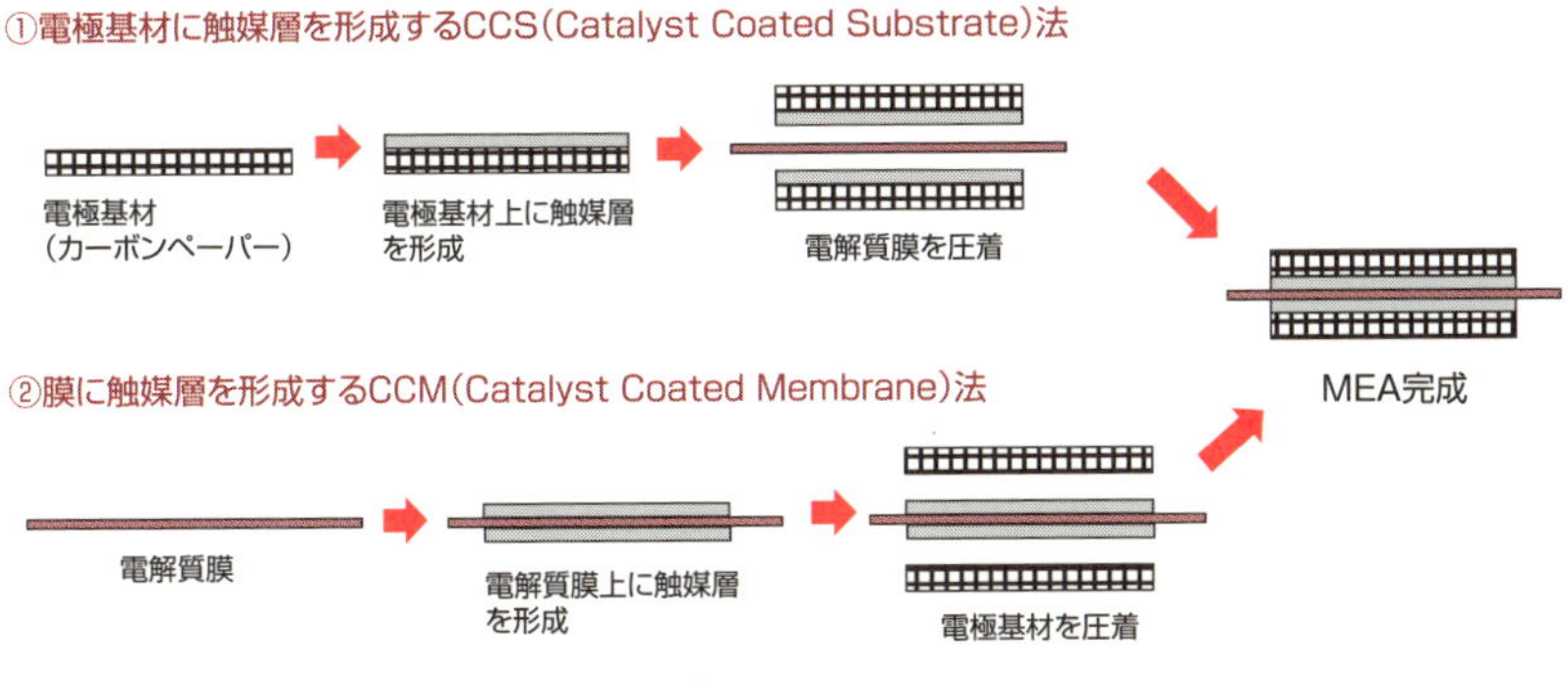

CCMの連続生産法(Roll-to-Roll)の例

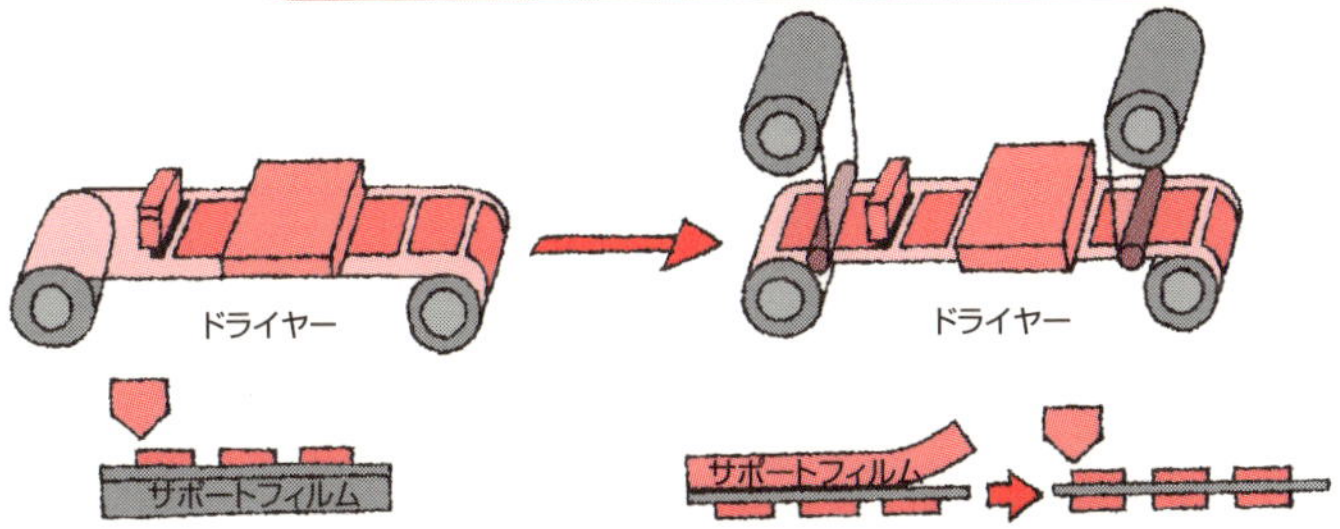

出典:株式会社SCREENホールディングスNEDO平成29年度成果報告会資料をもとに作成

膜ー電極接合体(MEA)の構造

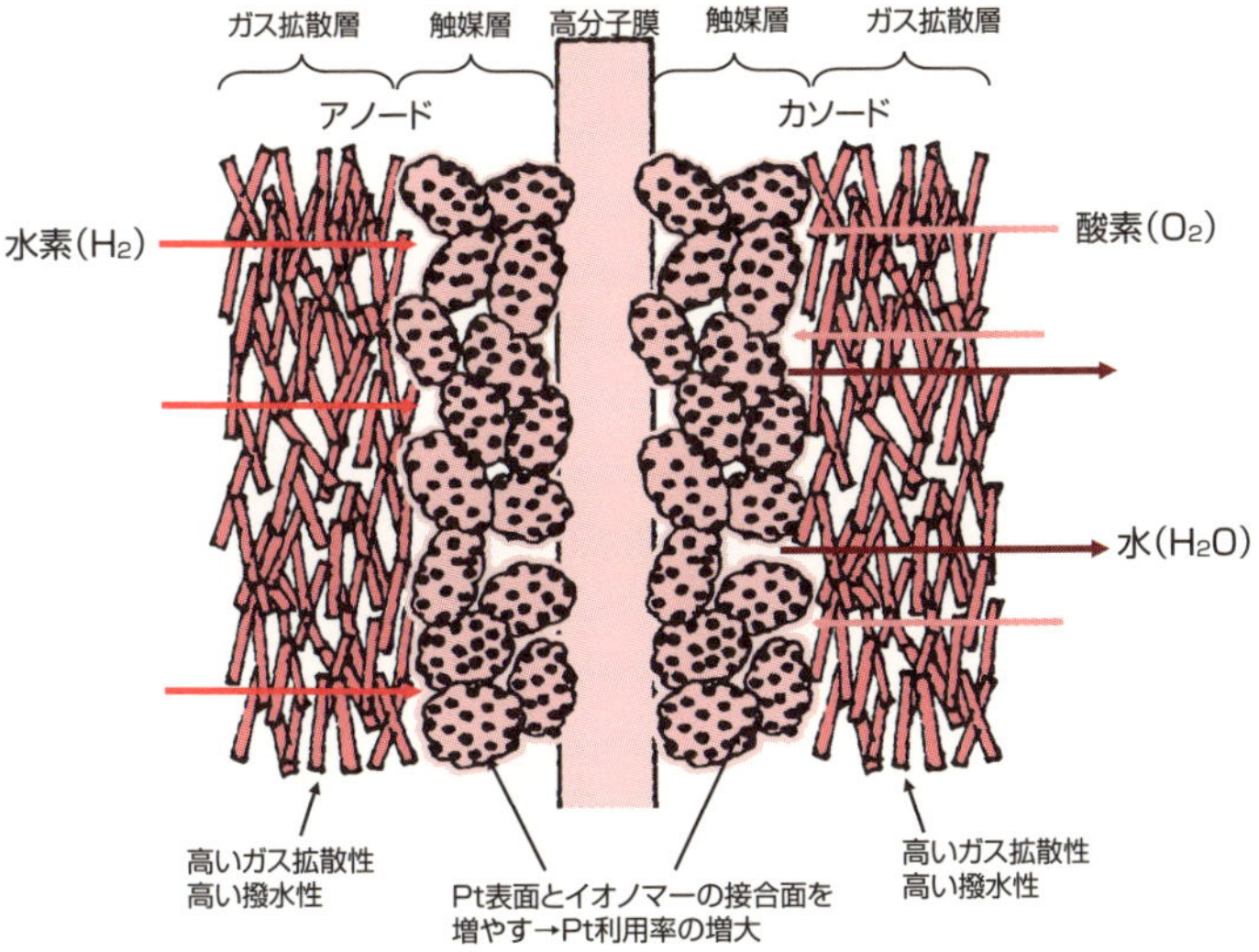

45 セパレーター

カーボン系と金属系がある

燃料電池の各セルにガスを流すために必要なのがセパレーターです。MEAをセパレーターで挟んだのが単セルです。セパレーターの両面にはガスの流路が形成されていて、基本形は並行流型と蛇行流型の2種類です。並行流型では生成した水を排出しやすい、蛇行流型ではガスの利用率を上げやすい、等の利点がありますが、運転条件などによって最適な流路を設計します。

セパレーターにはセル間に流れる電子の通り道という役割もあり、高い電子伝導性が要求されます。

PAFCでは黒鉛化カーボンの板がセパレーターとして長年使われてきて、長期耐久性の実績も得られたことから、PEFCにもカーボン系が適用されてきました。しかし当初はもろい材料の黒鉛板に機械加工をして流路を作っていたため製造コストが高く、薄肉化も難しい方法でした。現在は黒鉛粉末と樹脂の混合材料をプレス成型する方法の開発が進み、エネファーム等にも採用されてきています。

FCVではスタックの小型化が重要で、定置用よりも薄くて高強度のセパレーターが要求されます。そこでカーボン系より薄くできて強度の高い金属系セパレーターの開発が進められてきました。

金属系は、プレス成型ではカーボン系よりも生産性が非常に高いのが長所ですが、表面に不働態層（酸化被膜）ができやすく、これが電子伝導性を低下させてしまいます。また、電位の高いカソードでは腐食して金属イオンが溶出する環境にあり、溶出すると電解質膜のイオン伝導性の低下につながります。これらを改善するために、黒鉛系材料で被覆する、金などの安定な金属でめっきする、などの表面処理が必要となり、コストの増加となってしまいます。

カーボン系、金属系、どちらにも一長一短があり、いずれも技術開発をさらに進める必要があります。

要点BOX

- ●カーボン系はPAFCからの実績が豊富
- ●カーボン系は加工が難しい
- ●金属系は薄くできて生産性が高い

セパレーターの流路溝の形状

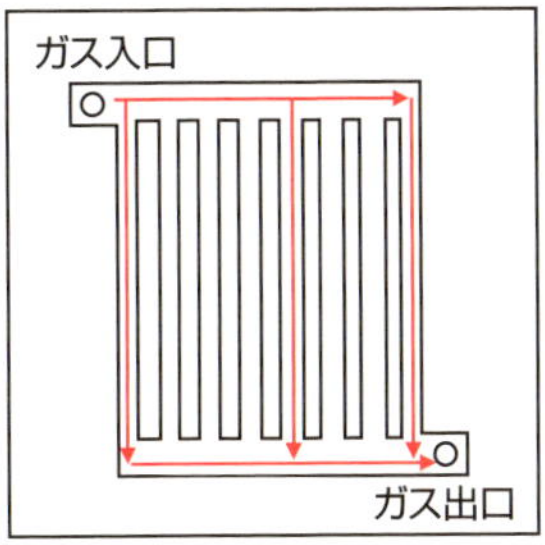
ガス入口
ガス出口

並行流型

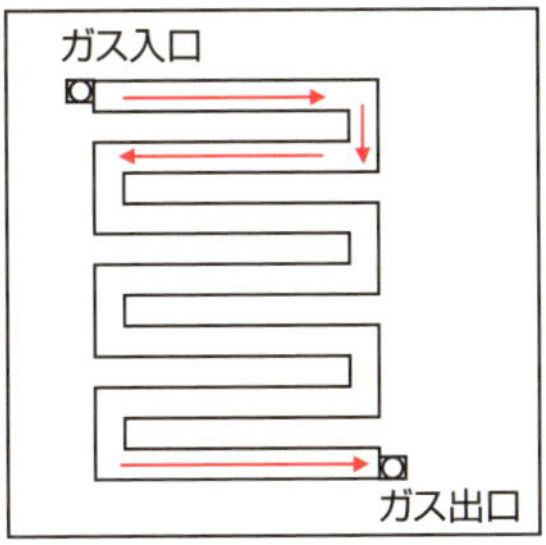
ガス入口
ガス出口

蛇行流型

セパレーターの製造法

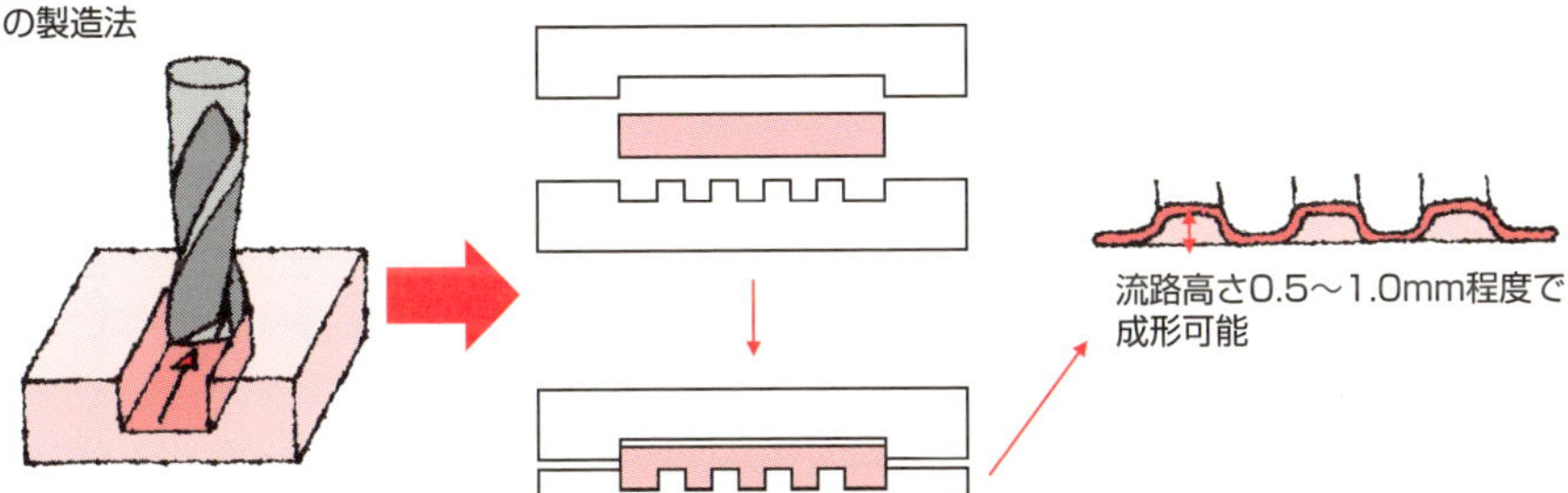
初期のカーボン系セパレーターの製造法
切削加工は時間とコストがかかる
現在の製造法
流路高さ0.5～1.0mm程度で成形可能
金属系はプレス成型で速く大量に生産可能。カーボン系もプレス成型法の開発が進んできた。

カーボン系と金属系の比較

カーボン系セパレーター				金属系セパレーター
比較的厚い	△	厚さ	○	薄肉化が可能
比較的もろい	△	強度	○	薄くても高強度
密度は約2g/cm^3程度 だが薄肉化が難	△	重量	○	密度は約4.5g/cm^3 だが、薄肉化可
PAFCでの実績多い 長期使用中に酸化消失	○	安定性	△	溶出した成分が電解質膜 のイオン伝導度に影響
PAFCでの長期運転 実績多い	○	電気伝導性	△	不働態層形成により伝導度低下 表面処理が必要でコスト高に
プレス成型の開発が進むが、 金属系よりも劣る	△	生産性	○	プレス成型サイクルが早い

46 セルを積み重ねてスタックに

直列つなぎで高電圧化

燃料電池の理論電圧は約1・2Vですが、実際に発電している時はこれよりも低い電圧になります。一つのセルでは十分な出力が得られないため、エネファームやFCVではセルを多数積層したスタックの形で発電します。セル同士は直列つなぎになっていますので、各セルの電圧を全て足し合わせるとスタックの電圧になります。各セルは基本的に同等性能ですから、一つのセル電圧が分かればセル数を掛けるとスタック電圧が求まります。直列つなぎですので、全セルに同じ電流が流れます。

トヨタのFCV「MIRAI」のスタックは、370セルが積層され、最大出力が114kW、通常のスタック電圧が250Vとなっています。したがって、運転中の単セル電圧は約0・68V（250V÷370）となります。

スタックにガスを供給するためには、スタック端部に装着したマニホールドから各セルへガスを流します。スタック端部のマニホールドから全セルにガスを供給する場合と、ここからさらに各セルのセパレーターに設けられた内部マニホールドを通して各セルにガスが流れる場合とがあります。いずれにしても、各セルに均等にガスが流れるようにすることが重要です。そして、各セルやマニホールドからガス漏れが起きないようなガスシール性も重要です。

乗用車タイプのFCVでは、限られた空間に100kW級スタックを収める必要があるため、スタックの小型化が特に要求されてきました。400枚近くのセルを積み重ねるため、各セルをいかに薄くするかが重要な技術課題でした。MEAの各部材やセパレーターを薄くする技術を開発してきた結果、トヨタおよびホンダのスタックの体積出力密度は3・1kW／Lまで向上しました。これにより現状の乗用車の車内空間を犠牲にすることなくスタックをFCVに搭載することが可能になりました。

要点BOX

- ●FCVでは250Vの電圧になる
- ●各セルにガスを均等に流すことが重要
- ●FCVではスタックの小型化が重要

燃料電池スタック

スタックは単セルが直列につながっている。
各セルの電圧の総和がスタックの出力電圧になる。
全セルに同じ電流が流れる。

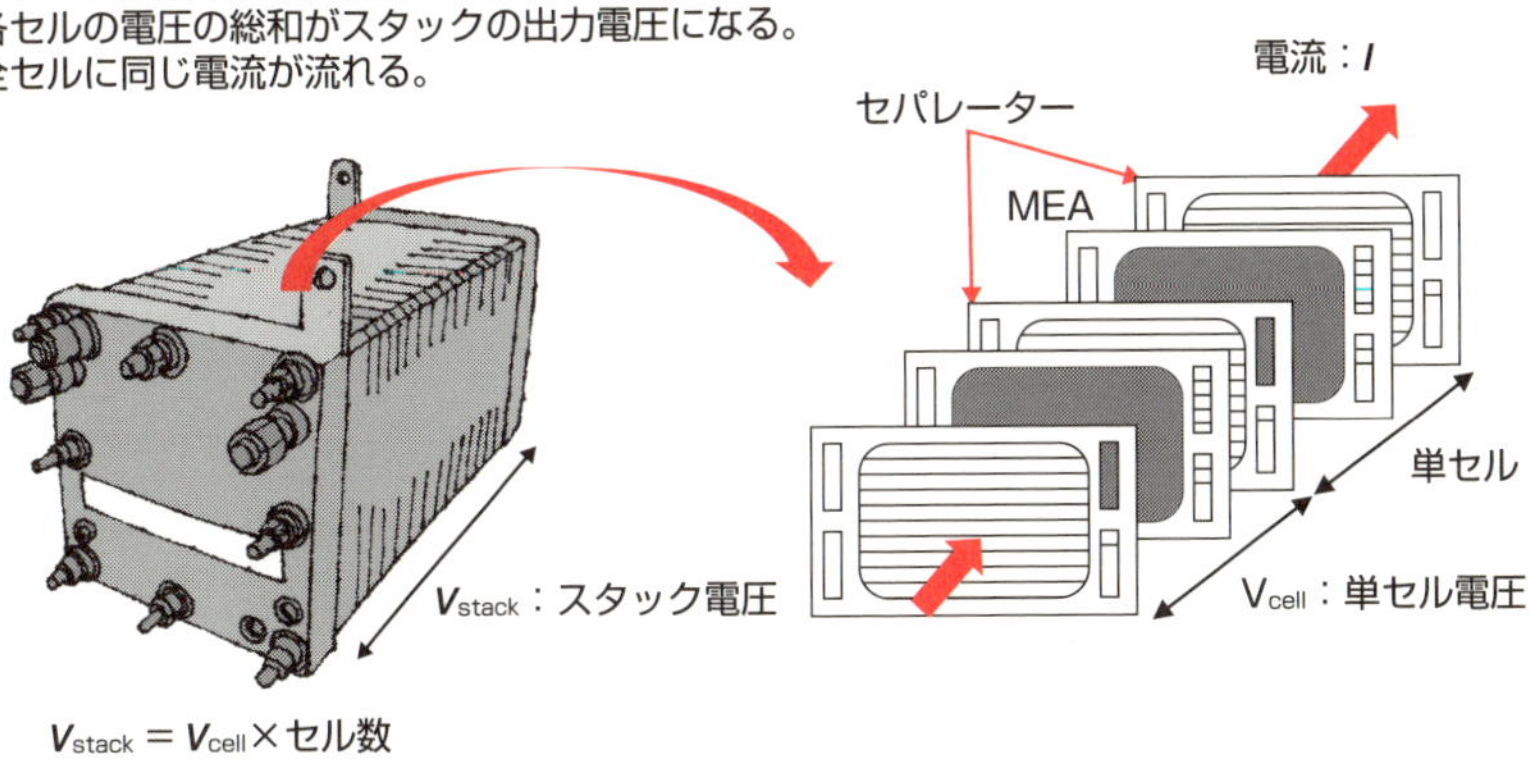

スタックの内部マニホールドの例

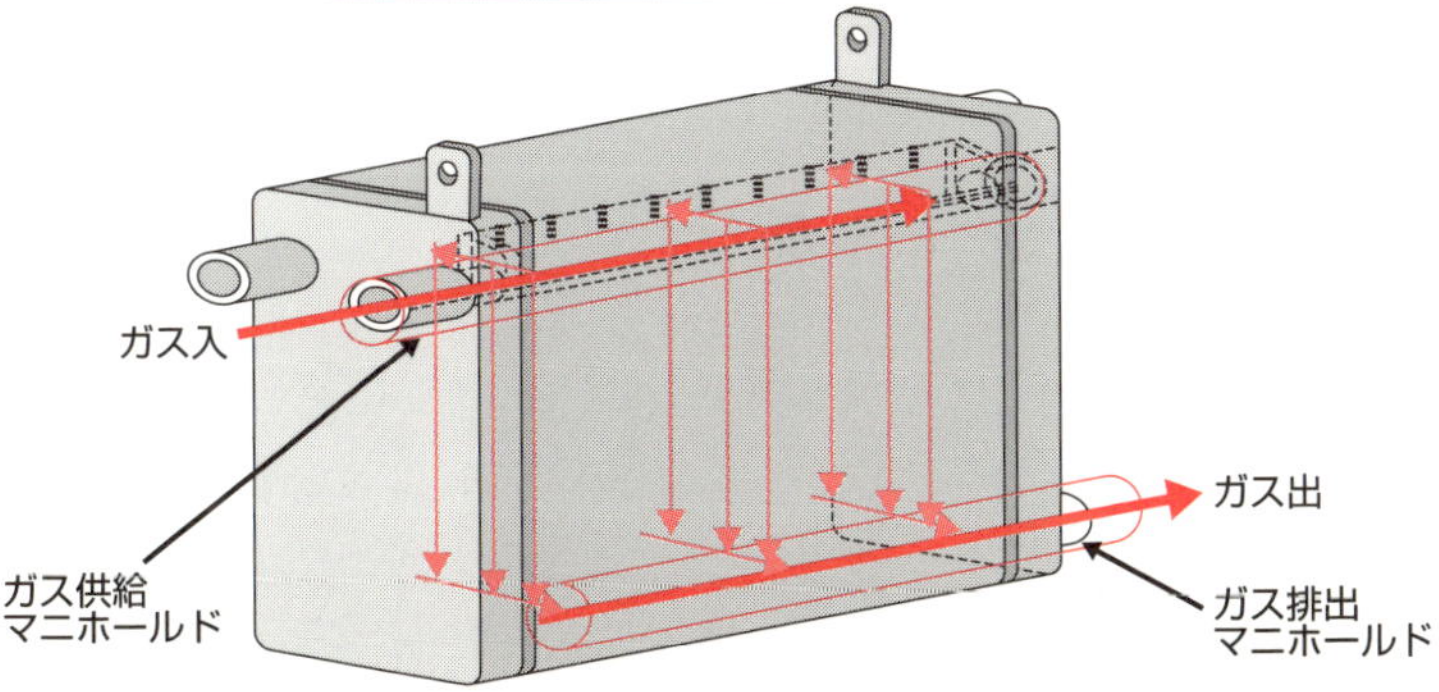

燃料電池スタックの小型化の歴史（HONDAのFCVの例）

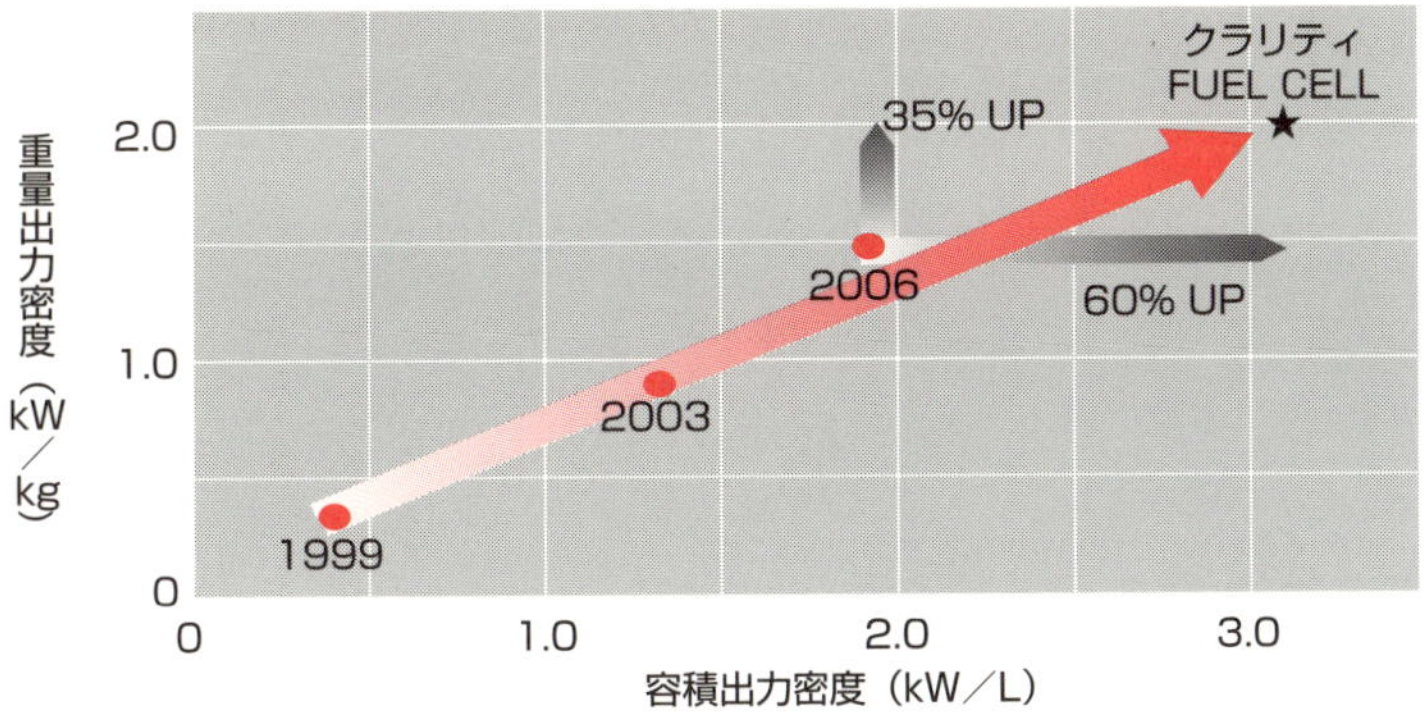

出典:HONDA プレスインフォメーション「CLARITY FUEL CELL 2016.3.10」をもとに作成

47 スタックへのガス供給不足で起こる問題

水素が不足すると燃料極が劣化

　前項ではスタックの各セルに均等にガスを流すことが重要だと説明しました。では、もし一部のアノードで水素が欠乏した時に何が起こるでしょうか。

　左図にはセルが3枚積層した電池（短いスタックなので「ショートスタック」と呼ばれる）を示してあります。セル1のアノードでは水素が十分に流れていて、H^+は膜を通じてカソードへ、電子は外部回路へ移動します。セル1のカソードには、セル2のアノードで生成した電子がセパレーターを通して移動し、正常に水が生成します。

　セル2のカソードも正常に反応が進むためには、セル3のアノードからセパレーターを通じて電子をもらう必要があります。ここで仮にセル3のアノードで水素が欠乏した場合、何が起こるでしょうか。

　3組のセルは直列になっているため、セル3の状態によらず全体で無理に回路を形成しようとします。するとセル3のアノードでは、セル2のカソードのために電子を、そしてセル3のカソードのために水素イオンを供給する反応を起こさないといけません。結果的にセル3のアノードでは、左ページ下に示した①と②の反応が起こります。セル内が加湿された状態で水があると、①はPt触媒の働きで進みます。また、水分解が起こる高電位状態では②のカーボンの酸化反応もより進みやすい状況になります。

　実際に水素欠乏状態の実験を行った結果、アノードの電位が異常に上昇していき、初めは①が進み、水素欠乏時間が長くなると②の反応も進むことが分かりました。水素欠乏が長時間続くとセルは大きなダメージを受け、直列回路になっているスタックは、たった1枚のセルの劣化で運転できなくなります。

　スタック全体にガスが均一に流れる仕組みが重要になります。アノードでは、水素欠乏にならないような運転条件の最適化や、セル内の凝縮水が滞留してガスの流れを止めないような工夫が必要です。

要点BOX
- ●直列つなぎの弱点がでる
- ●アノードのカーボンが腐食
- ●スタックの故障につながる

燃料が欠乏した時のアノード腐食

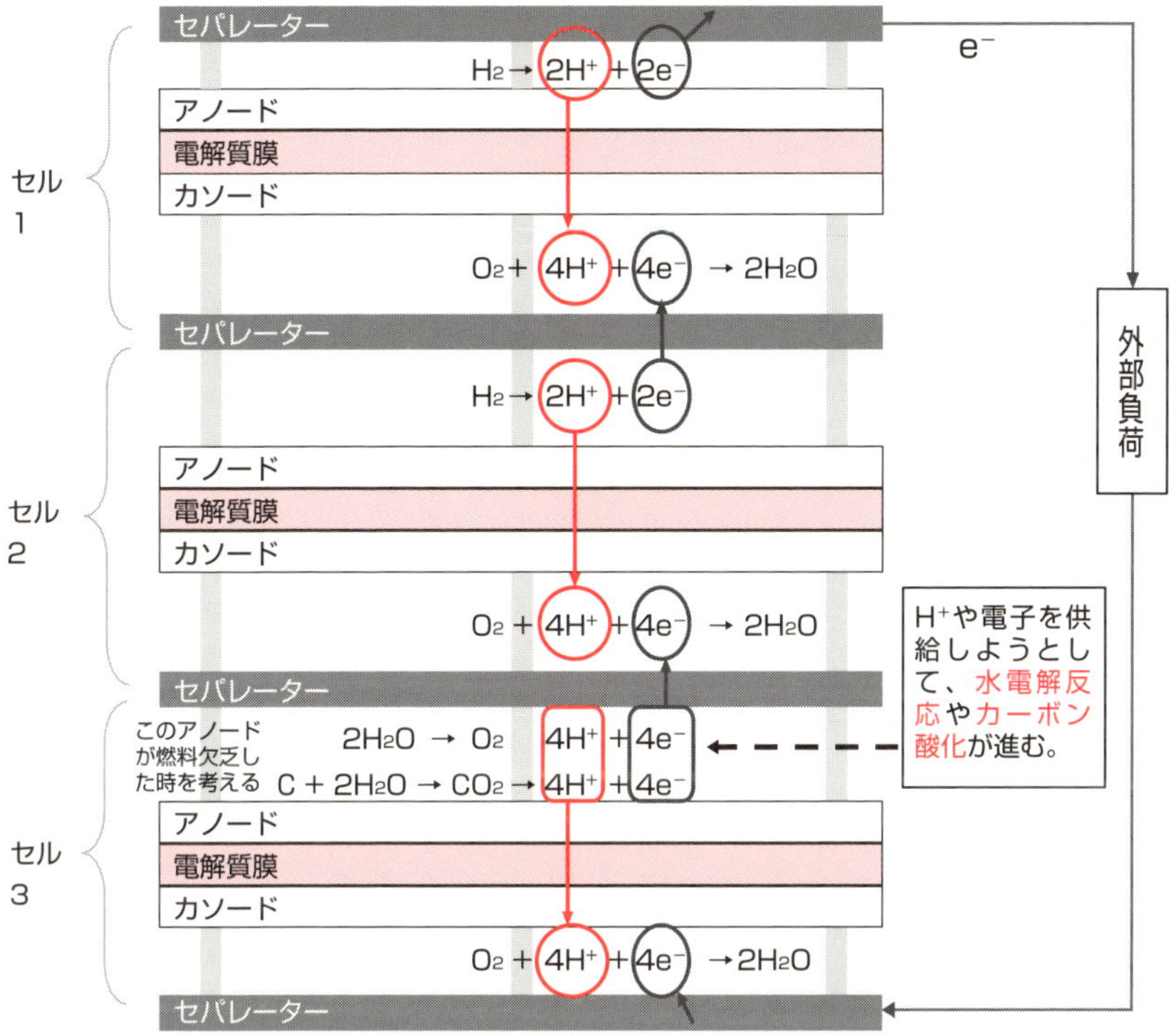

水素欠乏したアノードで起こる反応

$$2H_2O \rightarrow O_2 + 4H^+ + 4e^- \qquad E^0 = 1.23\ \mathrm{V}$$
---①

$$C + 2H_2O \rightarrow CO_2 + 4H^+ + 4e^- \qquad E^0 = 0.207\ \mathrm{V}$$
---②

48 燃料電池で生成する水の役割

水は必要でもあり不要でもあり

　PEFCに使われている電解質膜を加湿する方法には、外部加湿法と内部加湿法があります。

　外部加湿法で多いのが、容器内で加熱された水にガスを通すバブラー方式です。加熱した水蒸気にガスを通す水蒸気添加方式もあります。膜加湿方式では、ガス加湿用セルに冷却水を流し、加湿膜に接して加湿されたガスが発電用セルへと供給されます。直接内部加湿方式では、セパレーターに接した冷却板との間にある水透過膜を透過した水が、多孔質セパレーターを通じて流路内のガスへ供給されます。この他にもいろいろと工夫された方式があります。

　電解質膜内の水移動は、左図に示した通り、水素イオンがアノードからカソードへ移動する時に電気浸透という現象で移動する場合と、カソードで生成した水が増えるとアノードとの水分濃度の勾配ができて逆拡散する場合とがあります。触媒層内のガス通路となる小さな細孔までを液体の水がふさいでしまうと、ガス拡散が阻害され出力が低下します（濃度過電圧の上昇：24項参照）。必要なところは十分に加湿し、不必要な水はすみやかに排出するセル構造や運転条件などの工夫が必要です。

　加湿のための装置を備えると、システムとして複雑になり、小型化が難しくなります。水分移動の挙動を研究し、加湿器を用いない加湿方法がFCVで実現しています。左図の様に、①カソードの生成水がガスの流れで出口側に移動、②水分濃度勾配でカソードからアノードへ拡散し加湿、③アノードガス入り口の水がガスの流れで出口側に移動、④水分濃度勾配でアノードからカソードへ拡散し加湿、というサイクルが出来上がり、膜と電極層内を加湿できます。FCVでは水素を無駄にしないようリサイクルして使います。この流量を調整することで、アノード内の水移動量を調整しています。

要点BOX

- ●PEFCでは膜の加湿が重要
- ●生成水が滞留するとガス拡散性が低下
- ●生成水を膜の加湿に使う工夫も

ガスの加湿方法

○外部加湿法

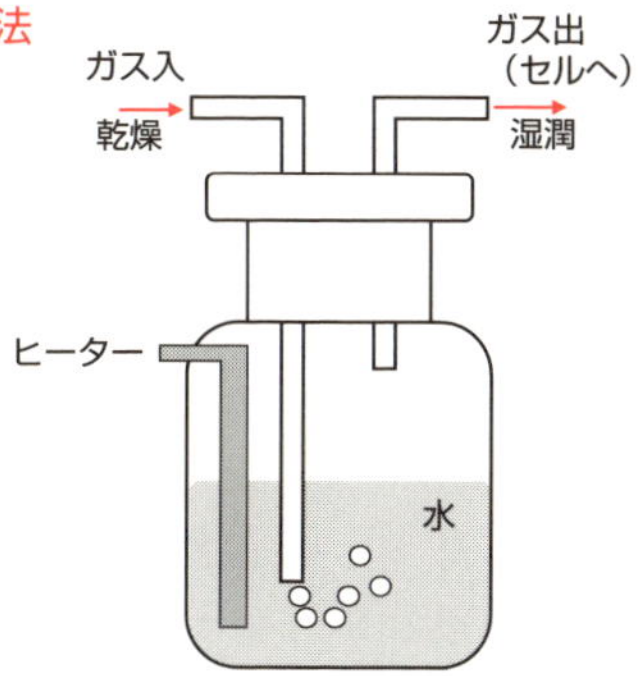

バブラー方式

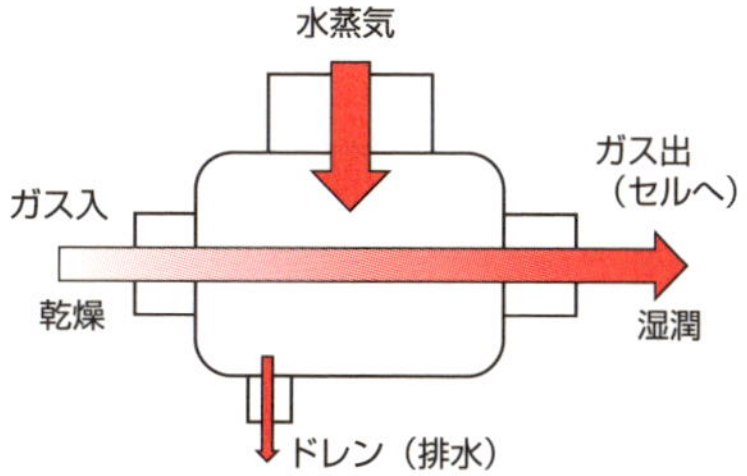

水蒸気添加方式

○内部加湿法

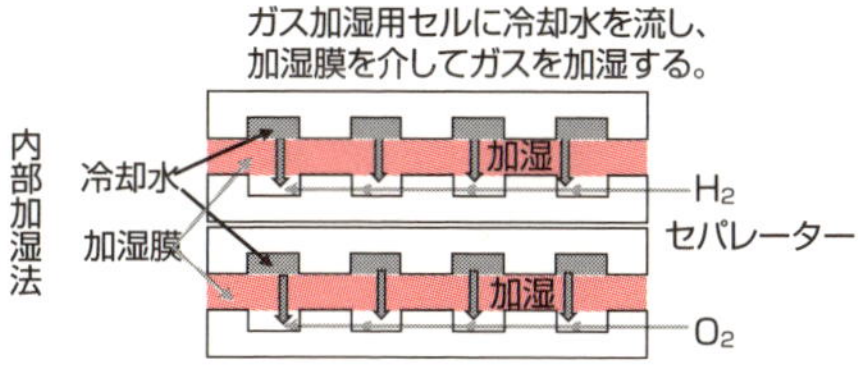

膜加湿方式

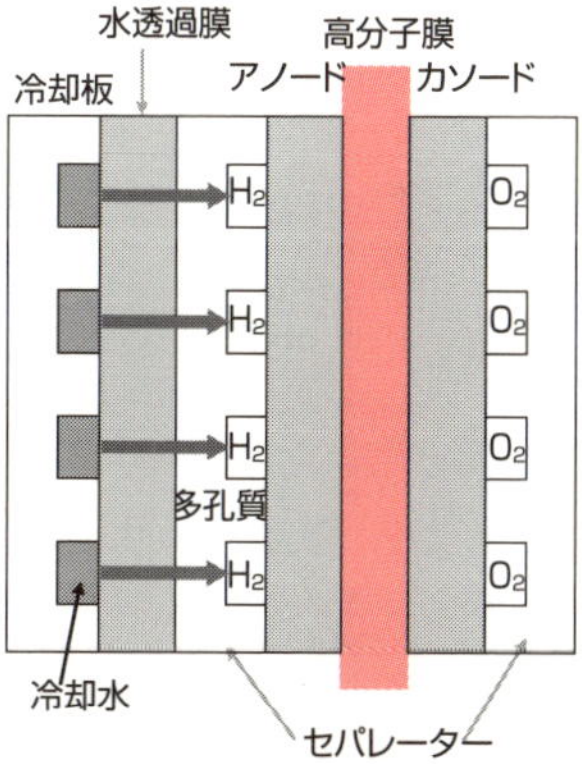

直接内部加湿方式

電解質膜内の水移動

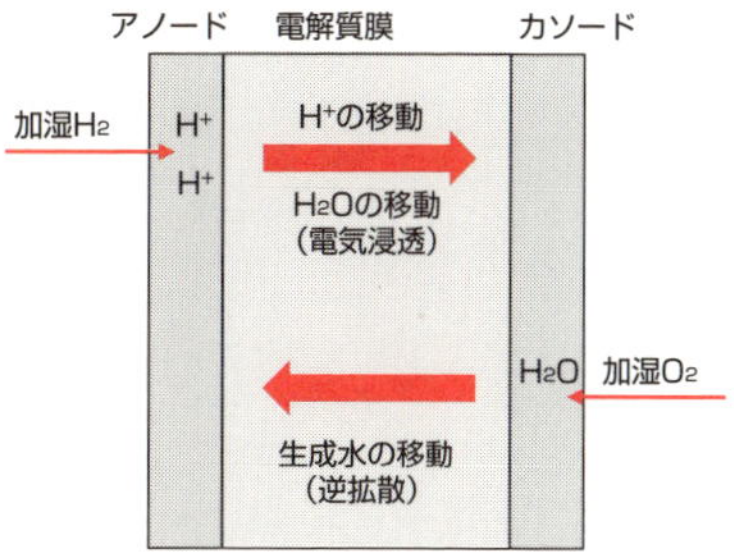

加湿器を用いない加湿方式

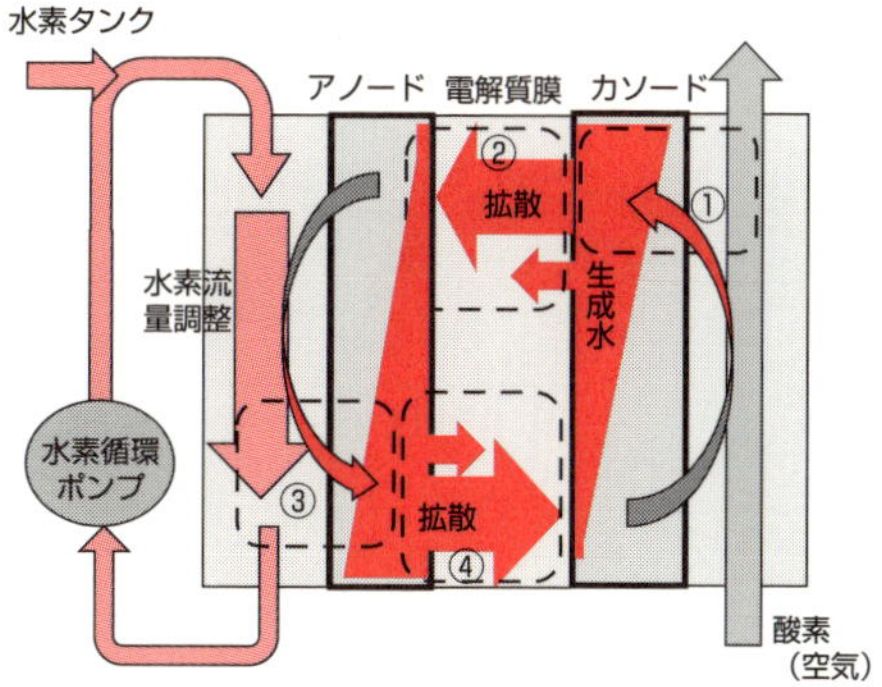

Column

燃料電池で過酸化水素ができるのはなぜ？

43項では、ＰＥＦＣのセル内で過酸化水素が生成することがあると説明しました。水分子よりも酸素原子が1個多いだけですので、生成する可能性がありそうには見えます。少し専門的になりますが、過酸化水素が燃料電池内でどう生成するのかを説明してみたいと思います。

酸素分子がカソードで水になる時、

$$O_2 + 4H^+ + 4e^- \rightarrow 2H_2O$$

の反応が進みます。ところが図に示した通り、酸素が還元される反応には他の経路があることが分かっています。酸素分子がまずPt上で吸着種（表面に吸着した分子）になります。この吸着種が受け取る電子の数の違いで異なる反応が起こります。電子を4個受け取ると、最終的に水が生成します。これに対し電子を2個だけ受け取る反応が進むと、さらに水素イオン2個と反応してPt表面に過酸化水素吸着種ができます。この過酸化水素吸着種が分解すると水が生成しますが、分解しないでそのままPt表面から脱離すると過酸化水素が生成することとなります。

生成した過酸化水素が分解すると、いわゆる「活性酸素」と言われる反応性の高い分子（専門用語ではフリーラジカルまたは単にラジカルという）が生成し、これが電解質膜を化学的に分解していくのです。

どちらの反応経路で進むのかは、触媒の種類や反応条件によって変わります。また、水素と酸素のクロスリークにより、特にアノードで過酸化水素が発生しやすくなります。膜を薄くしたいけれどもガスクロスリークしやすくなる、というのは悩ましい問題です。

以上の様な視点からも、燃料電池の性能向上のための研究開発が進められています。

酸素還元反応の経路

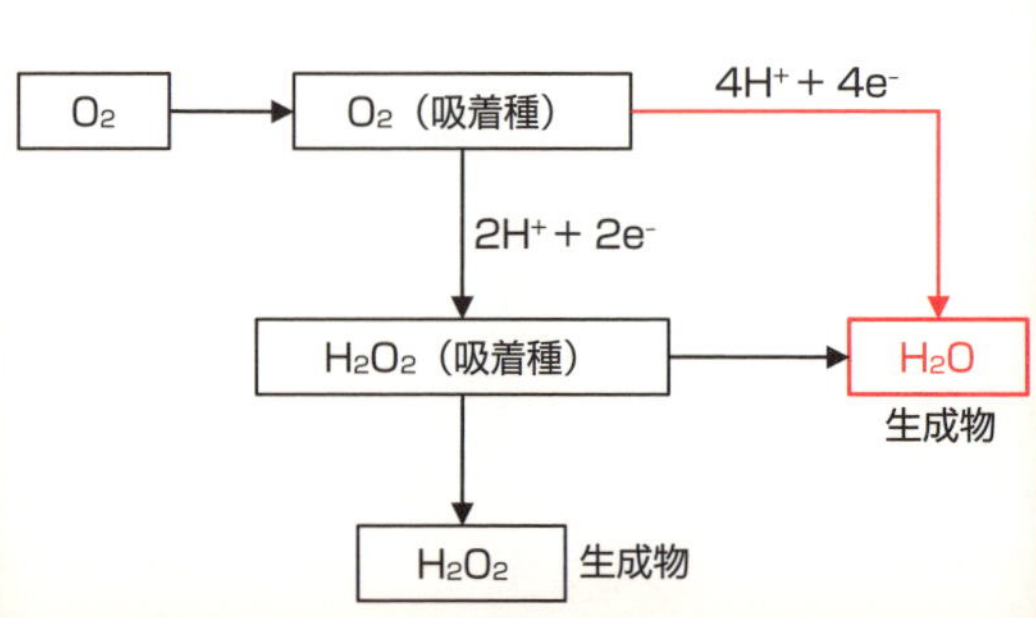

第5章

燃料電池が使われている場所

49 りん酸形燃料電池の商用化

50kW～200kWの容量が中心に普及

　1990年に米国ONSI社が設立されて以来、200kWオンサイト型PAFCに特化したPC25シリーズが米国・日本・欧州などへ出荷されてきました。この開発に東芝も関わり、PC25C型機は280台、PC25型機全体で300台以上が出荷されました。

　PC25型機は、排熱も利用するコジェネレーション（cogeneration）システムとして病院・ホテルなど様々な施設に導入されてきました。基本的に連続運転して施設のベースロード（基礎負荷）電力を賄い、200℃程度で運転されるPAFCの排熱は、給湯以外に冷暖房用機器の熱源としても利用できます。

　燃料として都市ガス（天然ガス）やLPGなど多様な燃料が使えます。その他、半導体工場で廃棄処理されていた洗浄剤のメタノールをエネルギー源として有効利用するために導入された例があります。同様に資源の有効利用が目的で、下水処理場の発酵処理槽から発生するバイオガス（メタンが主成分）を燃料にした例も多くあります。

　現在、東芝はPAFC事業から離れ、ONSI社の技術を引き継いだDoosan Fuel Cell America社（2014年設立）が400kW級機の製造・出荷を続けています。

　その他、富士電機の100kW商用機は、1998年～2016年度までに累計75台が出荷されました。新しい用途例として、ドイツで火災予防用に倉庫やデータセンターへの導入例があります。カソードの低酸素濃度（15％程度）の排気を施設内に送り込むことで火災予防になります。

　PAFCの当初の目標だった運転時間4万時間を達成した装置が数多くできて、6万時間を超えた装置も増えてきました。

要点BOX

- ●オンサイト用200kW機が普及
- ●病院、ホテルなど様々な施設に導入
- ●長期耐久性は実証済み

PAFC（りん酸形燃料電池）の導入先

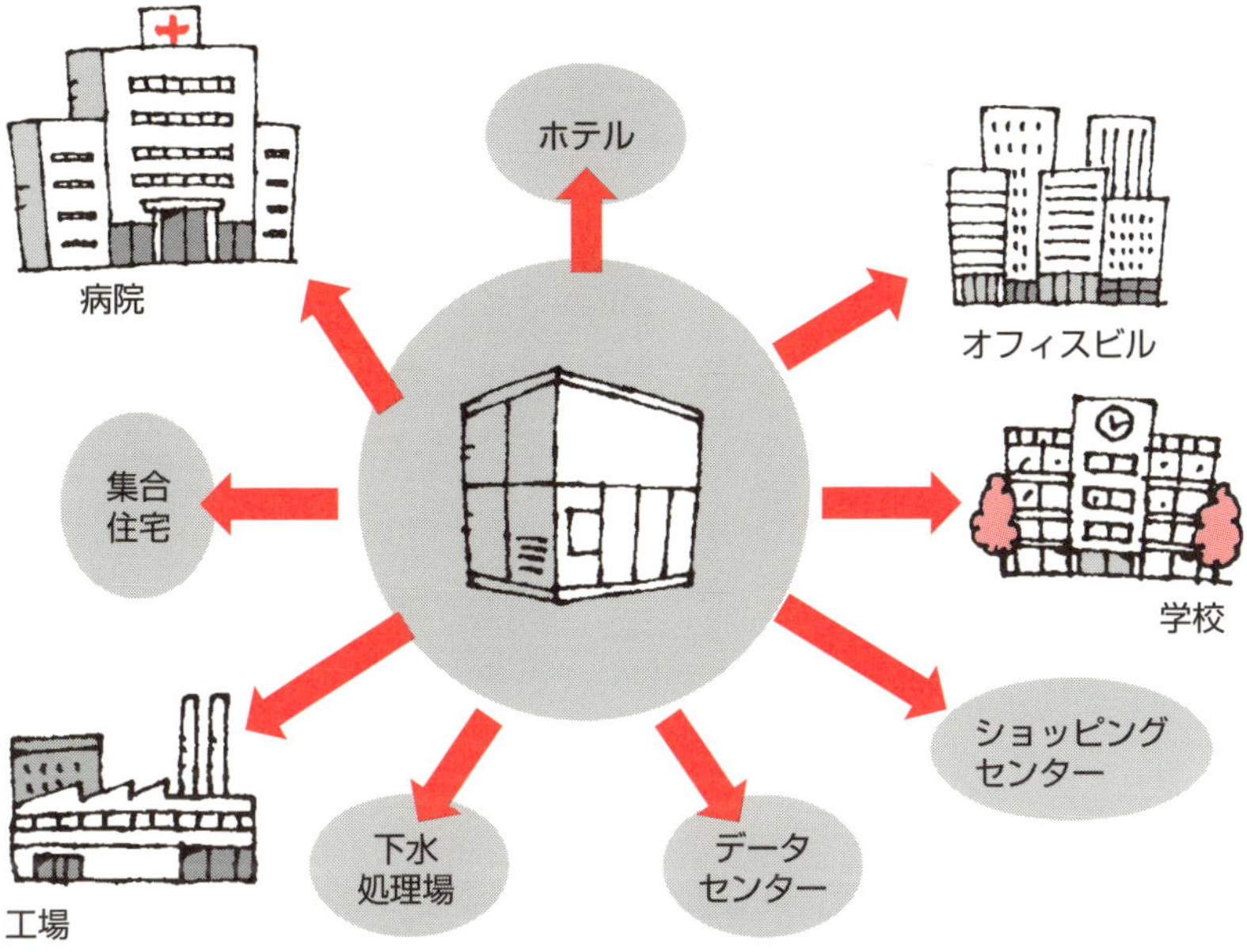

室内防火用酸素濃度低減システムの比較

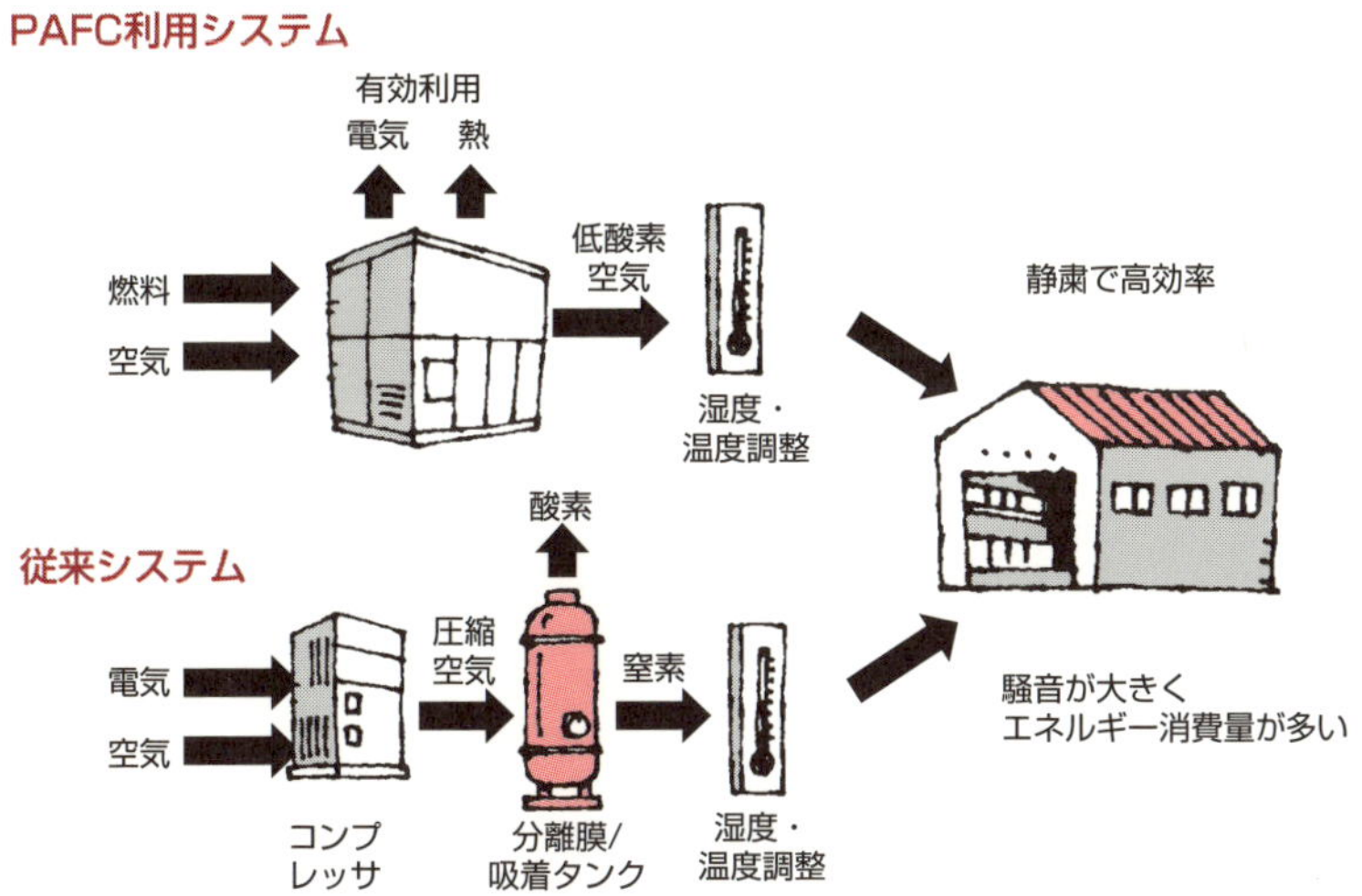

50 電気と熱を有効利用

ホテルや病院などにＰＡＦＣの導入が進む

オンサイト型のＰＡＦＣは、電気だけでなく排熱も有効利用するコジェネレーションシステムとして導入が進んできました。用途先として多く導入された場所に、病院、ホテル、オフィスビルなどがあります。都市ガスが燃料の場合、発電効率は42％程度（ＬＨＶ）ですが、熱回収もすることで総合エネルギー効率が90％（ＬＨＶ）以上になるため、大きな省エネルギー効果が得られます。

既存の施設に導入するには、特に都市部では設置する場所の広さに制限がある場合が出てきます。また、現地で設置工事等が煩雑になることもあります。オンサイト型ＰＡＦＣの用途拡大のために、システムのコンパクト化とパッケージ化が進み、少ない設置面積で設置工事も簡便になってきました。

ＰＡＦＣからの排熱を利用して、高温水（～90℃）と低温水（～60℃）が得られます。高温水では吸収式冷凍機を作動させることができ、施設の冷暖房に利用できます。低温水は熱交換することで給湯に利用することができます。

ＰＡＦＣは、基本的に24時間運転することで効率よく利用されますが、夜中になると電気の需要が減少します。それに合わせて燃料電池の出力も落とすことになりますが、ＰＡＦＣでは部分負荷運転でも効率を落とさずに発電することが可能です（左図）。ガスエンジン等では出力を下げると発電効率も大きく減少するため、この点は燃料電池の大きな優位点になります。

さらに燃料電池自体は電気化学反応を利用しているため大変静かに運転でき、都市部や住宅密集地などにも設置しやすいシステムと言えます。排ガスも大変クリーンで（左図）、非常に環境負荷が小さいことが分かります。今後も、省エネと低環境負荷を備えたシステムとして導入が進んでいくことが期待されます。

要点BOX

- ●システムのコンパクト化が進む
- ●部分負荷でも高いエネルギー効率
- ●有害なガスもほとんど排出せず

PAFCを使ったコジェネレーションシステム

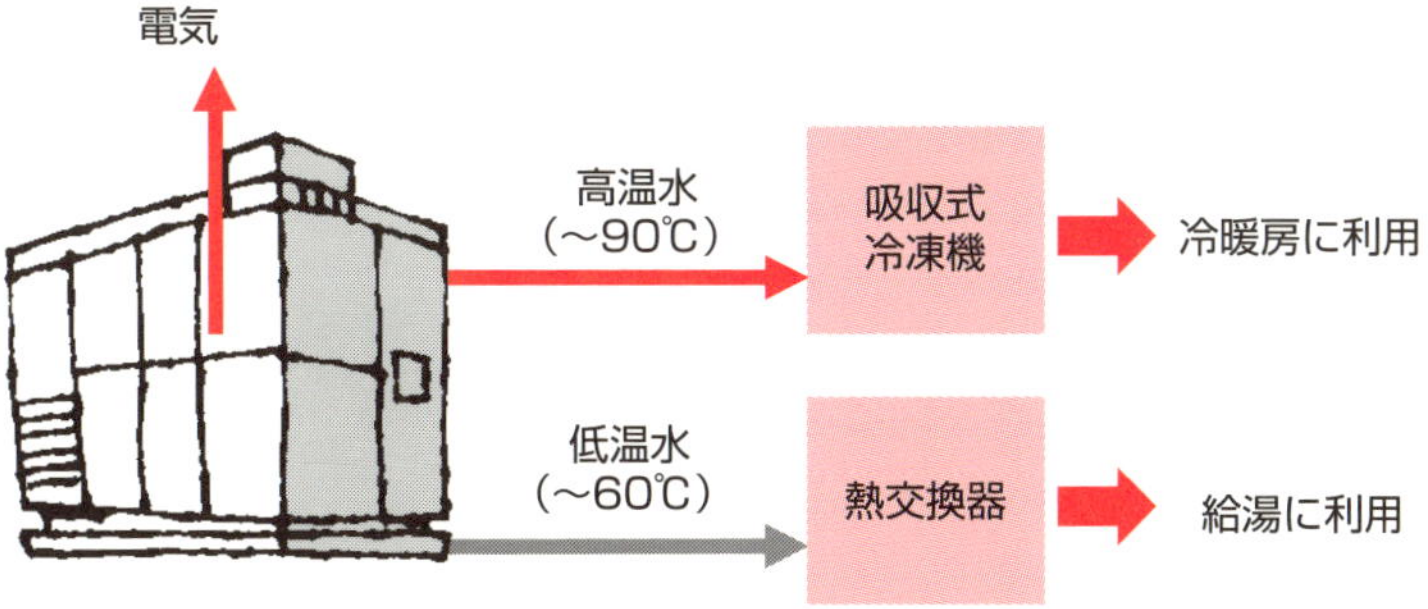

PAFCの出力変化とエネルギー効率

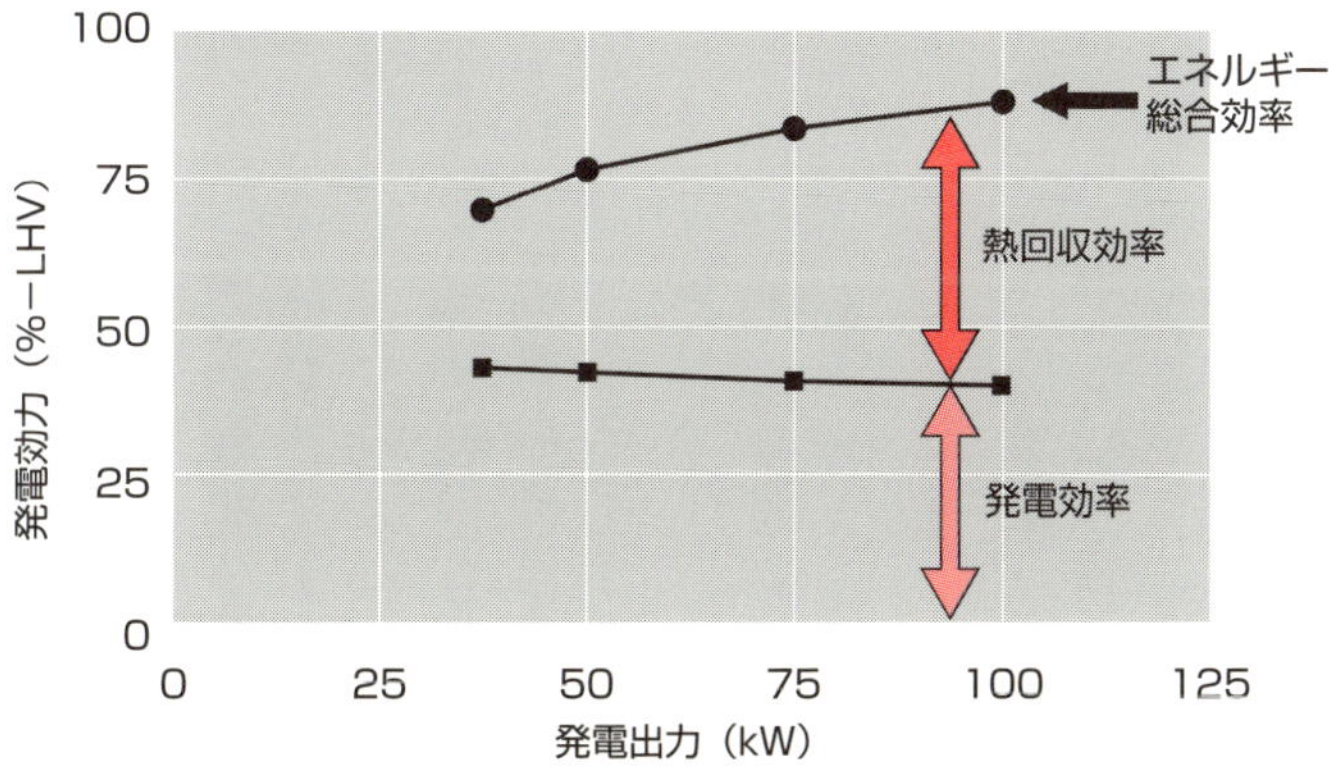

各種発電装置から出る排ガス中の成分

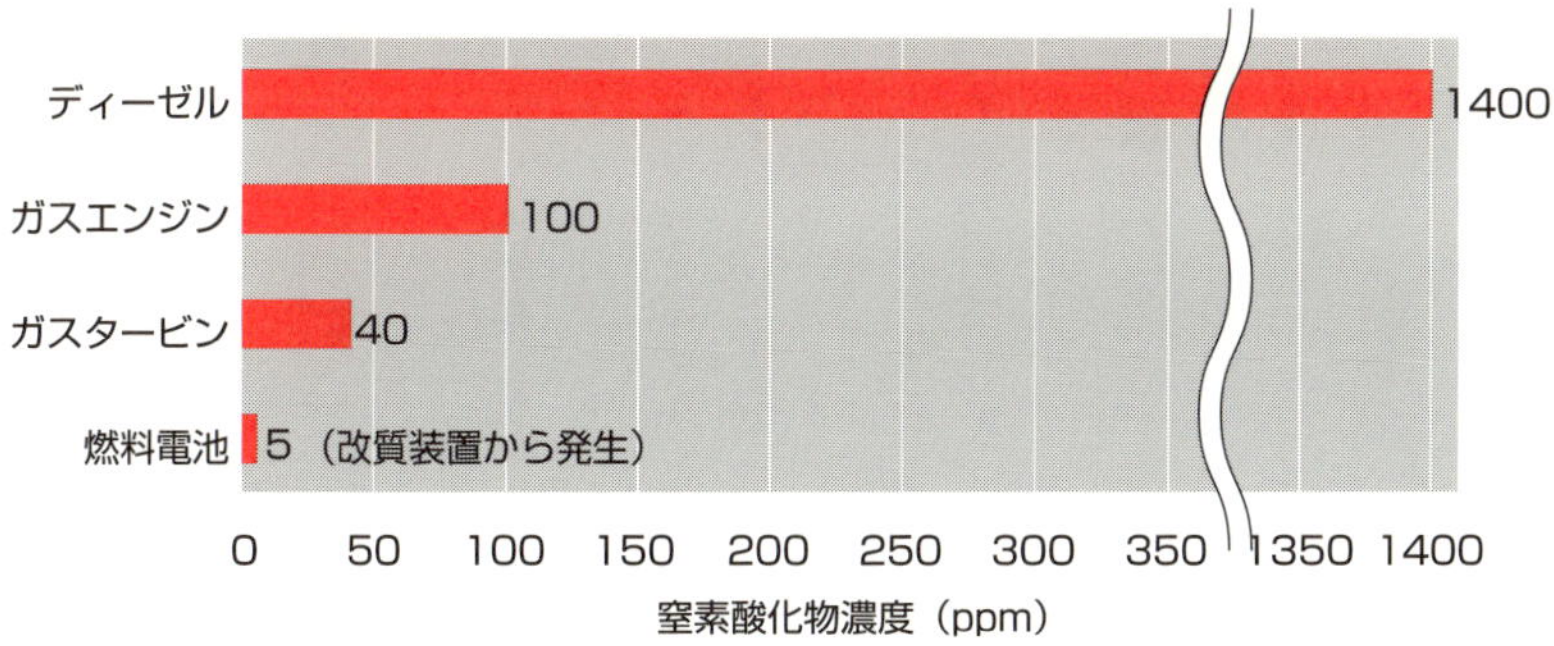

51 廃棄物から生まれる電気

下水処理で発生するメタンが水素源に

　これまで導入されてきたＰＡＦＣの多くは、燃料に都市ガスを使っています。これに対し、未利用のエネルギー源を有効利用するために、下水処理施設で発生する消化ガス（下水の沈殿処理で出る汚泥を発酵処理する時に発生するバイオガス）を利用するＰＡＦＣの導入が増えています。例えば、宇都宮市上下水道局の下水処理施設に１００kWのＰＡＦＣが８台導入されました（２０１６年４月運転開始）。消化ガスを利用するＰＡＦＣシステムとしては国内最大級規模となります。

　左図にある通り、下水から分離された汚泥は消化槽に移されて発酵処理されます。ここでは年間約３３０万Nm^3の消化ガスが発生し、メタンが約60％含まれます（残りは二酸化炭素）。ただしガス中には微量の硫化水素やシロキサン（シャンプーやリンス等に使われるケイ素化合物）などが含まれており、これらはメタン改質装置の触媒を劣化させるため、ガス精製装置を通してから燃料電池システム内の改質装置へ導入します。

　ここの下水処理施設では、ＰＡＦＣの排熱で作られた高温水は消化槽の加熱に使われます。そして電気の発電量は年間最大７１７万kWhにもなり（一般家庭２０００世帯分の電力に相当）、この電気はＦＩＴ制度により売電（この施設では39円／kWhで20年間）して市の収益としています。この様に廃棄物から有用な資源を取り出して有効利用しているわけです。

　この他に新たな用途として、燃料電池から出るクリーンでかつ高濃度のCO_2（大気の約１５０倍）を含む排気を、植物工場へ供給するという試みがあります。CO_2をそのまま大気中へ排気せず、植物の成長促進に使うことでCO_2の削減に大きく貢献できます。燃料電池からの高温排熱は、吸収式冷暖房機を通して植物工場内の冷暖房に利用します。

要点BOX

- ●バイオガスの有効利用
- ●下水処理場への導入が増加
- ●燃料電池の排ガスを利用した植物工場も

下水処理施設に導入されたPAFC

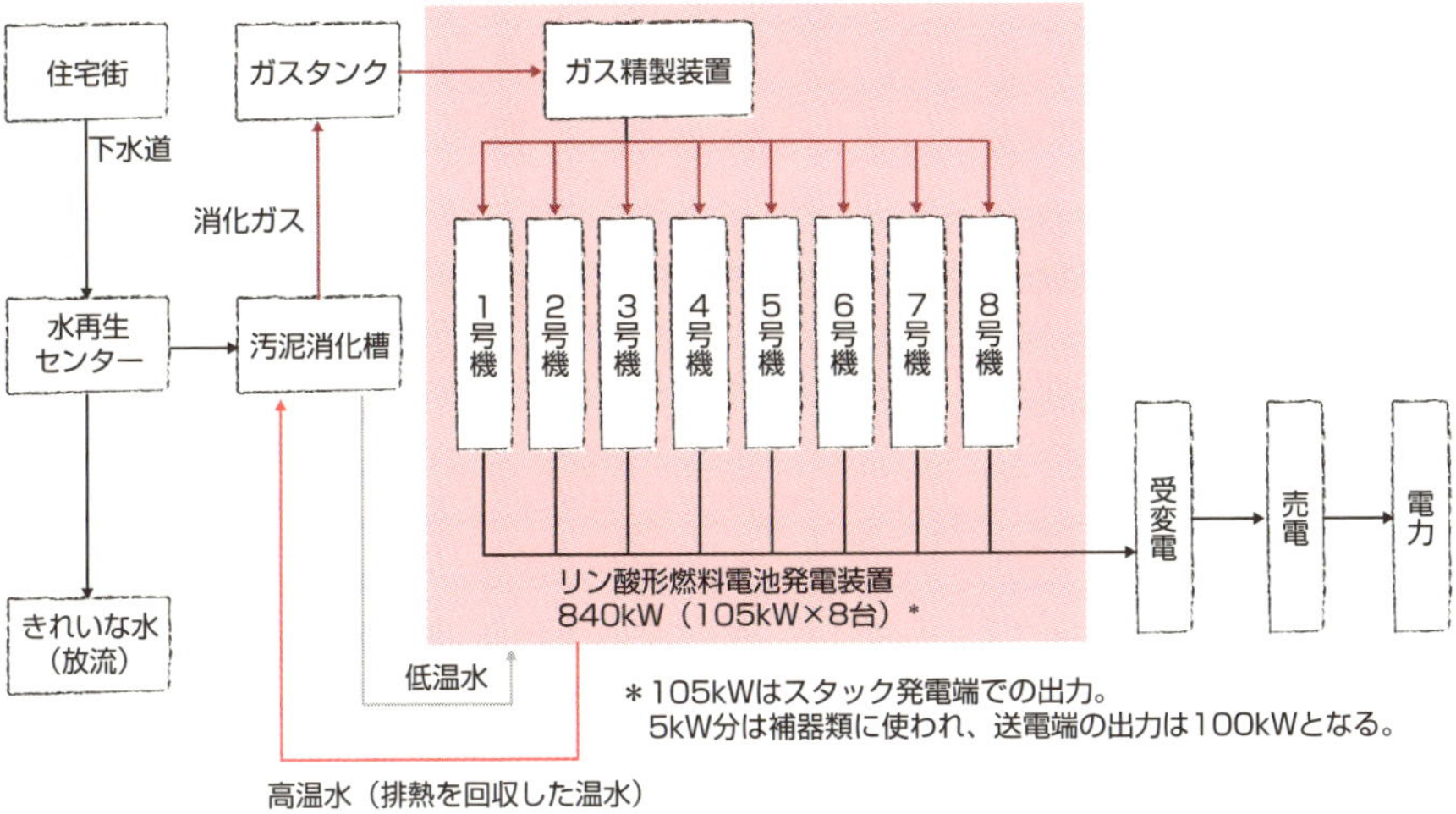

出典：宇都宮市上下水道局の資料をもとに作成

PAFCの排ガスを利用した植物工場

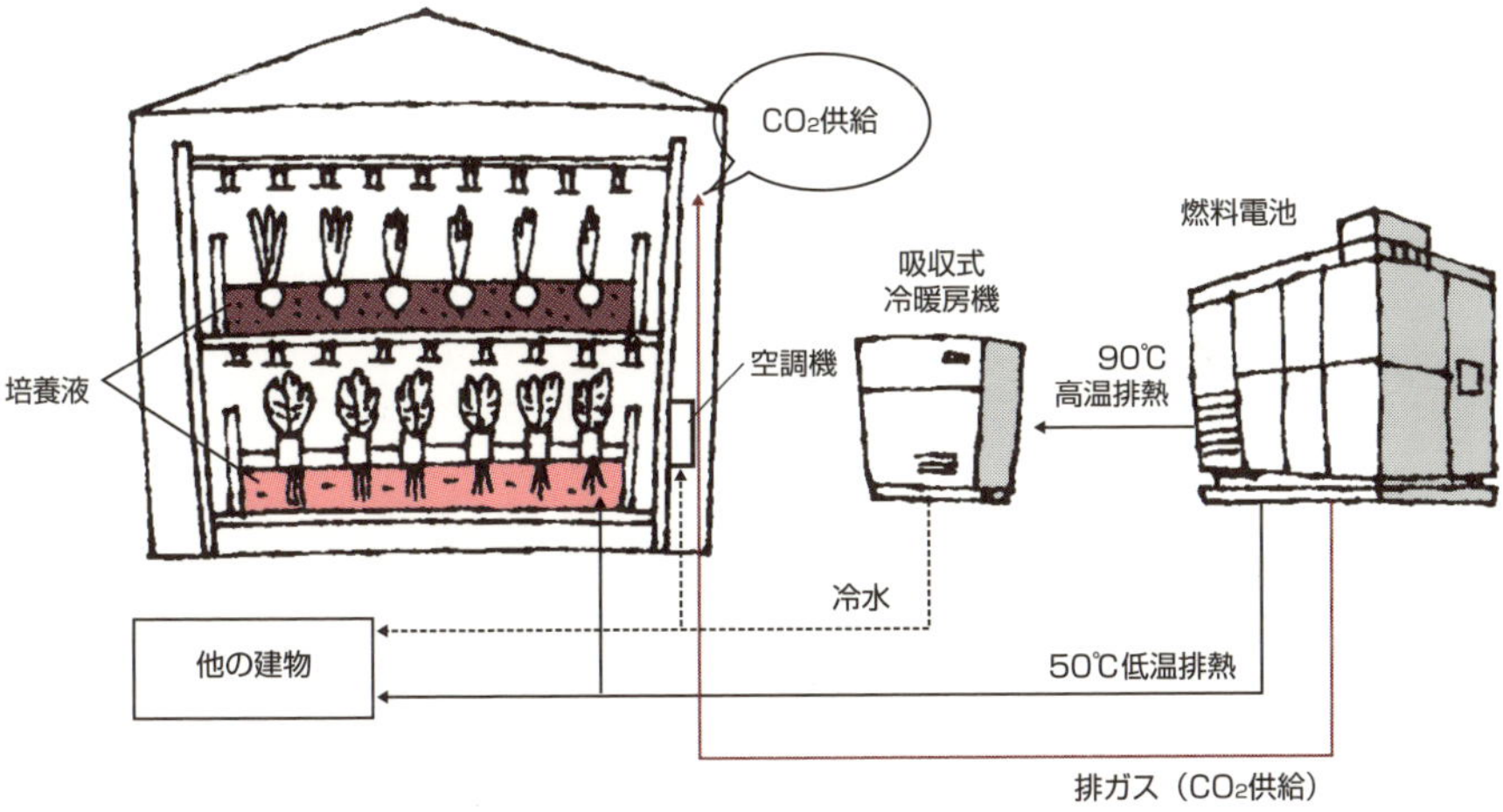

52 家庭用燃料電池エネファーム

固体高分子形（ＰＥＦＣ）で導入が進む

「気候変動に関する国際連合枠組条約」に基づき１９９７年12月に第3回締約国会議（ＣＯＰ３）が京都で開催されました。ここで採択された議定書（いわゆる「京都議定書」）に従い世界各国はCO_2排出削減に取り組んできました。日本においても産業や運輸部門だけでなく、各家庭でもエネルギー使用量削減や利用効率の向上が求められてきました。

そのような状況下で家庭用燃料電池の開発が進められ、２００９年にＰＥＦＣタイプの家庭用燃料電池「エネファーム」の一般販売が始まりました。

２０１７年の最新モデルは、定格発電出力が７００Ｗで、不足分は電力会社からの電力を使います。燃料電池で発電した直流電流は、インバータで交流に変換されます。発電時の排熱を利用し、熱交換器で約60℃のお湯を作って貯湯槽に貯め、給湯に使います。電気やお湯の使用量を検知しながら、省エネ効果が最大になる様に運転を行っています。起動停止を毎日繰り返しても、最新型では９万時間（12年相当）の耐久性を達成しています。

最新型の性能は、発電効率39・0％（ＬＨＶ）、熱回収効率56・0％（ＬＨＶ）、総合効率95・0％を達成しています。従来型の火力発電による電気が家庭に送られるまでには60～65％ものエネルギー損失があり、実際に家庭で使えるのは元の燃料が持つエネルギーの35～40％となります。これに対しエネファームでは電気と熱を合わせた総合エネルギー効率が95％に達し、1年間のCO_2削減量は4人家族の住宅一戸当たりで約1・3トンになると試算されており、光熱費の削減にも貢献しています。

２００９年の販売開始以来、２０１６年には累計16万台（ＰＥＦＣのみ）を超えました。ＳＯＦＣ型エネファーム（53項）と合わせて、２０３０年に５３０万台を普及させる目標を立てています。

要点BOX

- ●最新型は700Wの電気とお湯を作る
- ●総合効率が95%（LHV基準）
- ●省エネでCO_2排出削減効果大

家庭用燃料電池「エネファーム」

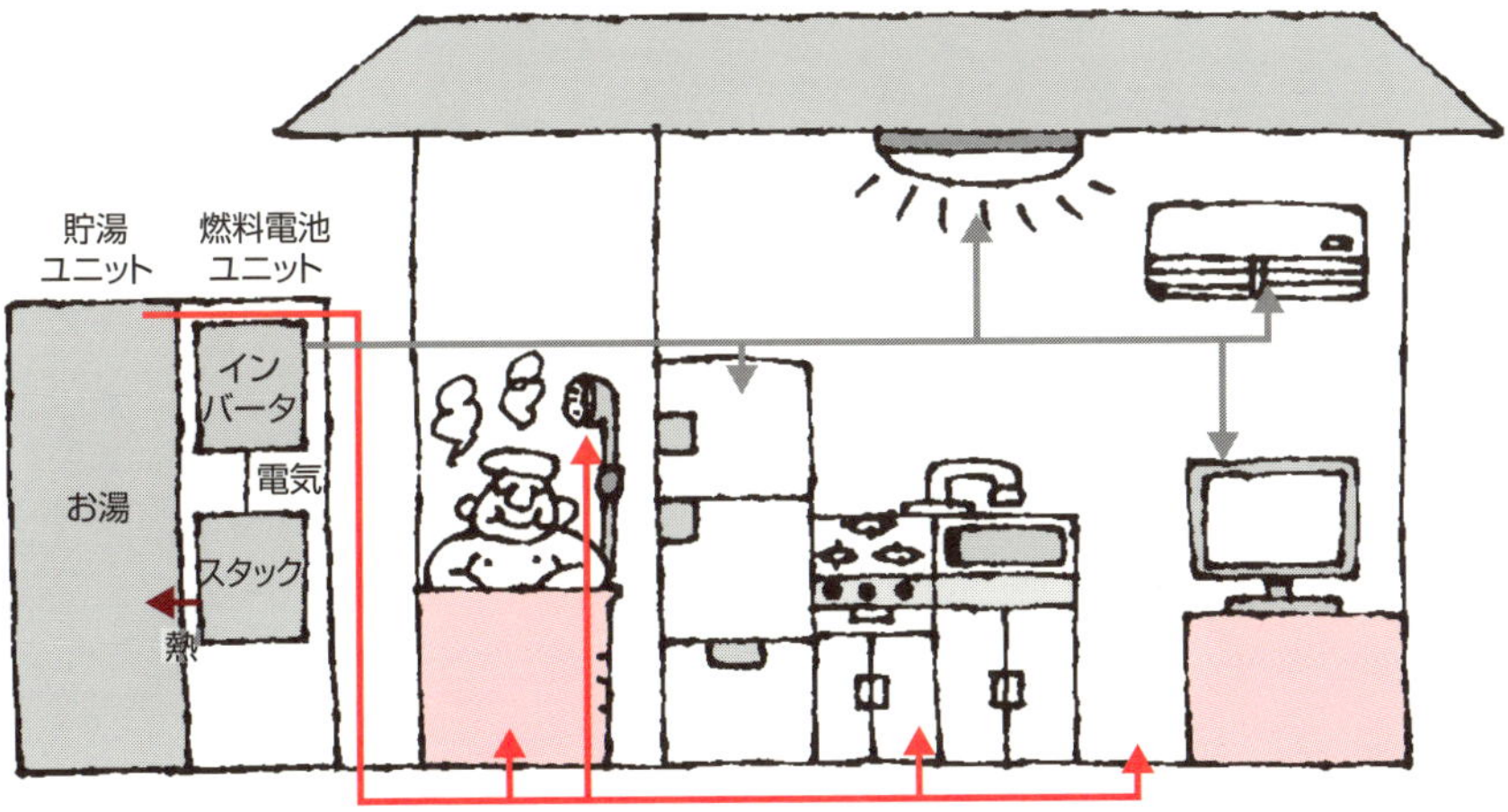

エネファームと従来型発電所の比較

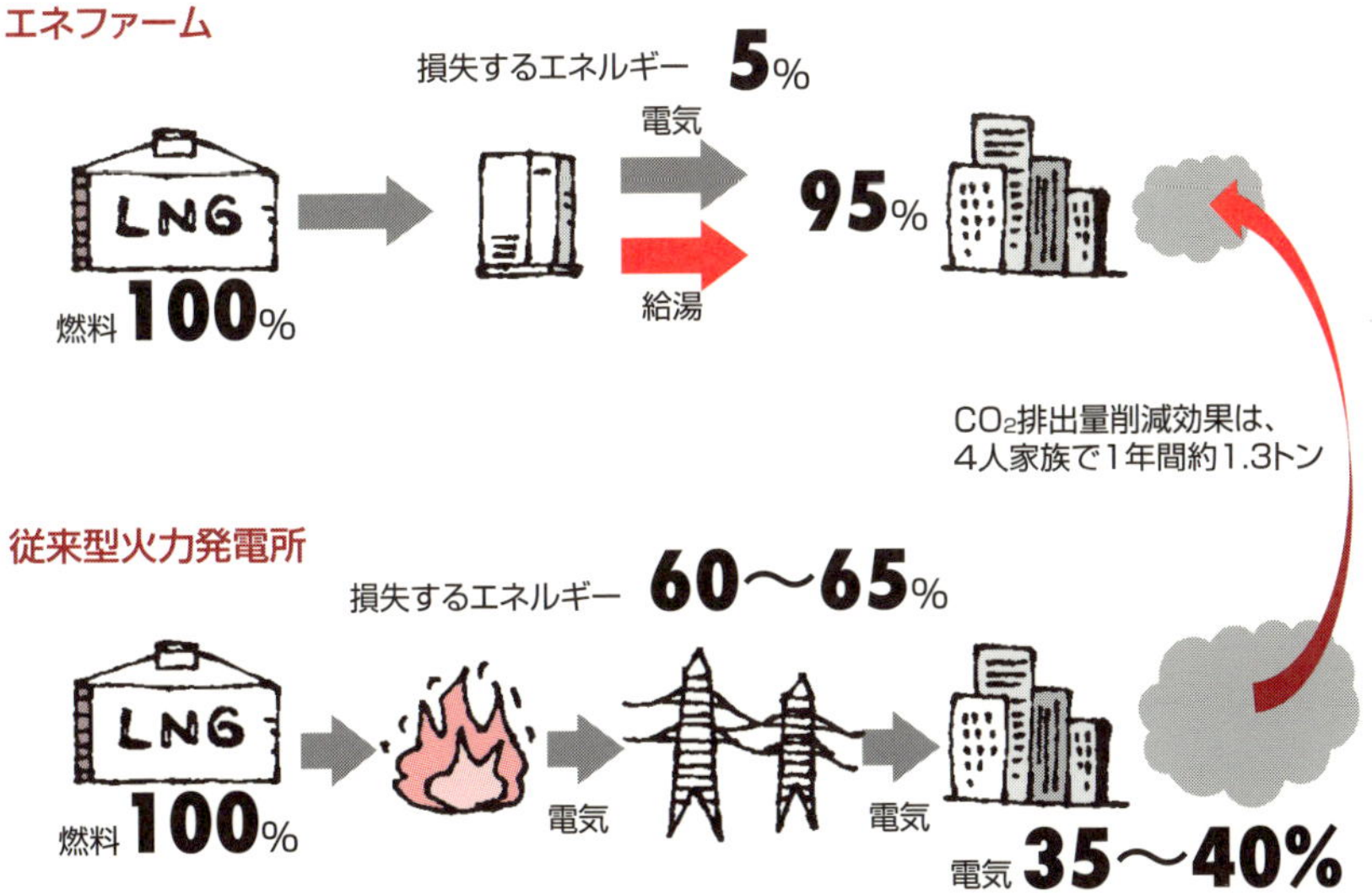

53 高温型のエネファームも導入開始

固体酸化物形（ＳＯＦＣ）で発電効率アップ

高温で作動するＳＯＦＣには高い発電効率が期待され、熱需要（お湯の利用）よりも電気の需要が多い家庭にＳＯＦＣを導入して省エネを進めようと、家庭用ＳＯＦＣの開発が行われてきました。

運転温度が高いという事は、逆に耐久性を確保することが大変難しい問題でした。セルは様々な材料の組合せでできており、熱膨張率が異なる部材同士が接していると大きな温度変化で剥離や破壊が起こる、長期運転で部材同士が反応を起こしてしまう、などの課題を解決する必要がありました。様々な技術的課題を超えながら２０１２年、「エネファームＴｙｐｅ Ｓ」の名称で家庭向けにＳＯＦＣの販売が始まりました。その後も改良が続き、２０１６年には新製品の販売が始まっています。

ＳＯＦＣの特長として、高温の排熱を改質器で効率よく利用するために、スタックと改質器が一体化されています。またＰＥＦＣと異なり電極にはPt触媒を必要とせず、発電原理から改質ガス中のCOも燃料として利用できるため（30項）、CO酸化器（41項）が不要で、システムを簡素化できます。

エネファームのＳＯＦＣとＰＥＦＣの違いは左表にある通り、ＳＯＦＣの方が発電効率自体は高くなり、熱の回収はその分低くなります。したがってＳＯＦＣでは熱よりも電気を多く使いたい家庭向きとなり、そのため貯湯槽も小さく、全体的に小型化されています。ただし、高温運転のため頻繁な起動・停止は耐久性に影響するので、連続運転が基本となります。どちらを選択するかは各家庭での使用条件を考慮して決めることになります。

エネファームの導入を今後更に増やすためには、さらなるコストダウンが求められています。国の直近の目標として、２０１９年までにＰＥＦＣで80万円、２０２１年までにＳＯＦＣで１００万円を実現し、自立的に普及が進むことを掲げています。

要点BOX
- 発電効率52%（LHV）を達成
- 24時間連続運転が基本
- さらなるコスト低減が課題

エネファームType Sの仕組み

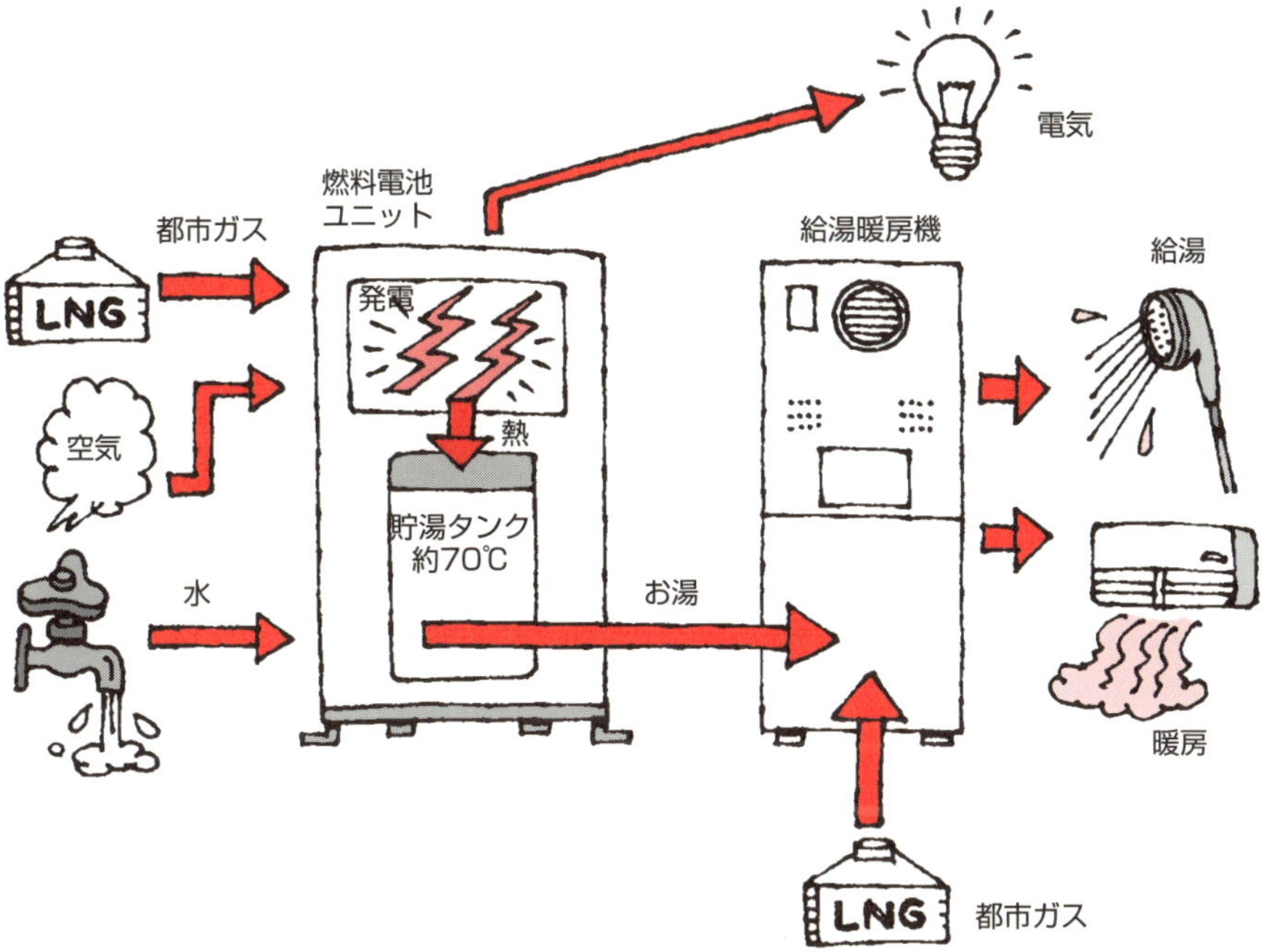

2種類のエネファームの比較

		PEFC	SOFC
発電出力（定格）		700W （出力範囲:0.20～0.70kW）	700W （出力範囲:0.05～0.70kW）
効率 （定格出力時、 LHV基準）	発電効率	39.0%	52.0%
	熱回収効率	56.0%	35.0%
	総合効率	95.0%	87.0%
連続発電可能時間		120時間	24時間連続運転
耐久時間		90,000時間	10年間
貯湯タンク容量		140L	28L

54 業務・産業用に導入が進む

小型から中規模まで様々な用途

様々な分野でのCO_2排出削減の努力が続いている中、家庭よりもエネルギー消費量が多い産業界での省エネを進めるために、家庭用燃料電池の開発と共に業務・産業向けの開発も進められてきました。

エネファームＴｙｐｅ Ｓ向けにセルスタックの製造を行っている京セラは、独自に業務用３kW型ＳＯＦＣシステムの開発も進めていました。このシステムにはエネファーム用スタック（７００Ｗ）が４台搭載され、発電効率52％（ＬＨＶ）、総合効率90％（ＬＨＶ）を達成しており、２０１７年７月より受注を開始しました。コンビニエンスストアやファミリーレストランなどに導入され始めています。

２０１７年７月でエネファームから撤退した東芝は、それまでの技術を基に純水素型ＰＥＦＣシステムを業務用に販売しています。純水素を使うことで発電効率50％以上を実現しました。最近では２０１７年12月に開設された環境配慮型コンビニエンスストアへの導入例があり、水素ボンベから水素を供給しています。また、食塩水を電解して苛性ソーダ（NaOH）を作る工場では、アノードで生成する塩素は工業用に利用されますが、カソードで生成する水素は未利用でした。この非常に純度の高い水素を有効利用するために純水素型ＰＥＦＣを導入し、スイミングクラブでの電気や給湯に利用するという例もあります。

業務・産業向けの中規模ＳＯＦＣの実証試験が各社進む中、三菱日立パワーシステムズが２５０kW級ハイブリッドＳＯＦＣを２０１７年８月に販売開始しました。燃料の都市ガスを脱硫後そのままアノードへ供給する内部改質方式で、ＳＯＦＣで使いきれなかった水素を燃焼させ、そこで発生した高温のガスでマイクロガスタービンを駆動してさらに発電します。二段階で発電することで高い発電効率が得られ、排熱も有効利用します。

要点BOX

- ●コンビニエンスストアへの導入
- ●ファミリーレストランへの導入
- ●中規模SOFCが市場投入へ

コンビニやファミレスへの導入例

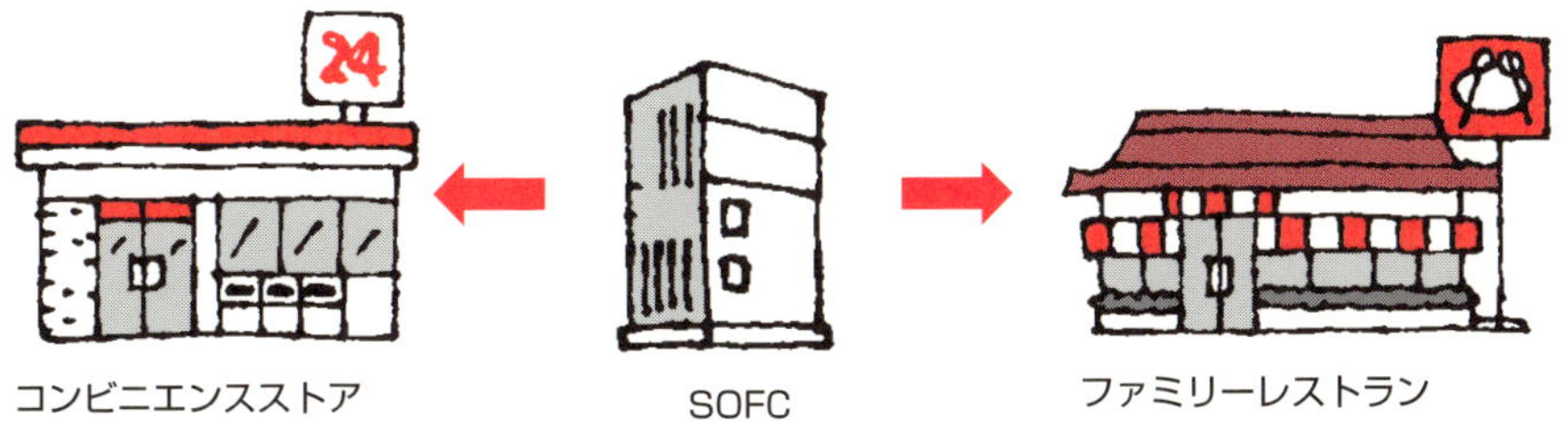

業務用PEFCの導入例

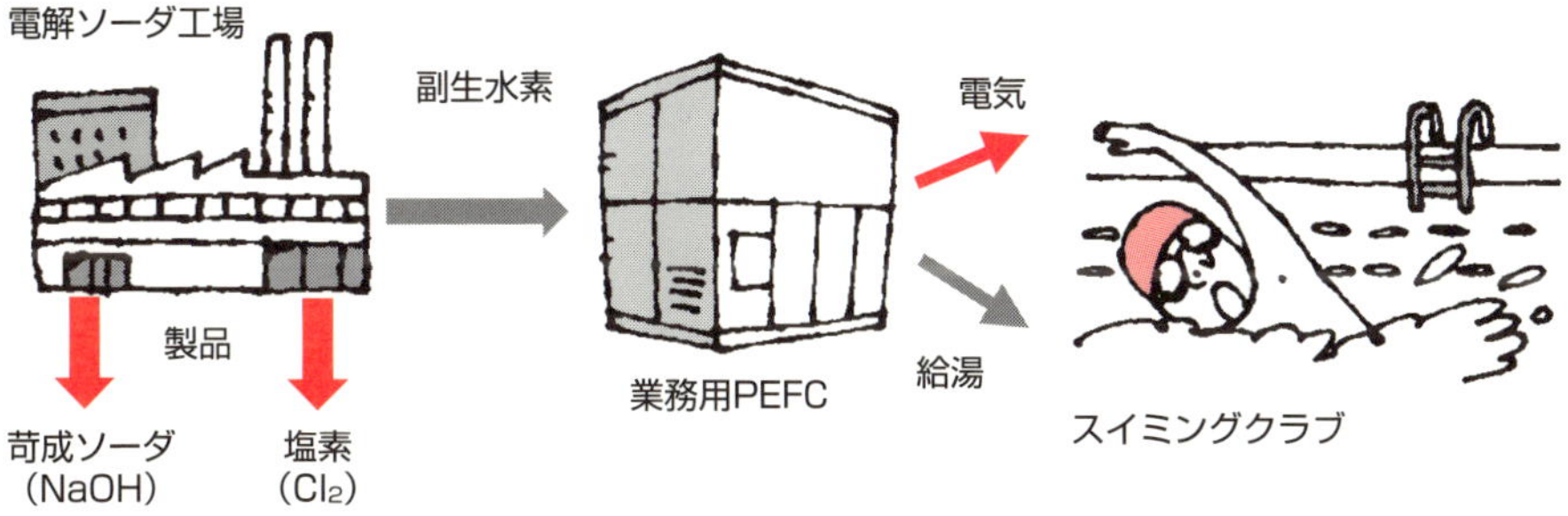

SOFCハイブリッドシステム

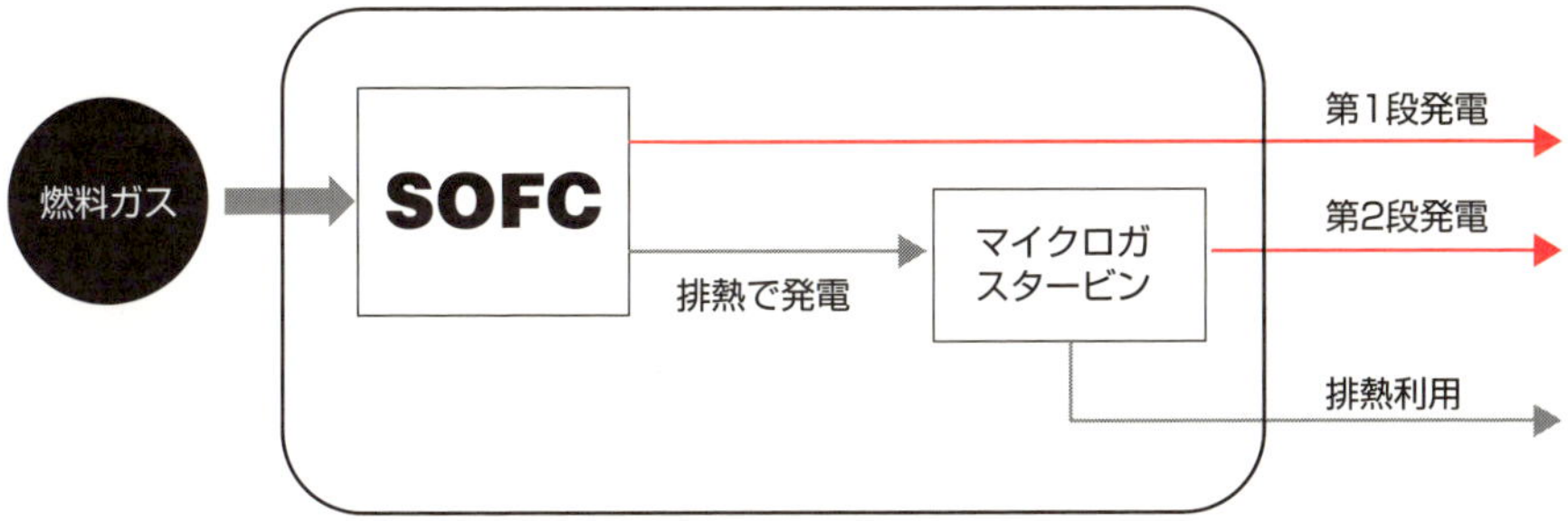

55 緊急・災害時の非常用電源

２０１１年の震災を機に注目度が上がる

２０１１年３月11日の東日本大震災後、首都圏では計画停電がしばらく続きました。この時期にエネファームの販売台数が急激に増えましたが、当時は系統電力（電力会社からの電気）の停電時にエネファームは運転できない仕組みになっていました。これではせっかくの発電機能を非常時に発揮できないという事で、停電時に自立運転できるエネファームが販売されるようになりました。

まず、エネファームが運転中に停電した場合、自動的に自立運転に切り替わります。また、エネファームが停止中に停電した場合は、あらかじめ備えられた外部蓄電池等で補器類を起動させて自立運転します。いずれの場合も、燃料と水の供給が継続していることが条件になります。

富士電機が市販しているＰＡＦＣは東日本大震災以前の２００８年８月、消防法が定める非常電源に燃料電池としては初めて認定されました。これは、非常時に消防用設備等が正常に作動できるように設置される電源です。停電を検知すると自動的に商用電力の系統から切り離され、特定負荷だけに接続した状態で自立運転が始まります。さらに、災害時に都市ガスの供給が停止した場合は、ＬＰガスボンベに接続することで運転が可能になります。消防用非常電源以外での非常用電源としての用途も期待されます。

都市ガス以外の燃料として、水素吸蔵合金に貯蔵した水素を使う非常用ＰＥＦＣシステムが市販されています。また、メタノールを燃料としたＤＭＦＣシステムが携帯電話基地局などの非常用電源として導入されています。この他に、安全に保存できる金属水素化物に水を加えて発生させた水素を使う、数十Ｗ程度の可搬型ＰＥＦＣなども開発されています。

要点BOX

- エネファームの自立運転が可能に
- PAFCが非常電源に認定
- 通信基地の非常用電源にも適用

停電時のエネファーム自立運転

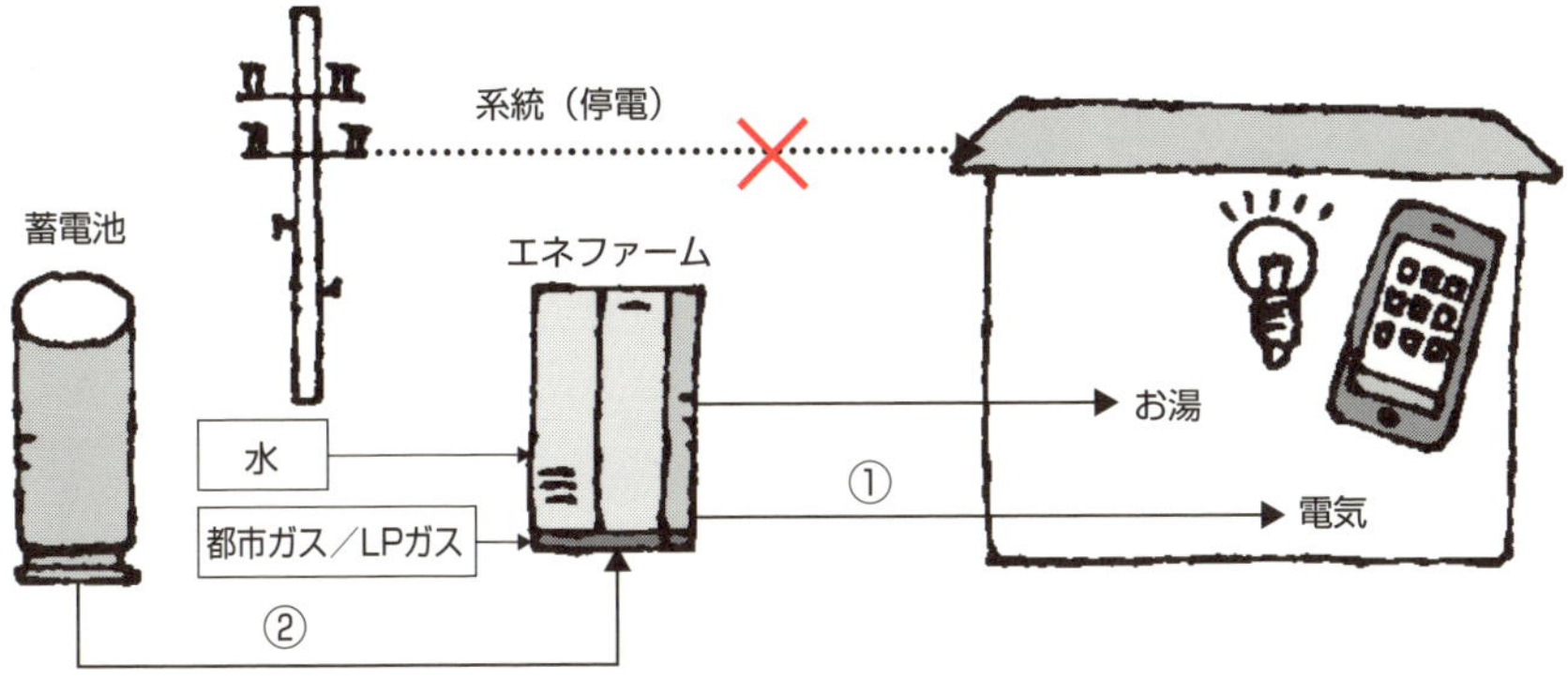

①：運転中に停電した場合は、自動的に自立運転に切り替わる
②：停止中に停電した場合は、外部蓄電池を使って起動することが可能

PAFCの停電時自立運転

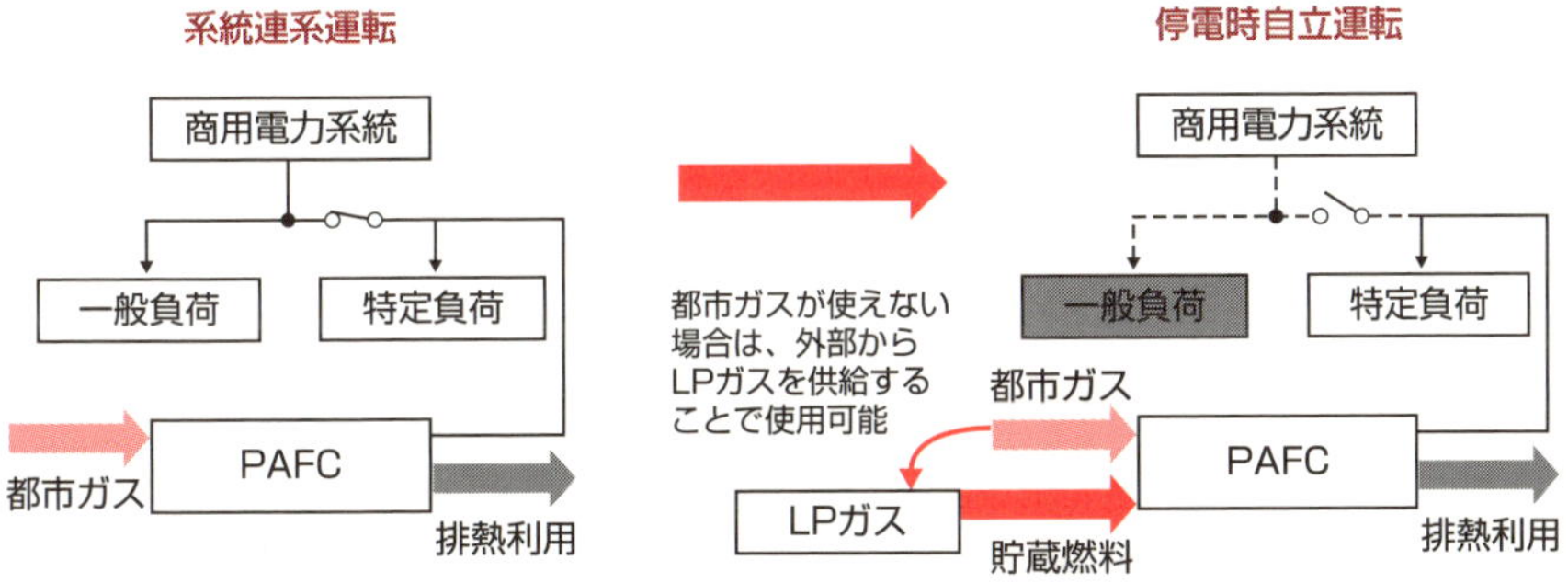

56 自立型水素エネルギー供給システム

水素を「作る・貯める・使う」をパッケージ化

省エネ・CO_2削減に貢献している燃料電池の多くは、輸入した化石燃料を利用しています。輸入に頼らない自立したエネルギー社会を作るためには、太陽光や風力などの再生可能エネルギーの利用を進める必要があります。

再生可能エネルギーの問題は、天候や時間によって発電量が不安定になる点です。これを安定化するために、発電した電力で水電解して水素を貯めておき、必要時に燃料電池で発電する方法があります。二次電池で電気を貯蔵する場合は、保存中に徐々に放電してしまう問題がありますが、水素は長期間消耗せずに貯蔵することが可能です。

このような観点から、水素を「作って貯めて使う」という機能をパッケージ化し、実際に発電したい場所に設置する「自立型水素エネルギー供給システム」が開発されています。パッケージ化されているので、トレーラーや鉄道などを使って輸送でき、設置工事も簡便です。あとは現地に設置した太陽光パネルや風力発電機などと接続します。

公園の片隅のスペースに設置したり、ホテルなどの業務用に導入されたりしています。その他、鉄道駅構内に設置された例があり、駅舎の屋根に設置した太陽光パネルで発電し、水電解で水素を作って貯蔵しておきます。災害時には一時避難場所となり、ここへ電気を供給することが可能になります。

この自立型水素エネルギー供給システムを、小型トラックで運搬できるサイズにしたものも開発され、災害時には現地へ迅速に運搬し、電気とお湯を供給するシステムとして利用できます。

このようなシステムが多くの地域や場所に設置されると、災害時にも強い社会を構築することができます。そして再生可能エネルギーに基づいた、CO_2を排出しないエネルギー自給型地域が増えていくことが期待されます。

要点BOX

- ●CO_2を排出しないシステム
- ●パッケージ化で輸送・設置が簡便
- ●災害時に現地へ移動する車載型も

自立型水素エネルギー供給システム

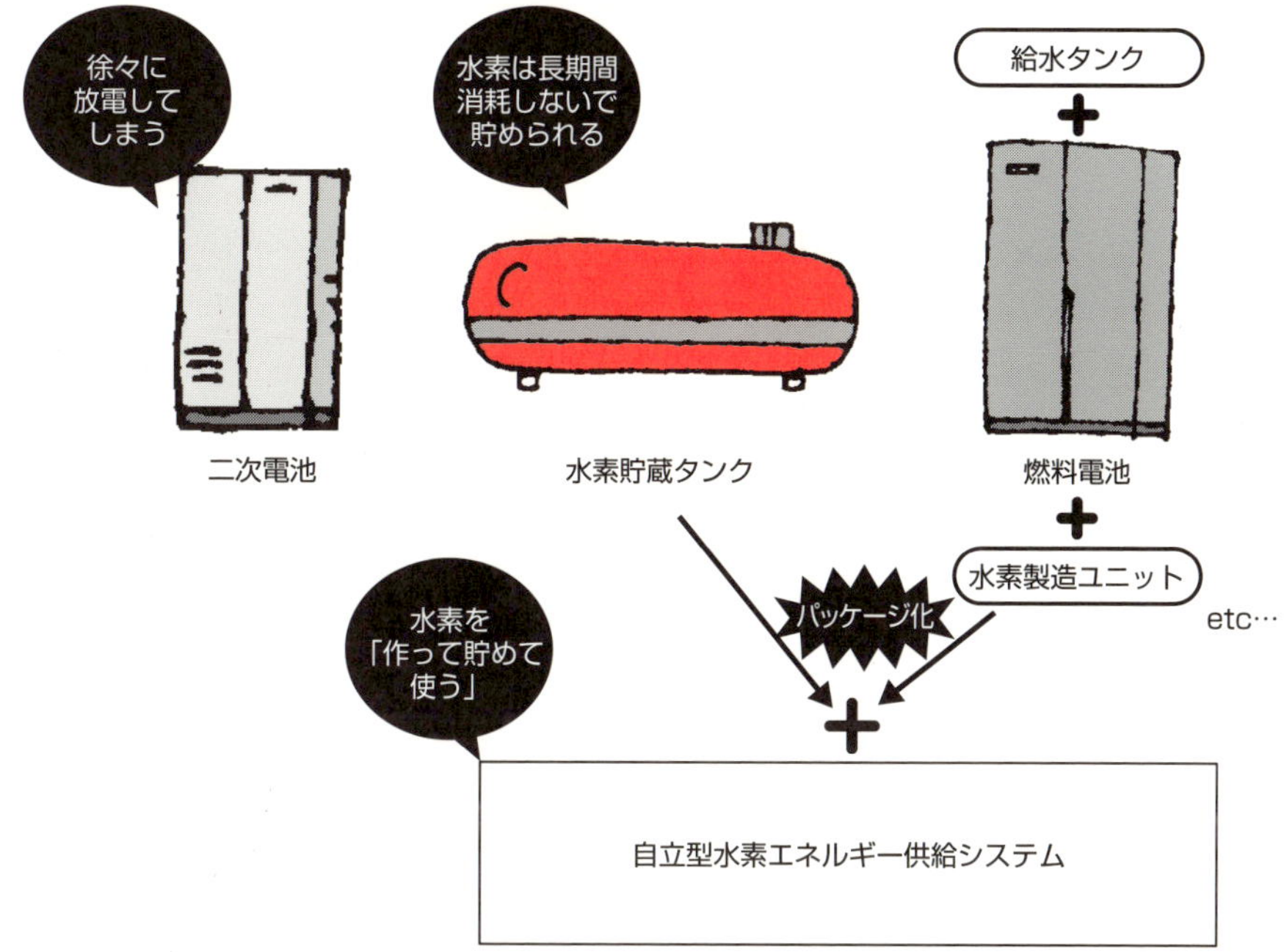

Column

燃料電池を自分で作れる!?

この本を手に取っている方は、燃料電池という言葉は最近よく聞くけど、あまり詳しくは知らないのでちょっと読んでみようかなという人が多いかもしれません。読み進めているうちに、本当に水素で発電できるのか実際に実験してみたいと思っている方もいるのではと思います。

インターネットで検索すると、自作の燃料電池で実験したり、小さいながらも本格的な材料が使われている実験用キットがあったり、各種団体が行っている実験教室など、いろいろと情報が見つかります。

自作の場合は、学校の先生が理科の実験用に工夫して作っているものもあります。燃料電池の実験を行っている学校は多くないと思います。水の電気分解とともに燃料電池の実験が、全国の学校で一般的になってほしいなと筆者は個人的に思います。

小型の燃料電池キットもいろいろと市販されていますが、気軽に買うには少し高めの価格のようです。実は筆者も某社の実験キットを一つ持っていますが、材料は実際のＰＥＦＣシステムのセルに使われているものと同等品です。特に固体高分子膜、触媒付電極がどのようなものかを知るには良い教材です。キットの組立は非常に簡単で、最後に水素を少し流すだけですぐに発電が始まり、小さな電球を点灯させたりモーターを回したりできます。

燃料電池の実験で一番の難点は水素ガスを使う事でしょう。実は水素ガス自体は低圧充填されたものが、携帯カセットコンロ用ガスボンベと同じ体裁で一般販売されていますので、これを使うと実験ができます。ただし、安全には十分に配慮して行って下さい。学校の理科実験以外で、例えば一般家庭などで子どもが行う時は、きちんと理解した大人が必ず付き添って、安全を確保して行って下さい。水素ガスは非常に軽く、大気中ではすぐに上方へ拡散してしまいます。換気の良い広い場所でごく少量を使う分には、爆発する濃度（下限濃度が４％）にはなりませんが、むやみに水素を流し続けたりしない様、火気などにも十分に注意して下さい。専門の講師が行う実験教室でしたら気軽に参加できると思います。

実験キットではなく自作の燃料電池で実験して成功すると、グローブ卿と同じ心境になれる？かもしれませんね。

第6章

移動体用燃料電池の現状と将来

57 燃料電池自動車の開発状況

トヨタとホンダが国内のけん引役

18項でFCVの開発経緯について触れた通り、日本国内ではトヨタが２０１４年に一般販売を、ホンダは２０１６年にリース販売を開始しました。

　トヨタのFCVは最大出力１１４kWのスタックを搭載し、燃料は７００気圧の圧縮水素を２つのタンク（合計約１２２L）に充填します。航続距離は燃料１回の充填で６５０kmにもなります。

　ホンダのFCVもほぼ同等の性能となっています。セルスタックの最大出力は１０３kWと、トヨタに比べて10%近く小さくなっていますが、燃料タンクの容量は約１４０Lとやや大きくなっています。燃料の充填量が多い分、燃料１回の充填で航続距離は７５０kmと、トヨタに比べて15%ほど延びています。

　この２社に対し、日産も１９９０年代半ばころからFCV開発を開始し、これまでに開発車を発表してきました。ところが２０１６年に、それまで進めてきたPEFCタイプと異なるSOFCタイプのFCVを発表しました。「e-Bio Fuel Cell」と呼ばれる技術を用いた、バイオエタノールを燃料とするSOFC型FCVです。燃料が液体という事で、現在のガソリンスタンドを使えるという利点があります。自家用車よりも商用車に適用するようです。

　韓国の代表的自動車メーカー・現代（ヒュンダイ）自動車は、１００kWスタックを搭載したFCVを開発し、販売しています。航続距離が日本メーカーよりやや短いですが、２０１８年には航続距離を延ばした新型FCVを販売する計画です。

　欧米・欧州のメーカーでもFCVの開発が進んでいますが、FCV技術が進んだ日本メーカーとの共同開発が増えています。欧州のBMW社はトヨタと、米国のGM社はホンダと手を組み、開発から生産まで共同で行い、コスト低減を図りながらFCVの普及を推し進めようとしています。

要点BOX

- ●700気圧の圧縮水素をタンクに充填
- ●航続距離は最大750km
- ●日本と海外の共同開発が進行中

各社FCVの比較

	トヨタ MIRAI	ホンダ CLARITY FUEL CELL	現代 iX35 Fuel Cell
燃料電池の種類	PEFC	PEFC	PEFC
燃料電池出力(kW)	114(最大)	103(最大)	100(最大)
燃料	圧縮水素	圧縮水素	圧縮水素
燃料タンク容量(L)	122.4 (前60.0/後62.4)	141 (前24/後117)	144
公称使用圧力 (MPa*)	70	70	70
航続距離(km)	650(社内測定値**)	750(社内測定値**)	594
車両寸法(mm)	4890(全長) 1815(全幅) 1535(全高)	4915(全長) 1875(全幅) 1480(全高)	4410(全長) 1820(全幅) 1650(全高)
車両重量(kg)	1850	1890	2250
駆動用バッテリー	ニッケル水素電池	リチウムイオン電池	リチウムイオン電池
乗車定員(人)	4	5	5
販売状況	一般販売 (2014年)	リース販売 (2016年)	新型(NEXO)を2018年販売予定

* 1MPaは約10気圧

** JC08モード(従来の10・15モードよりも実際の走行条件に近い測定方法として2011年に国が定めた)走行パターンにおける測定値

トヨタ　MIRAI

ホンダ　CLARITY FUEL CELL

現代　iX35 Fuel Cell

出典:各自動車メーカーの資料などをもとに作成

58 ＦＣＶの主要な構成部品

高圧水素タンクの開発で航続距離が延伸

現在市販されているＦＣＶの主要な構成部品を左図に示してあります。従来の自動車のエンジンがＦＣＶでは燃料電池スタックになりますが、従来通りボンネット内に配置したり、床下に配置したりと、メーカーによって様々です。燃料電池で発電した電気は昇圧コンバーターで必要な電圧まで昇圧され、モーターを駆動することでＦＣＶは走行します。

ＦＣＶには二次電池も搭載されています。これはＦＣＶを起動する時の電源として、また急加速する時に燃料電池で足りない出力を補う役割も担います。ＦＣＶが減速する時に回収したエネルギーで、この二次電池は充電されるようになっています。

燃料の水素を充填するタンクは、メーカーによって1個だったり2個に分割されていたりと、車内空間のデザインを考慮して配置されています。

航続距離を延ばすには、燃料をたくさん積載した方が有利になります。ＦＣＶ開発当初は、水素よりもエネルギー密度が高く、液体で扱いやすいメタノールをタンクに入れ、改質器を通して水素を供給する方式も検討されました。しかし、システムが複雑で、急加速時には水素供給が追い付かないという事で、最終的に圧縮水素を使う方向に進みました。

水素タンクの圧力は当初３５０気圧が標準で、航続距離は３００㎞を超える程度でした。燃料電池の効率向上だけでは航続距離を十分に伸ばすことが難しく、水素充填圧を７００気圧に上げて航続距離を伸ばす方向へと進みました。

超高圧に耐え、かつできるだけ軽いタンクを目指し、水素透過性の低い樹脂をライニング材として、その周りに高強度な炭素繊維を巻き付けた炭素繊維強化プラスチック層を形成することで、ＦＣＶ用の水素タンクの開発に成功しました、この超高圧水素タンクが、ＦＣＶの航続距離を伸ばすことに大きく貢献しています。

要点BOX

●水素の充填は350気圧から700気圧に
●炭素繊維でタンクの強度向上

FCVの主要構成部品

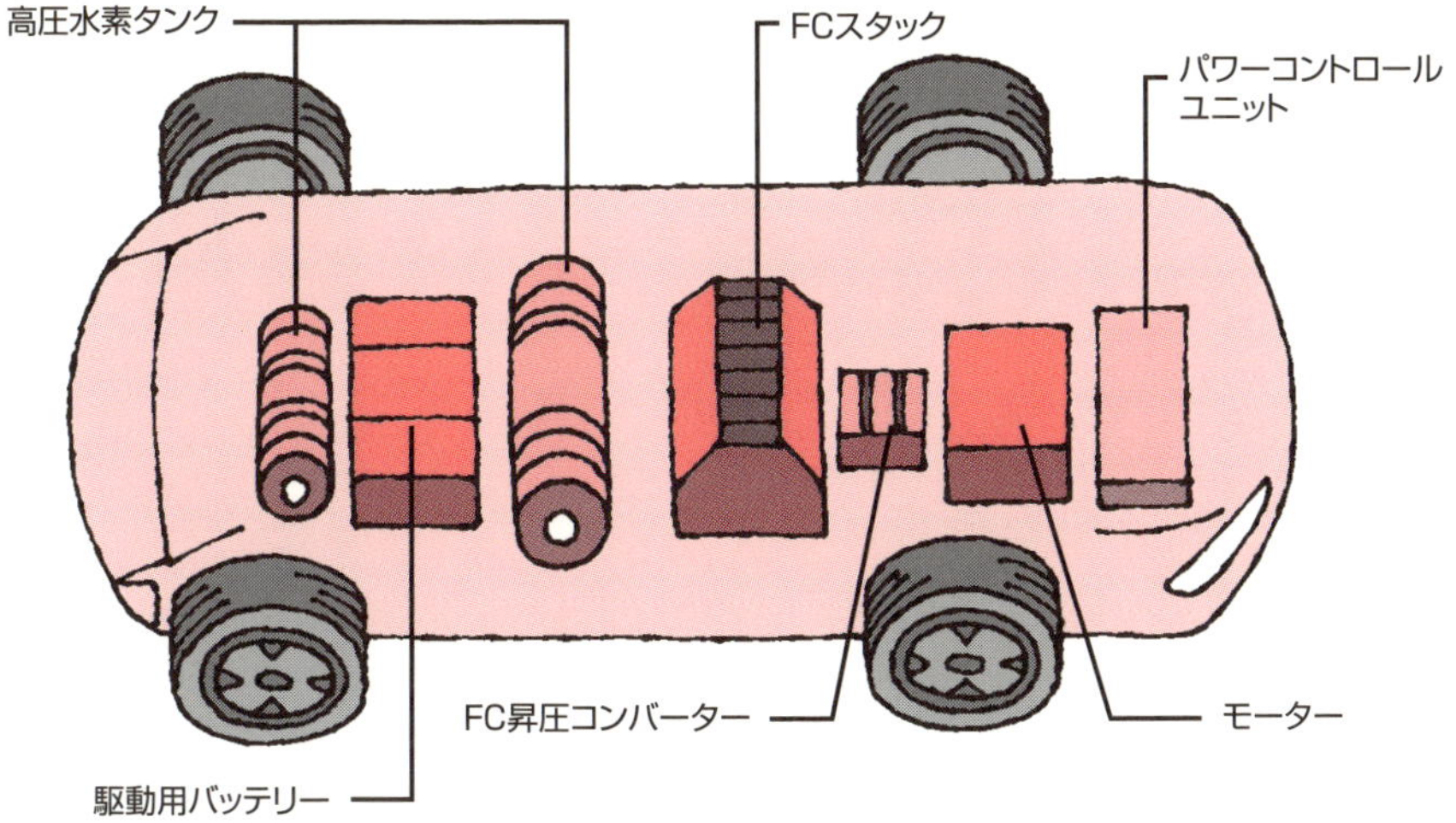

高圧水素タンクの構造

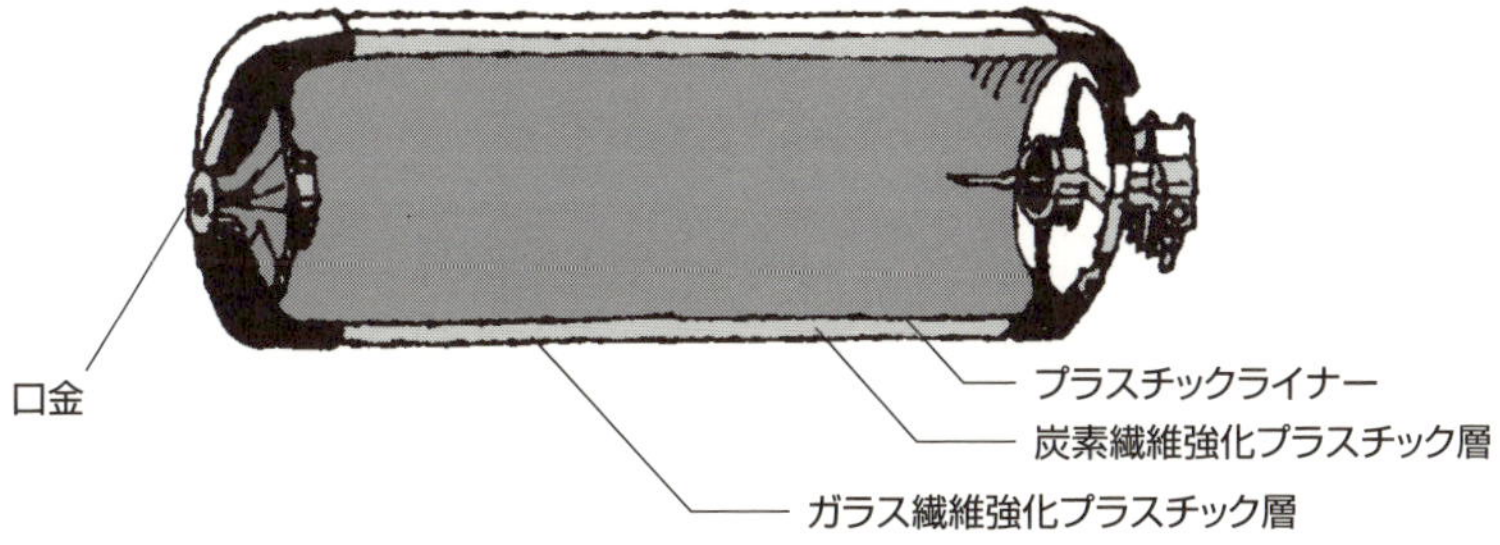

59 FCV（燃料電池自動車）対EV（電気自動車）

航続距離が長いFCV

左上図は、各種自動車の駆動システムの比較です。ＨＶ（ハイブリッド車）は、通常のエンジン車に二次電池を搭載し、走行条件によってエンジンと二次電池の使用を制御し、走行中のエネルギーで二次電池を充電します。ＥＶ（電気自動車）は常に二次電池だけで走行し、適宜充電が必要です。

ＦＣＶは、燃料電池の発電した電気で走行する点はＥＶと同じで、駆動用二次電池は走行中のエネルギーで充電され、燃料の水素を適宜充填します。

ＨＶはエンジンを搭載しているため排ガスが排出されます。それに対し、ＥＶは全く排出されず、ＦＣＶは水のみが排出されるだけで、この点ではどちらも優れています。

ＦＣＶとＥＶを比較すると、ＦＣＶは航続距離がＥＶよりも長い点が優位です。ＦＣＶの６００㎞以上と比べると、最新型のＥＶでも1回の充電で４００㎞程度です。ＦＣＶへの水素充填時間は３～５分程度で、通常のエンジン車とほとんど変わりません。ＥＶの充電時間は急速充電でも30～40分程度かかり（家庭用電源では数時間以上）、頻繁に急速充電を行うと電池の劣化が早まるという弱点があります。ただし、ＦＣＶ車用の水素ステーションはまだ数が少なく（92箇所：２０１７年12月現在）、ＥＶの充電所（約２８５００基：２０１７年７月現在）が多くなっています。

ＥＶは、さらに容量が多くて充電時間が短い二次電池の開発が進んでいますが、実用化には時間がかかると思われます。一方、ＦＣＶ用の水素ステーションを増やす努力が続いていますが、高いコストの問題などを解決していく必要があります。

今後の技術開発の進展にもよるため、将来全てＥＶになるのかそれともＦＣＶなのかはまだ分かりません。車両の大きさや移動距離を考慮した使い分けをする、という状況になるのかもしれません。

要点BOX

- ●FCVは600km以上の航続距離
- ●FCVへの水素充填は5分以内
- ●EVの充電時間は長いが充電場所が多い

各種自動車の比較

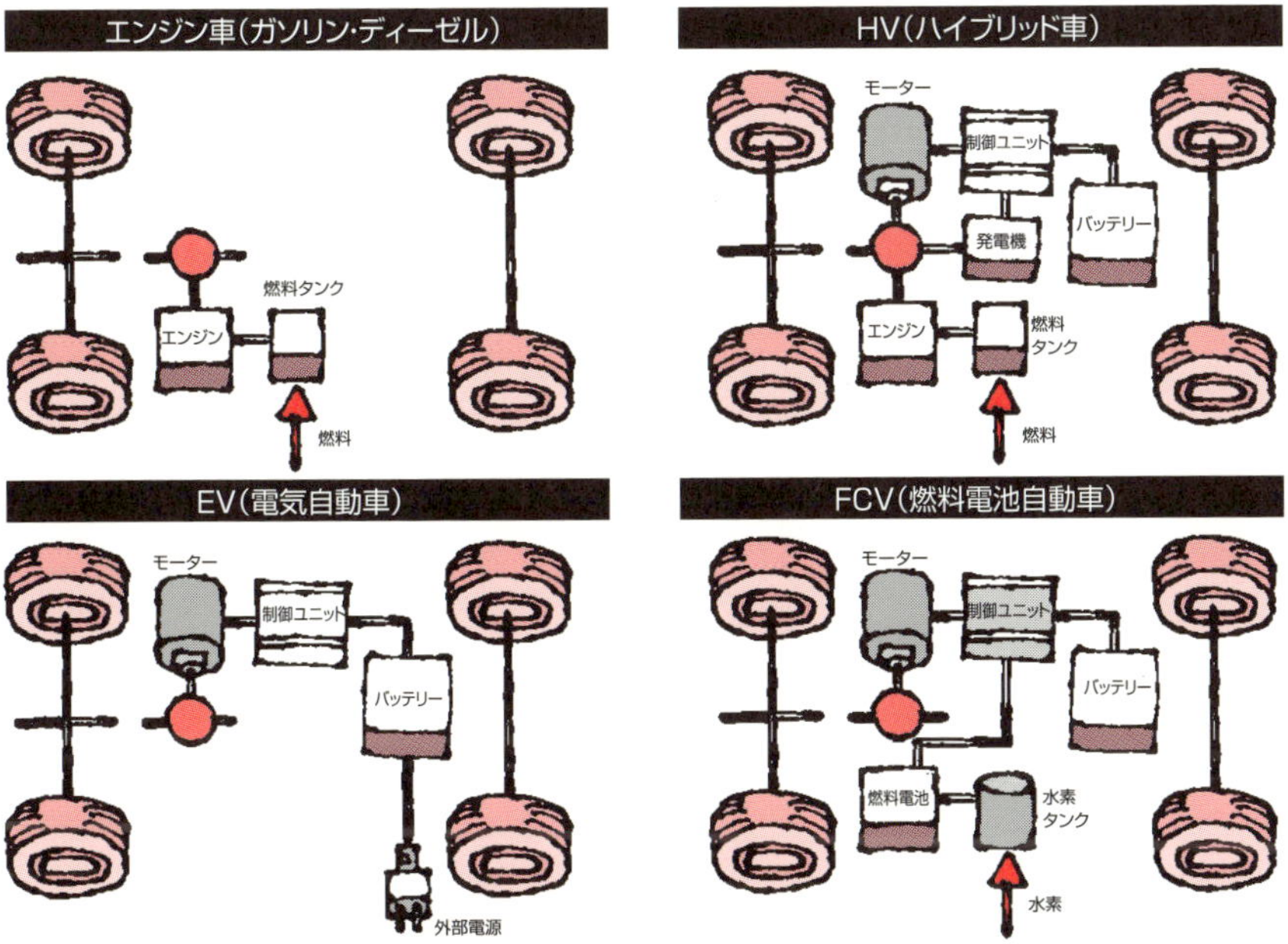

FCVとEVの比較

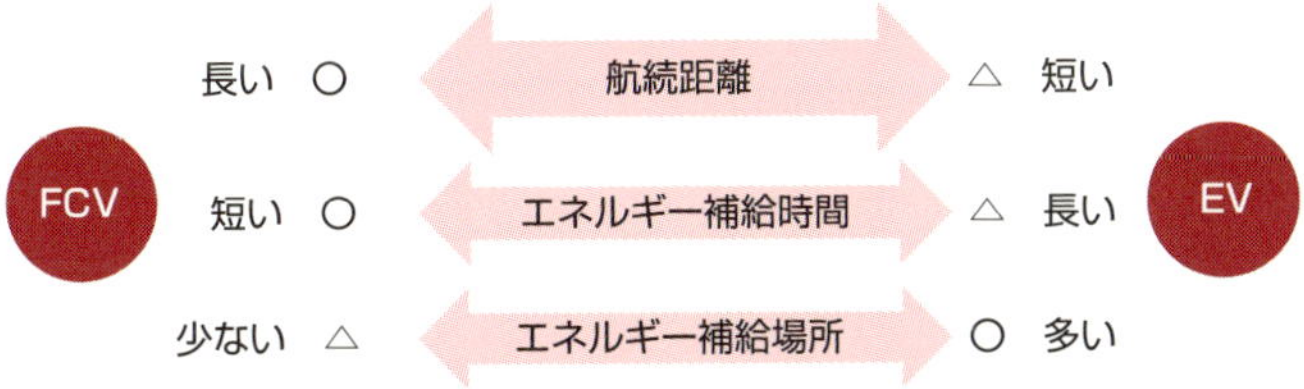

FCV				EV
長い	○	航続距離	△	短い
短い	○	エネルギー補給時間	△	長い
少ない	△	エネルギー補給場所	○	多い

各種自動車の適用範囲のイメージ

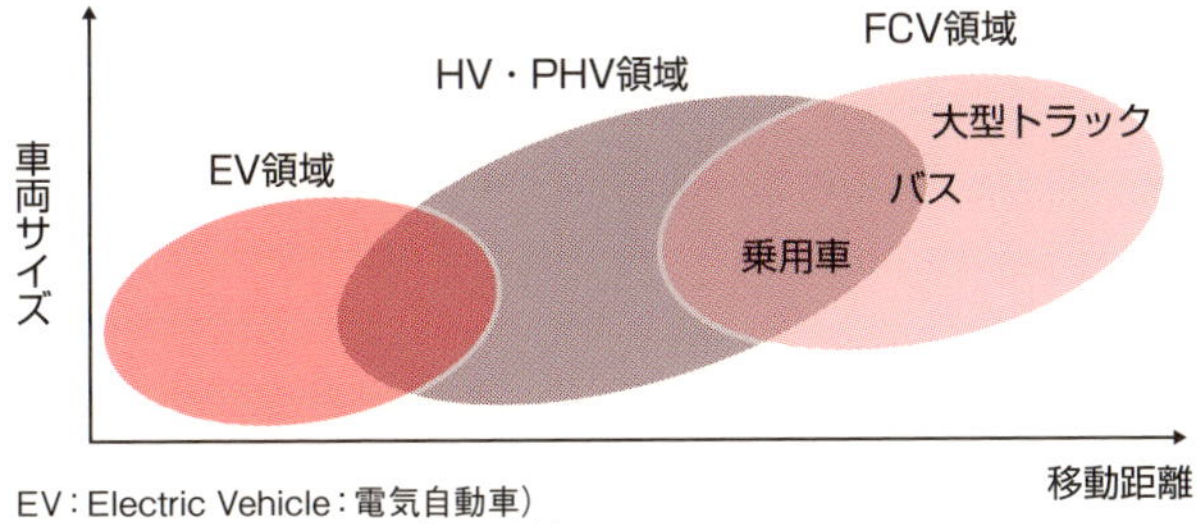

EV：Electric Vehicle：電気自動車）
HV：Hybrid Vehicle：ハイブリッド車）
PHV（Plug-in Hybrid Vehicle：プラグインハイブリッド車）：EVとHVの両方の性質を合わせ持つ

60 水素ステーションの現状

ガソリンスタンドより高いコストが課題

　２０１６年10月に経済産業省が発表した「水素・燃料電池ロードマップ改訂版」では、ＦＣＶの普及台数の目標値は、２０２０年までに４万台程度、２０２５年までに20万台程度、２０３０年までに80万台程度と掲げています。これに対し現状の保有台数は約１８００台（２０１７年３月末現在）にとどまっています。

　ＦＣＶを普及させるには、水素を充填する水素ステーションを同時に増やしていく必要があります。前記ロードマップでは、２０２０年度までに１６０箇所程度、２０２５年度までに３２０箇所程度の水素ステーションを設置するとしています。

　一般のＦＣＶ所有者が利用できる商用水素ステーションの数は、全国で92箇所（２０１７年12月末現在）、現在計画中がさらに９箇所となっています。設置数を増やしていくためには、現状のガソリンスタンドより３倍程度かかる設置コストを低減していくことが大きな課題の一つです。

　水素ステーションには定置式と移動式があります。定置式にはさらにオンサイト型とオフサイト型があり、前者は天然ガスやＬＰＧなどをその場で改質して圧縮貯蔵し、後者は工場で作った圧縮水素を水素ステーションに運搬して貯蔵します。移動式は、水素充填設備一式をトレーラーに載せて必要な場所へ移動する方式で、定置式より低コストです。いずれにしても水素ステーションでは80MPa以上の圧力で貯蔵し、圧力差でＦＣＶのタンクへ70MPaまで充填します。ＦＣＶのタンク内では水素が圧縮されていく時に発熱するため、あらかじめプレクーラー（冷却器）でマイナス40℃程度に冷却した水素を充填します。

　超高圧の水素を扱うため、様々な法規制のもと多くの安全対策が施されています。一方、水素ステーションの普及のために、法規制の見直しも進んでいます。

要点BOX
- ●2025年度までに320箇所が目標
- ●定置式と移動式がある

商用水素ステーションの設置場所

	設置数
北海道	0
東北	1
関東	39
中部	20
近畿	14
中国・四国	7
九州	11
合計	92

2017年12月末現在

水素ステーションの種類

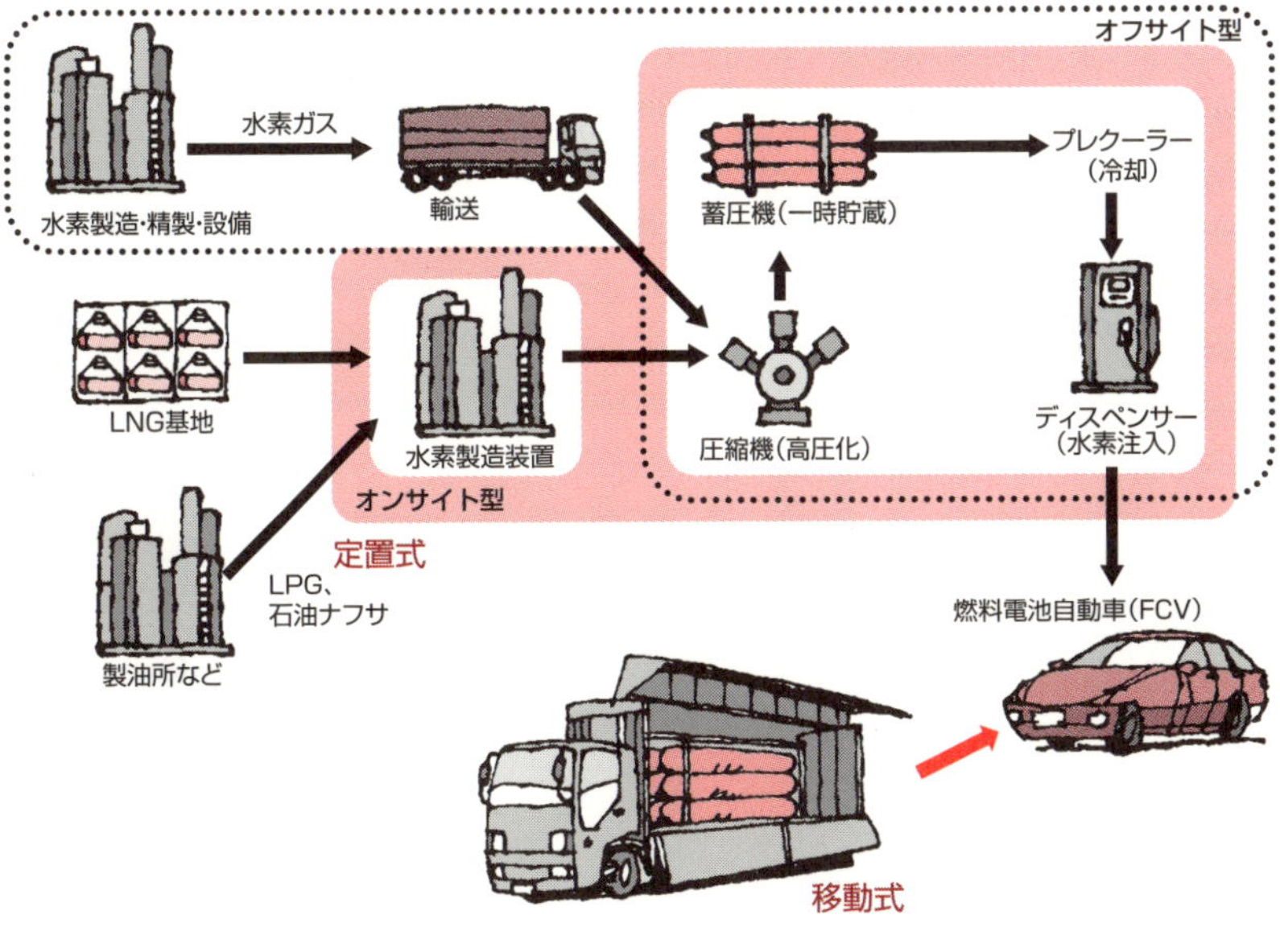

出典：資源エネルギー庁の資料をもとに作成

61 ガソリン車と比べて安全性は？

水素の特性を考慮した安全対策

水素は、ガソリンより燃焼濃度範囲が広く、小さなエネルギーで着火しますが、空気より軽くて拡散速度が大きいため、外部に漏れても燃焼可能濃度になる前に素早く上方に拡散してしまいます。これに対し、ガソリン蒸気は下方に滞留しやすく、場合によっては水素よりも燃焼しやすい状況になります。このような水素の特性を踏まえて、FCVには様々な安全対策が盛り込まれています。

FCVにまず必要な安全対策は、水素を漏らさないことです。超高圧水素タンクの安全性や耐久性に関する様々な試験結果に基づき、水素タンクの基準が国際的に決められています。

水素タンクからスタックまでの水素供給システムで、万一の水素漏れ対策も必要です。FCVには各所に水素センサーが備えられており、水素漏れを検知すると直ちにタンクの主止弁（元弁）が閉じて水素供給を停止します。衝突の衝撃を検知した場合も同様です。また、漏れた水素は室内に入ってこない構造になっていて、水素が滞留しないように排気ダクトが備わっています。

FCV自体だけでなく、水素ステーションにも様々な安全対策が施されています。地震発生時は自動で水素供給を緊急停止します。火災時用の消火設備はもちろん、水素貯蔵蓄圧器の圧力上昇を防止するための冷却用散水設備が備わっています。水素ステーションの異常時には自動で緊急停止しますが、さらに手動の緊急停止スイッチも設置されています。

FCVとガソリン車のどちらがより危険かという事ではなく、どちらも危険性があることは同じです。それぞれの特性を正しく理解し、適切に使うことが重要です。水素の安全対策については「トコトンやさしい水素の本（第2版）」などが詳しいので参考にして下さい。

要点BOX

- ●水素を漏らさない
- ●漏れたら供給を止め、滞留させない
- ●正しく理解し適切に使う

水素とガソリンの比較

	水素	ガソリン	水素の特性
蒸気比重（同体積の空気に対する質量比）	0.07	約3～4	水素は上方へ素早く拡散する
拡散速度（相対値）	100	8	
燃焼範囲	4～75%	1.0～7.8%	燃焼可能な濃度範囲が広い
最少着火エネルギー（mJ）	0.02	0.24	わずかなエネルギーで着火

FCVの安全対策

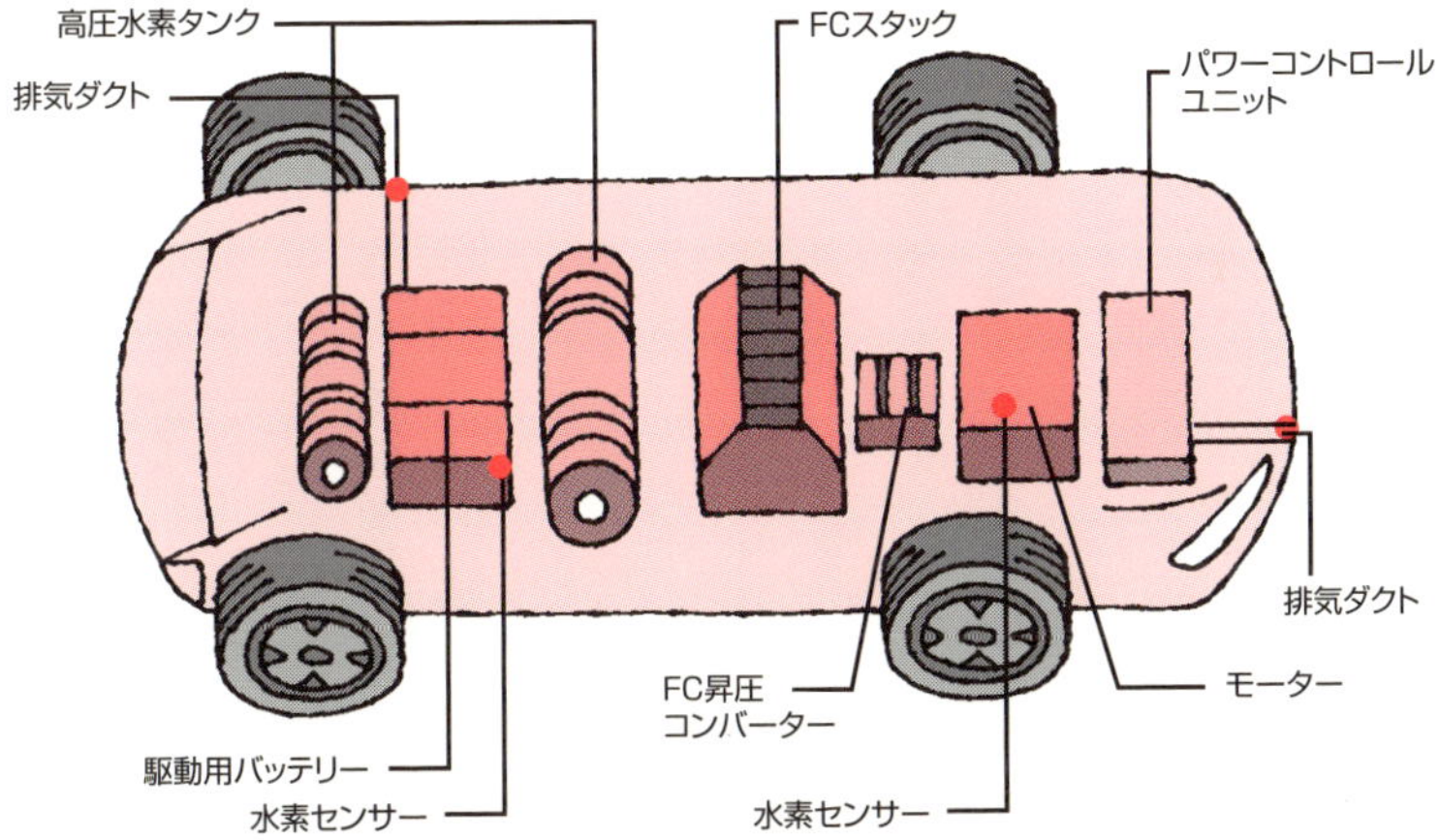

水素ステーションの安全対策

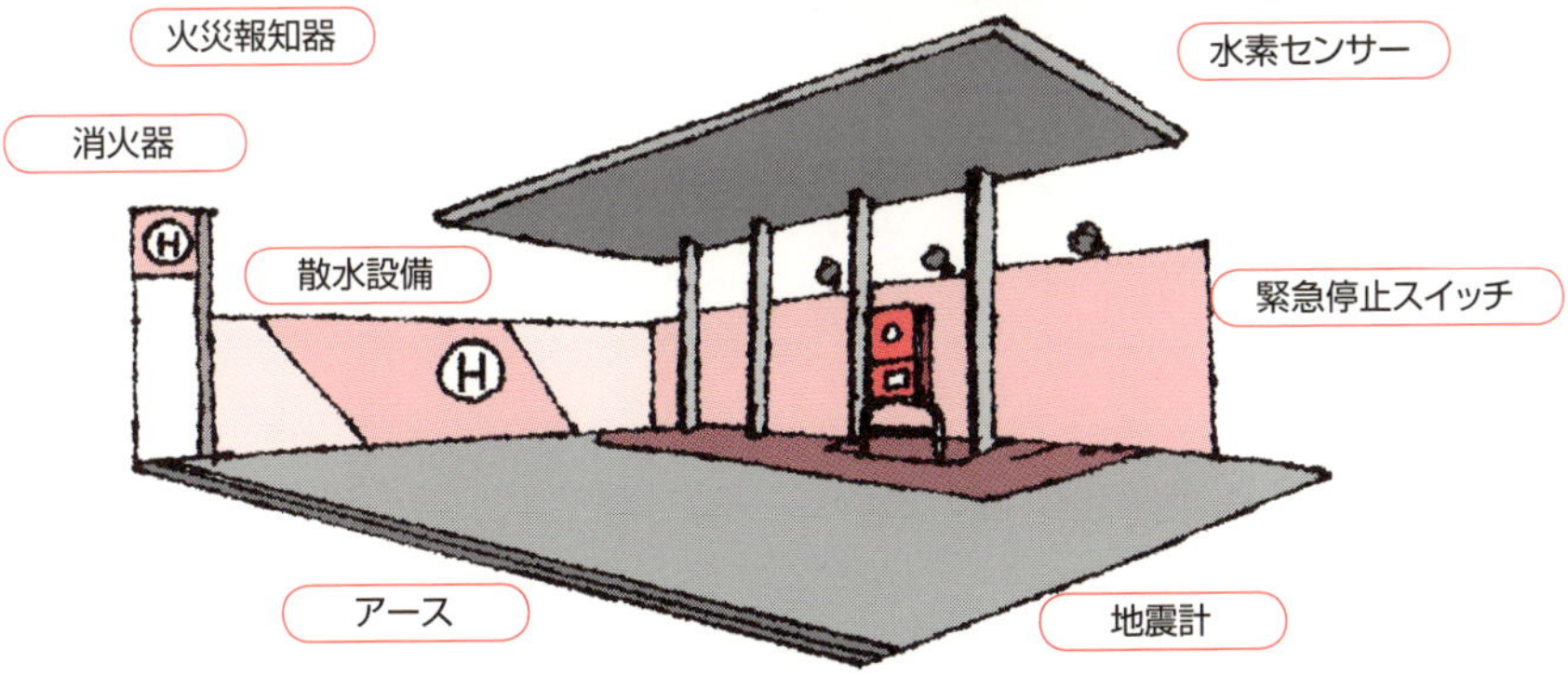

62 フォークリフトやバスにも導入が進む

クリーンな排気ガスが特長

工場や倉庫などではフォークリフトが荷物の運搬作業などで活躍しており、ガソリンや軽油を使うエンジン駆動や、ＥＶと同じ二次電池駆動があります。二次電池フォークリフトは排ガスを出さないので、屋内や食品工場などで使われますが、充電に時間がかかるため交換用電池を用意する場合があります。しかし、多数のフォークリフトが稼動しているところでは、交換用電池を置く場所がたくさん必要になってしまいます。

そこで、燃料電池を適用したフォークリフトが開発され、２０１６年11月に一般販売が始まりました。水素充填圧力は35MPaとＦＣＶよりも低圧ですが、８時間稼働でき、水素充填は３分間で終わるため、作業効率の向上に大きく貢献します。米国では一足早く燃料電池フォークリフトの導入が進んでおり（２０１６年末で１１０００台以上）、日本でも導入が進んでいく事が期待されています。

燃料電池バスの一般販売も始まり、２０１７年３月に東京都内で実際に運行が始まりました。車体上部前方に水素タンクを搭載し、車体上部後方に設置された燃料電池スタックに水素を送り発電します。有害な排ガスは排出せず、交通量の多い都市部での排ガス削減に大きく貢献します。２０２０年の東京オリンピックまでに、東京都内を中心に１００台以上導入することが予定されています。

燃料電池バスにはＦＣＶ用燃料電池スタックが２台搭載され、その分多量の水素を搭載しています。２３５kWhの電力を供給できることから、災害時の緊急発電装置としての役割も期待されています。

その他に燃料電池スクーターが２０１７年３月に公道走行を開始し、燃料電池船の実証試験も始まっており、燃料電池で動くクリーンな乗り物がますます増えていくのでしょう。

要点BOX

- ●フォークリフトは2016年に販売開始
- ●市販バスは2017年に運行開始
- ●スクーターも公道走行開始

燃料電池フォークリフト

最大出力(連続出力)	32kW(8kW)
システム電圧	48V
水素充填圧力	35MPa
水素充填時間	3分間
水素充填量	1.2kg
稼働時間	8時間

出典:豊田自動織機 ニュースリリースをもとに作成(2016年7月26日)

燃料電池バス

車両寸法	10,555mm(全長)×2,490mm(全幅)×3,340mm(全高)
乗車定員	77人(座席26人+立席50人+乗務員1人)
燃料電池スタック	114kW×2台
高圧水素タンク圧力	70MPa(700気圧)
高圧水素タンク容積	600L

出典:トヨタ自動車 ニュースリリースをもとに作成(2017年2月24日)

燃料電池スクーター

燃料電池スタック出力	3.5kW(定格)
リチウムイオン電池	2.4V/2.9Ah
燃料	圧縮水素(70MPa)
燃料タンク容量	10L
最高速度	75km/h
1充填走行距離	120km(60km/h定地走行)

出典:スズキ ニュースリリースをもとに作成(2017年3月21日)

Column

水素1kgの体積は何L？

高校の化学の授業では、理想気体の状態方程式（$PV = nRT$）について学ぶと思います。ここで理想気体とは、気体分子の体積が無視でき、分子同士の相互作用（引力や反発力）もないものとされます。１mol（気体分子の数がアボガドロ数6.02×10^{23}だけある）の気体分子は、０℃、１気圧の時に22・４Ｌの体積を占めます。

水素の分子量は約２ですから、１molあたり２ｇの質量となります。水素が理想気体と仮定すると、２ｇの水素は０℃、１気圧の時に22・４Ｌの体積となります。したがって水素１kgの体積は

$$(1000g / 2g) \times 22.4L = 11{,}200L$$

となります。

それではＦＣＶに搭載されている高圧水素タンクの体積を１００Ｌとした場合、７００気圧に圧縮して充填した水素はどれくらいの質量になるのか、水素が理想気体として計算してみましょう。理想気体では常にボイルの法則が成り立ち（温度は一定）、圧力をP、体積をVとすると

$$P_1V_1 = P_2V_2$$

という式が成り立ちます。それでは７００気圧の水素１００Ｌが大気圧（１気圧）になった時の体積は（温度は０℃とする）、

$$700（気圧）\times 100（L）= 1（気圧）\times V（L）$$

が成り立つので、結局$V = 70{,}000$（L）となります。この時、水素の質量は

$$(70{,}000L / 22.4L) \times 2g = 6{,}250g$$

となります。実際のＦＣＶの水素タンク容積が１２０Ｌとすると、計算上は７・５kgの水素が充填されます。しかし、実際にはおよそ５kgの水素しか充填されません。これは高圧になればなるほど同じ空間に存在する水素分子の数は増えていき、分子の大きさも無視できなくなり、分子同士の相互作用も大きくなっていきます。高圧状態では理想気体の状態方程式から大きくずれていくのです。

気体を単純に圧縮する方法ではなく、同じ体積でもっとたくさんの水素を貯蔵できる物質があると、ＦＣＶに搭載できる水素量が増え、今よりもさらに航続距離が伸びることになります。その様な物質を開発しようと、世界中で研究開発が行われています。

第7章

燃料電池の課題と将来

63 水素をどうつくるのか

化石燃料由来から水由来へ

現在、水素を大量に工業的に製造するには、石油や天然ガスなどの化石燃料と水蒸気を触媒上で反応させる「水蒸気改質法」で作られます。例えば天然ガスのメタンと水蒸気を反応させると、

$$CH_4 + 2H_2O \rightarrow 4H_2 + CO_2$$

の反応で水素が生成します（41項参照）。反応式で分かる通り水素と共にCO_2も生成します。

また、化石燃料を酸素と反応させる「部分酸化法」があります。例えばメタンの場合、

$$CH_4 + 1/2O_2 \rightarrow 2H_2 + CO$$

の反応で水素が得られ、ここでCOはさらに水と反応させると水素が得られますが、最終的にCO_2が発生します（41項参照）。

石炭からコークスを作る工場からは、副生物として水素が得られますが、最終的にはCO_2が発生します。食塩水を電解して苛性ソーダを作る工場では、カソードから水素が副生物として得られ、アノードから発生する塩素は工業的に利用します。ここではCO_2が発生しないように見えますが、電解に使う電気が火力発電所で作られたものであれば、発電時にCO_2が発生しています。

バイオマスからの水素は、発酵法で得られるエタノールやメタンから作ったり、廃木材などの高温分解ガスを精製して得たりしますが、最終的にCO_2が発生します。このCO_2を吸収するだけの植物を育てればいわゆるカーボンニュートラルになりますが、それまでには長い時間がかかることを忘れてはいけません。

CO_2を排出せずに水素を作るには、水を原料として作ることになります。この時、電気分解に必要な電気は、化石燃料を使った発電ではなく、太陽光や風力などの再生可能エネルギーによる発電で作ります。この電気で水電解することでCO_2を排出しない水素が得られることになります。

要点BOX

- 化石燃料由来水素はCO_2を排出
- CO_2を排出しない水由来水素
- 水電解に使うエネルギーは再エネで

水素の製造方法

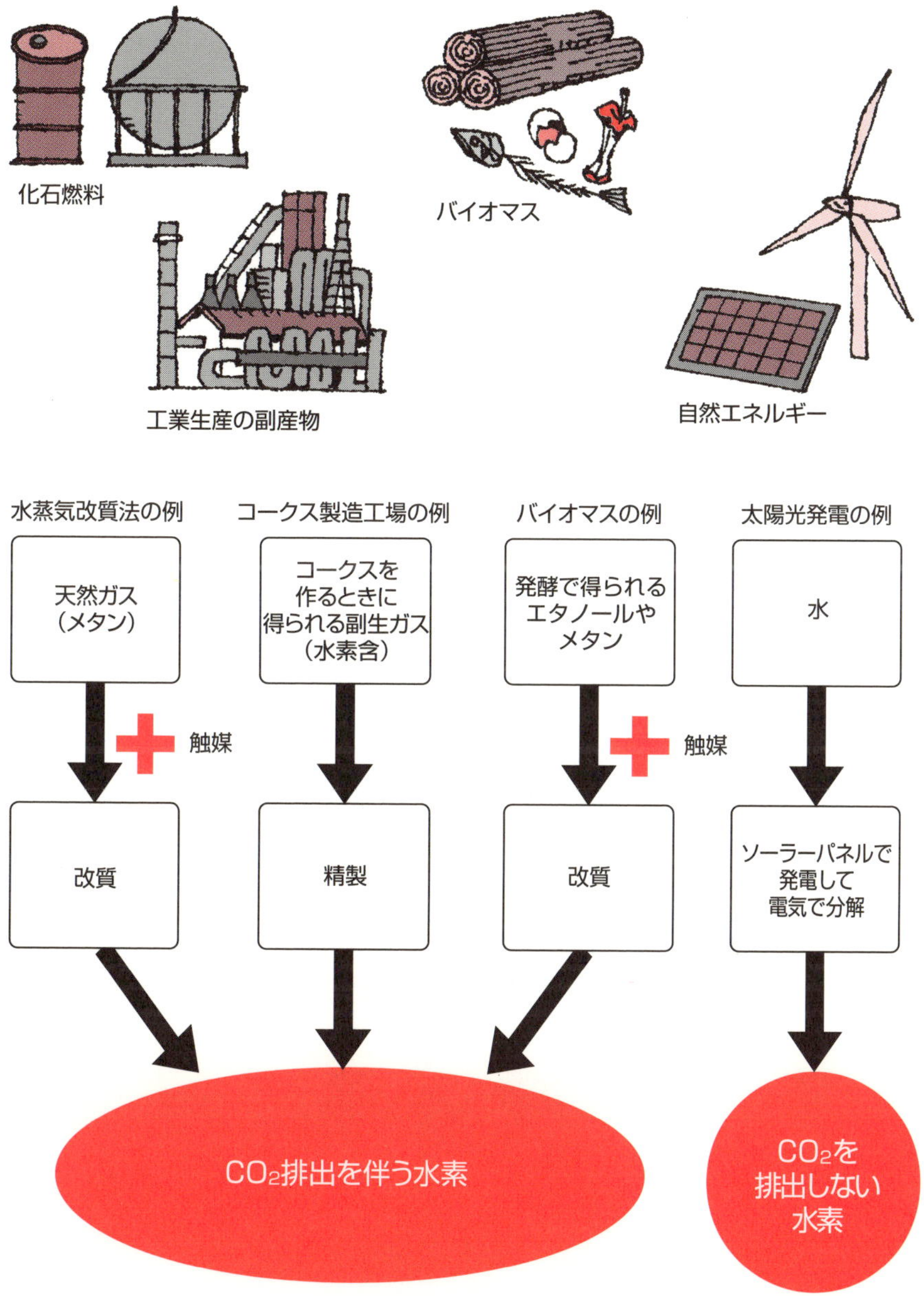
化石燃料
工業生産の副産物
バイオマス
自然エネルギー
水蒸気改質法の例
コークス製造工場の例
バイオマスの例
太陽光発電の例
天然ガス
（メタン）
コークスを
作るときに
得られる副生ガス
（水素含）
発酵で得られる
エタノールや
メタン
水
触媒
触媒
改質
精製
改質
ソーラーパネルで
発電して
電気で分解
CO2排出を伴う水素
CO2を
排出しない
水素

64 水素を大量に輸送・貯蔵するには？

液体に変換することで輸送効率向上

　今後の水素エネルギー社会を作っていくためには、水素を安全に大量に効率よく輸送・貯蔵することが必要になってきます。水素を気体のまま輸送・貯蔵する方法としては、高圧水素タンクに水素を圧縮して必要な場所まで輸送するのが一般的ですが、大量に輸送したい場合はパイプラインを敷設して輸送する方法もあります。

　気体の水素を圧縮することで容積当たりのエネルギー密度を高めて輸送できますが、液体にすることで体積が８００分の１に減少し、さらにエネルギー密度が上がって輸送効率が向上します。ただし液体水素は沸点が非常に低く（マイナス２５３℃）、極低温を保持するための特殊な断熱容器が必要になります。

　現在、水素を大量に製造・輸送する方法の一つとして、海外にある大量の未利用褐炭から水素を作り、これを液化して日本に輸送するという計画が進んでいます。褐炭は水分が多く、乾燥すると発火しやすい低品位の石炭のため、長距離輸送に向きません。これを水素に変換し、エネルギーとして有効利用する計画です。水素製造時に出るCO_2はCCS技術により地中に戻して貯留させ、カーボンフリーな水素製造を目指します。

　その他に、水素を他の物質と反応させて水素含有化合物に変換し、大量に輸送・貯蔵するというプロジェクトも進行中です。例えばトルエンという液体有機化合物に水素を反応させると、メチルシクロヘキサン（MCH）という液体有機化合物になり、タンカーやトラックで効率よく輸送できます。ただし、MCHから水素を取り出す時には触媒を使って熱エネルギーを投入する必要があり、システムを効率よく運用することが課題です。

　もっと詳しく知りたい方は「トコトンやさしい水素の本（第2版）」などを参考にして下さい。

要点BOX

●液体水素は体積が小さく輸送効率高い
●液体の有機化合物に変換する方法もある

水素の製造から輸送·貯蔵、利用までの流れ

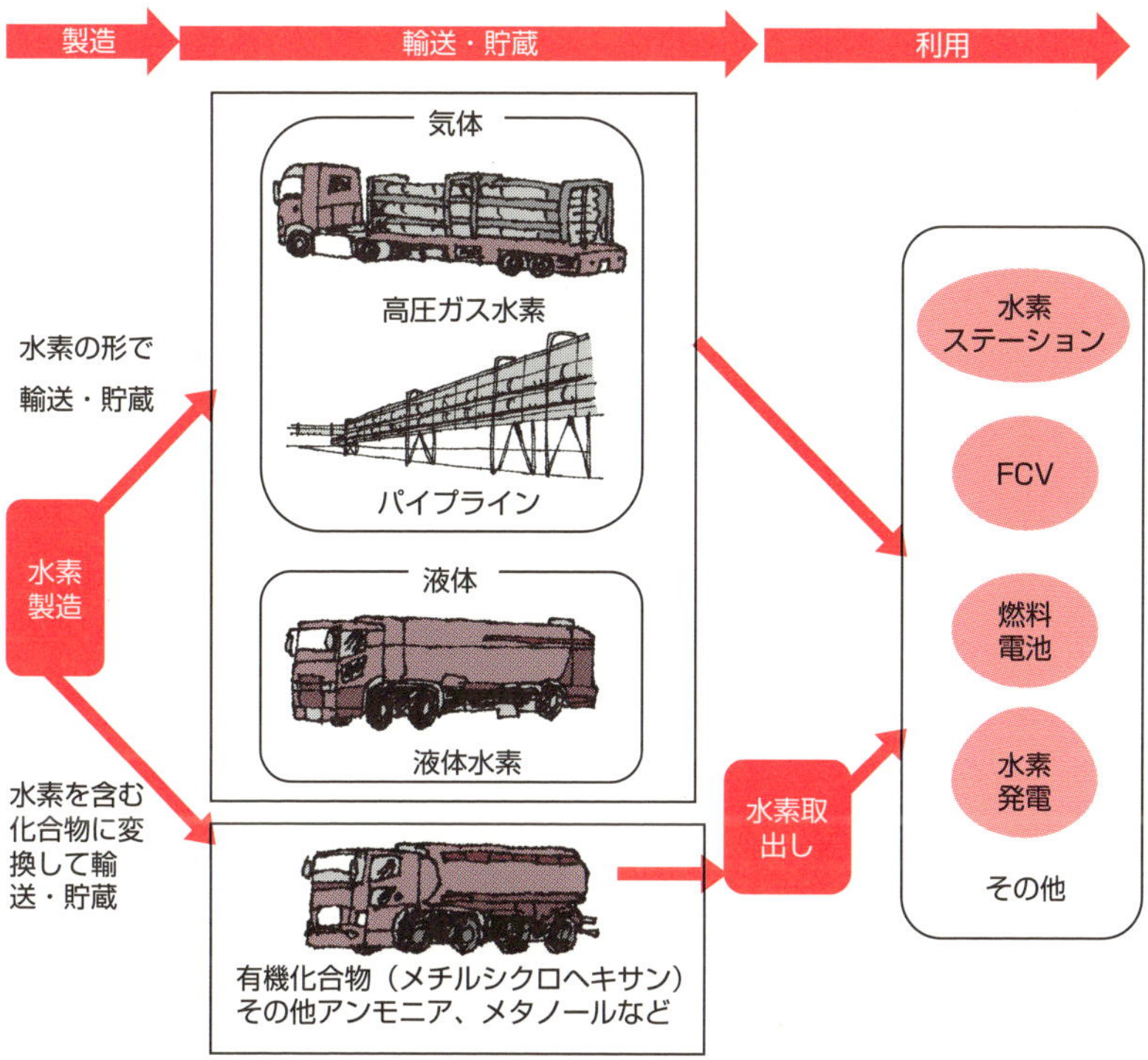

海外からの褐炭由来水素輸送計画

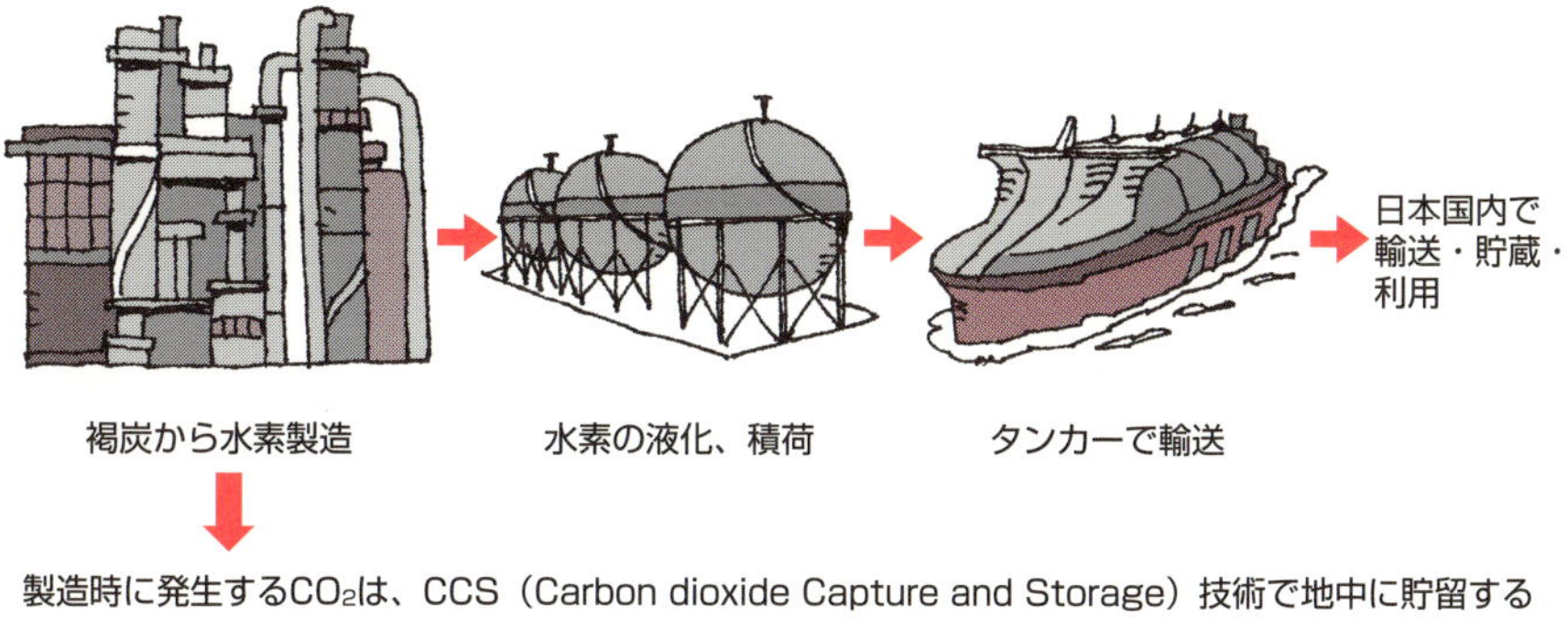

65 2020年の東京オリンピックへ向けて

水素社会構築への大きな転換点に

２０２０年の東京オリンピックへ向けて様々な準備が進んでいる中、水素エネルギーに関する動きも活発になっています。

オリンピック期間の選手村に予定されている東京晴海地区に関して、水素エネルギーなどを活用する「選手村地区エネルギー整備計画」が２０１７年３月に発表されました。この計画では、五輪大会後の選手村地区で水素エネルギーなどを活用するスマートエネルギー都市づくりを目指します。

この計画では、選手村地区を住宅ゾーン、商業ゾーン、教育ゾーンなどに区域を分け、地区の一角に設置する水素ステーションから各ゾーンへ水素パイプラインを敷設します（教育ゾーンを除く）。各ゾーンには純水素型燃料電池が設置され、電気と熱を住宅や商業施設などに供給します。この地区と都心の間には燃料電池バスを運行する予定です。東京都では「２０２０年までに燃料電池自動車６千台、燃料電池バス１００台以上の導入」を目標としています。

一方、首都圏以外でも水素エネルギーへの取り組みは活発化しており、２０１１年の震災と原発事故で大きな被害を被った福島県では、復興に向けて「再生可能エネルギー先駆けの地」を目指し、２０４０年頃までに県内のエネルギー需要の１００％相当量を再生可能エネルギーで生み出すという目標を掲げています。今後様々な再生可能エネルギーの導入を進め、再生可能エネルギーから水素を「作り」「貯め・運び」「使う」を推進し、「福島新エネ社会構想」の実現に向かって取り組みが進みます。

福島県では現在、世界最大級となる1万kW級水素製造工場の建設が進み、東京オリンピックまでに再生可能エネルギーによる大規模水素製造を開始する計画です。ここで製造されたCO_2フリー水素は、東京オリンピックで使うことも検討されています。

要点BOX

- ●選手村地区に水素エネルギー導入
- ●福島県に世界最大の水素生産工場建設へ
- ●福島県産水素を東京五輪で利用を検討

2020年東京オリンピック選手村地区のエネルギー開発計画

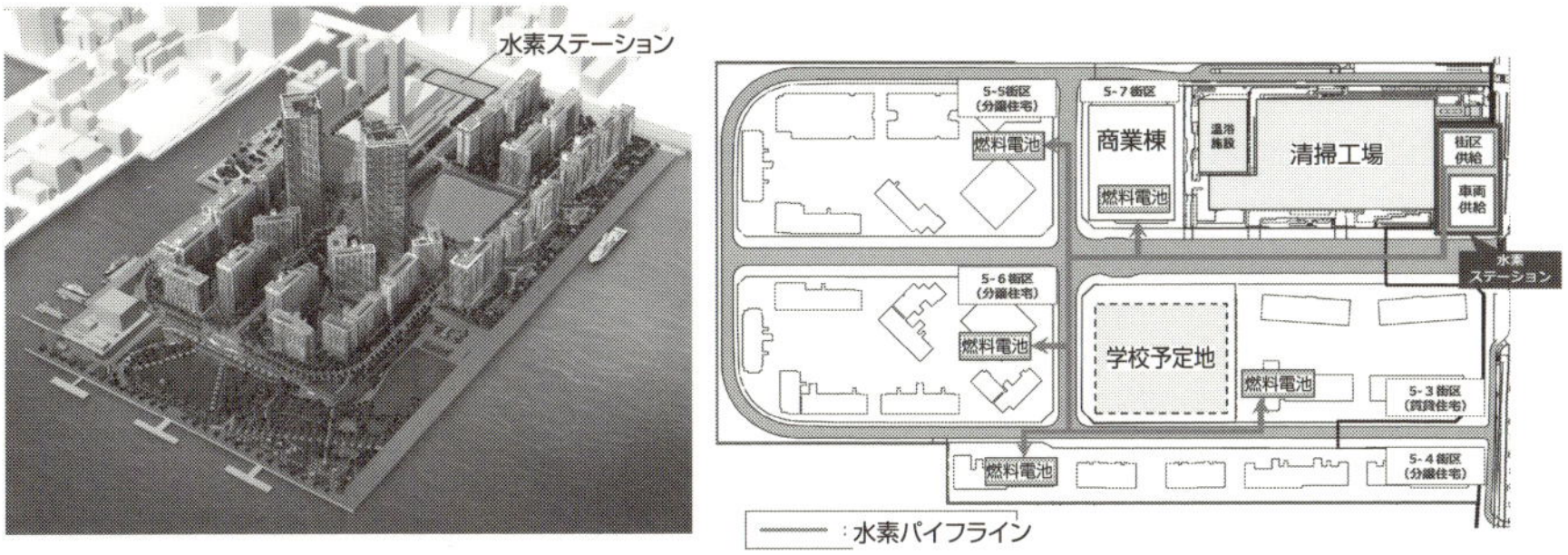

出典:東京都都市整備局

福島県産水素を東京オリンピックで利用

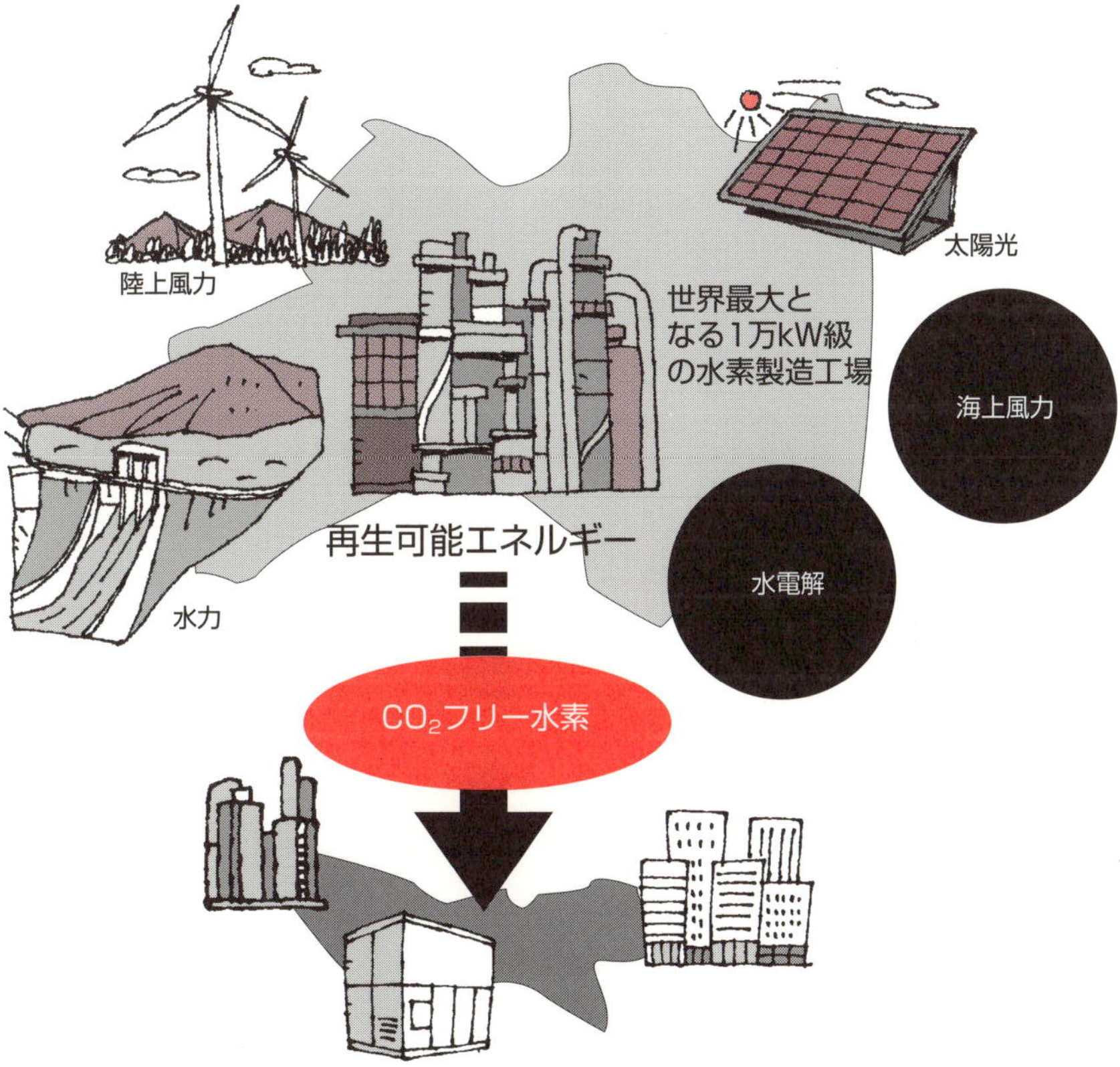

出典:経済産業省「福島新エネ社会構想実現会議」資料をもとに作成

66 固体高分子形燃料電池の課題

触媒に使われるPtは希少資源

　ＰＥＦＣの電極触媒に使われているPt（白金）は貴金属と呼ばれる元素の中の一つで、世界で年間約２００～２５０トン程度しか供給されていない、その名の通り〝貴〟重で高価（２０１８年１月末で約３６００円／g）な金属です。グラフにある通り、毎年鉱山から採掘されて生産されるPtは１５０～２００トン程度で、その他に使用済み自動車触媒（排ガス浄化装置にPtが使われている）および中古宝飾品からの回収を合わせた量が市場に供給されます。

　これに対してPtの需要先を見ると、自動車用触媒が一番多く１００トン程度となっています。その次に多いのが宝飾品向けとなっています。いわゆる「プラチナ」として宝飾品に使われている以外に、自動車の排ガス浄化用触媒に使われていることを知らない人は多いかもしれません。Ptは触媒として大変有用な材料だという事が分かると思います。

　自動車触媒用に使われているPt量は、自動車の種類にもよりますが、１台あたり数g位です。それではＦＣＶにはどれくらいPtが使われているでしょうか。１００kW級の燃料電池スタックですと、ＦＣＶ開発当初は１台あたり２００g位使われていたと言われています。使用量が非常に多く、Ptの材料費だけで大変なコストがかかってしまいます。

　その後、燃料電池の技術が進み、電極に使うPt量も徐々に低減していきました。現在では１００kWスタックで20～30g位と言われています。１台に20g使うとすると、１０００万台のＦＣＶで２００トンのPtが必要となり、これだけで現在の年間Pt供給量に匹敵します。世界の自動車生産台数は９千万台以上ですので、ＦＣＶを世界中に普及させるためには、スタックに使うPt量をもっと低減しないといけません。その様な観点から、より高性能なPt触媒や非Pt系触媒の研究が行われているのです。

要点BOX

- ●Ptの年間供給量は約200トン
- ●希少資源のPtは高価
- ●FCV1台あたりの使用量低減が課題

世界の白金需給量データ

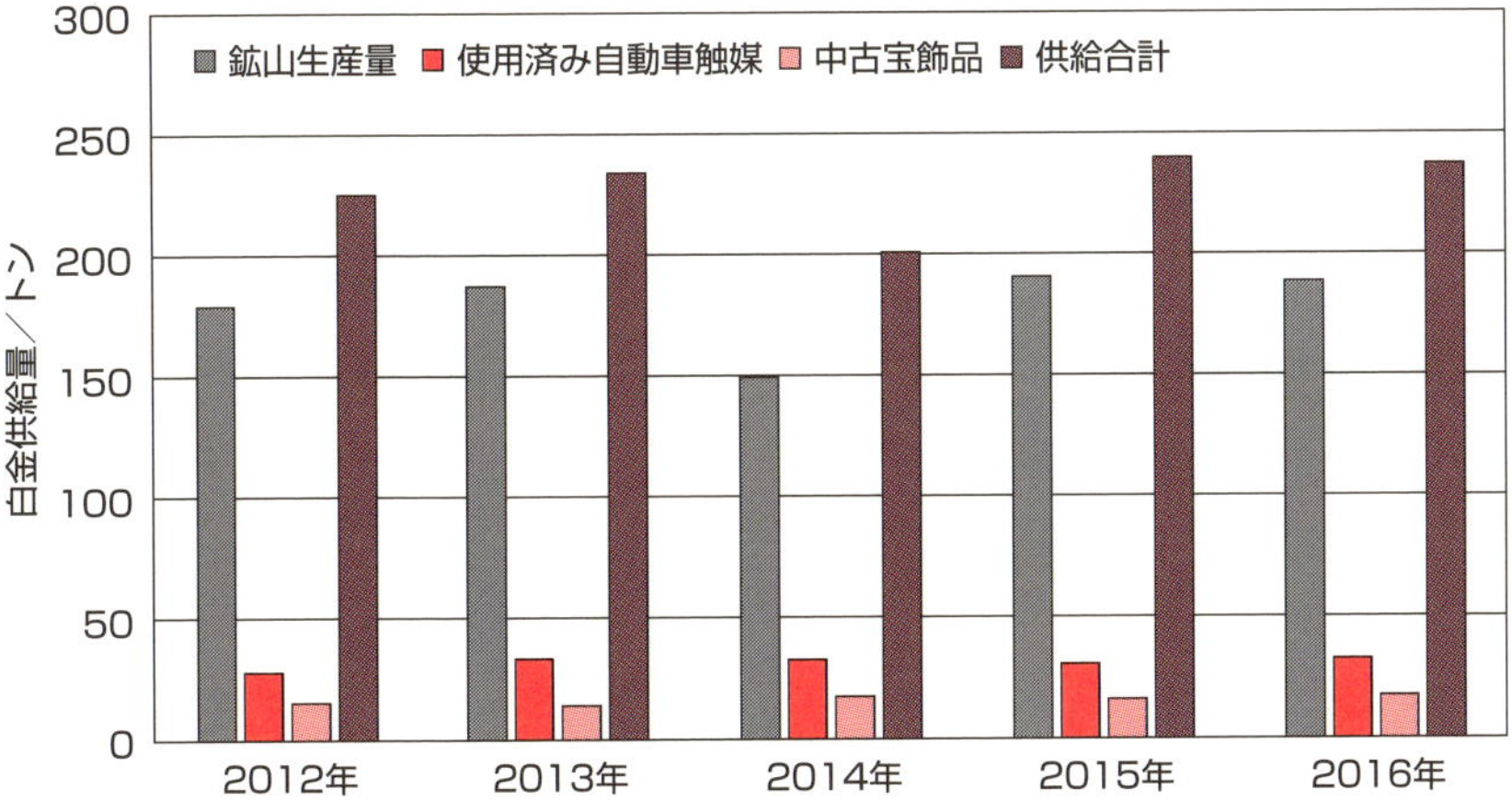

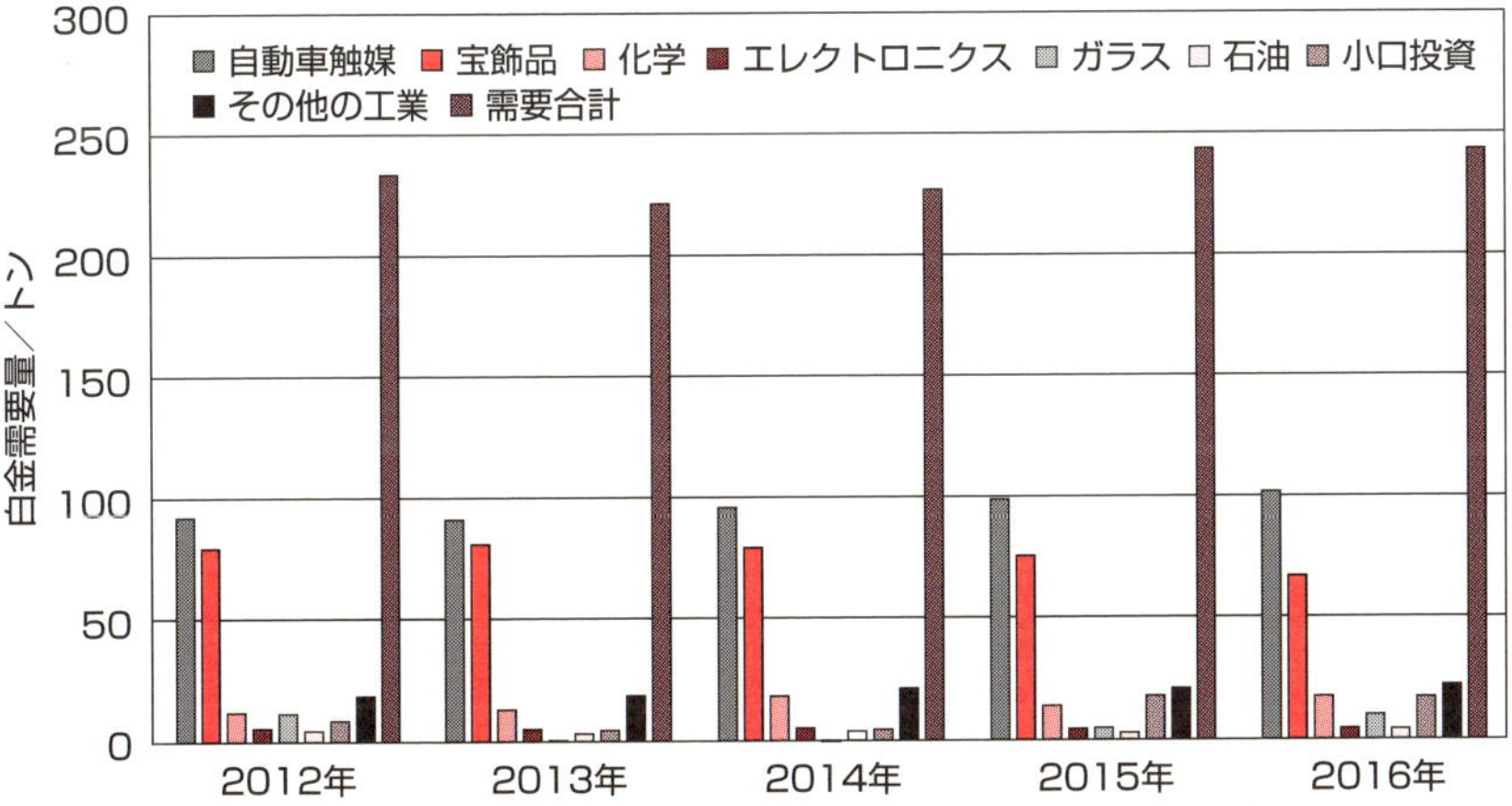

出典：GFMS PLATINUM GROUP METALS SURVEY 2017のデータを加工

FCVに使われる白金量の試算表

	自動車台数				
Pt量/台	100台	1万台	10万台	100万台	1000万台
1g	100g	10kg	100kg	1t	10t
5g	500g	50kg	500kg	5t	50t
10g	1kg	100kg	1t	10t	100t
20g	2kg	200kg	2t	20t	200t
50g	5kg	500kg	5t	50t	500t

67 燃料電池のコスト

さらなる普及促進にはコスト低減が必要

２００９年に家庭用燃料電池「エネファーム」が市場投入された時、ユーザー負担額は約３００万円でした。その後、メーカーの技術開発による性能向上や製造コスト低減、そして国などの補助も後押しとなり、２０１６年にはＰＥＦＣで１１３万円、ＳＯＦＣで１３５万円へと低減し、当初の半分以下になりました。

燃料電池本体以外でのコスト低減の課題として、様々な補器類のコストがありました。そこで「補機類の共通仕様リスト」を作成・公表し、多くの機器メーカーの新規参入が促進された結果、補器類のコスト低減も進みました。

２０１６年に経済産業省から発表された「水素・燃料電池戦略ロードマップ改訂版」では、今後さらにエネファームのコストダウンを進め、ＰＥＦＣは２０１９年までに80万円、ＳＯＦＣは２０２１年までに１００万円という目標値を設定しています。

ＳＯＦＣではスタックのコストの割合がＰＥＦＣに比べて大きく、ＳＯＦＣのスタック関連技術開発は今後の重要課題です。

ＦＣＶの一般販売価格は７００万円以上（２０１７年末）で、国などの補助金を含めても４００万円以上となっているのが現状です。エネファームに比べてＦＣＶのスタックは１００kW級と容量が大きいので、スタックのコスト低減が重要です。今後もコスト低減の努力を続け、２０４０年以降にはスタックで０・１万円／kW、燃料電池システムで０・２万円／kWのコストを目標値としています。

燃料電池のコスト低減には、まだまだ取り組まないといけない技術的課題があります。２０１７年12月に「燃料電池・水素技術開発ロードマップ詳細版（燃料電池分野）」が発表されました。ここには燃料電池に関わる技術課題と目標値が具体的に設定されています。関心がある方は読んでみて下さい。

要点BOX

- ●エネファームは当初の半分以下まで低減
- ●FCVはスタックのコスト低減が課題
- ●コスト低減への様々な取り組みが進む

エネファームの普及台数と販売価格の推移

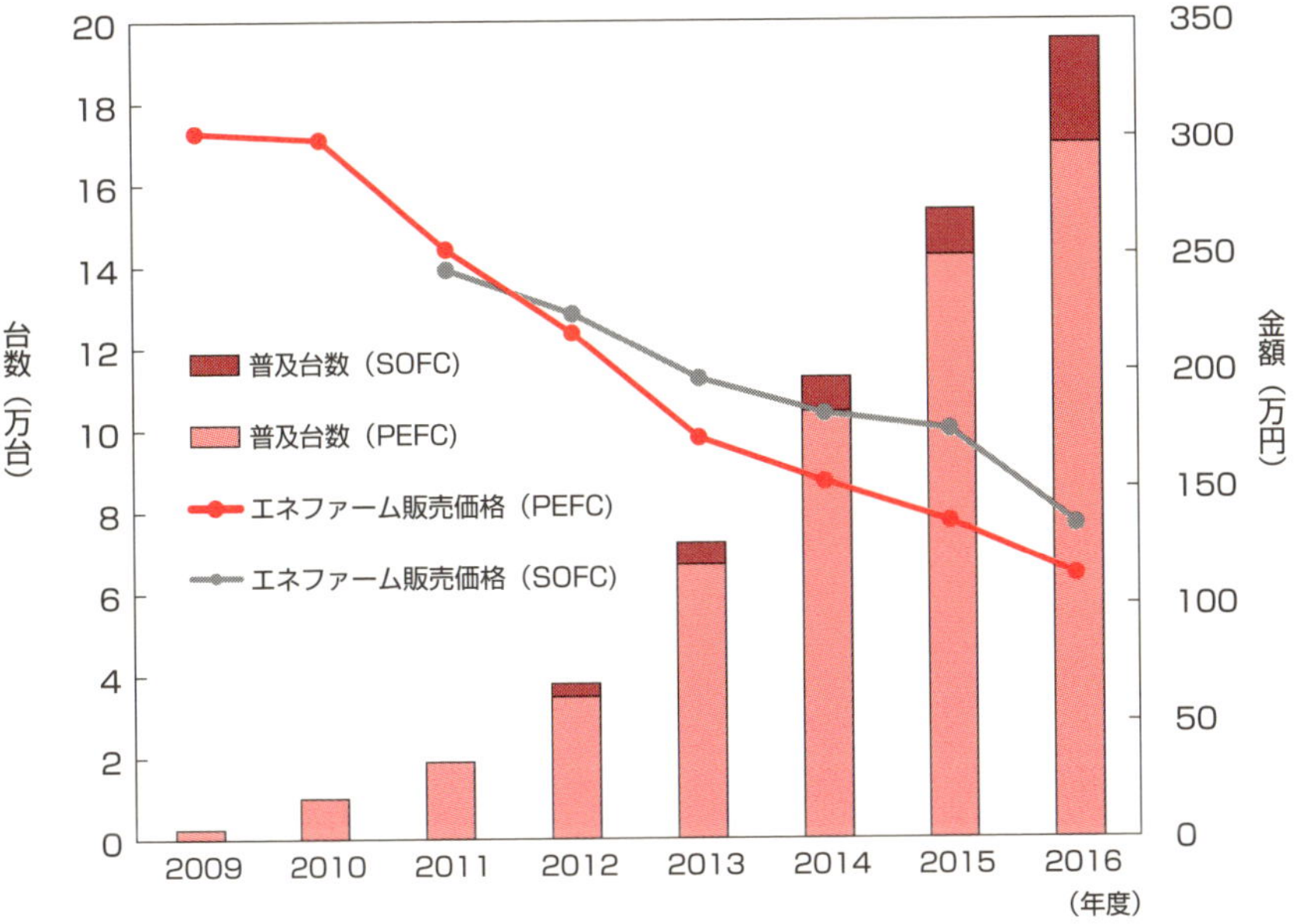

金額はユーザー負担額（設置工事費や補助金を含む）

出典：第8回水素・燃料電池戦略協議会資料（2017年3月）

家庭用燃料電池エネファームのコスト構成比

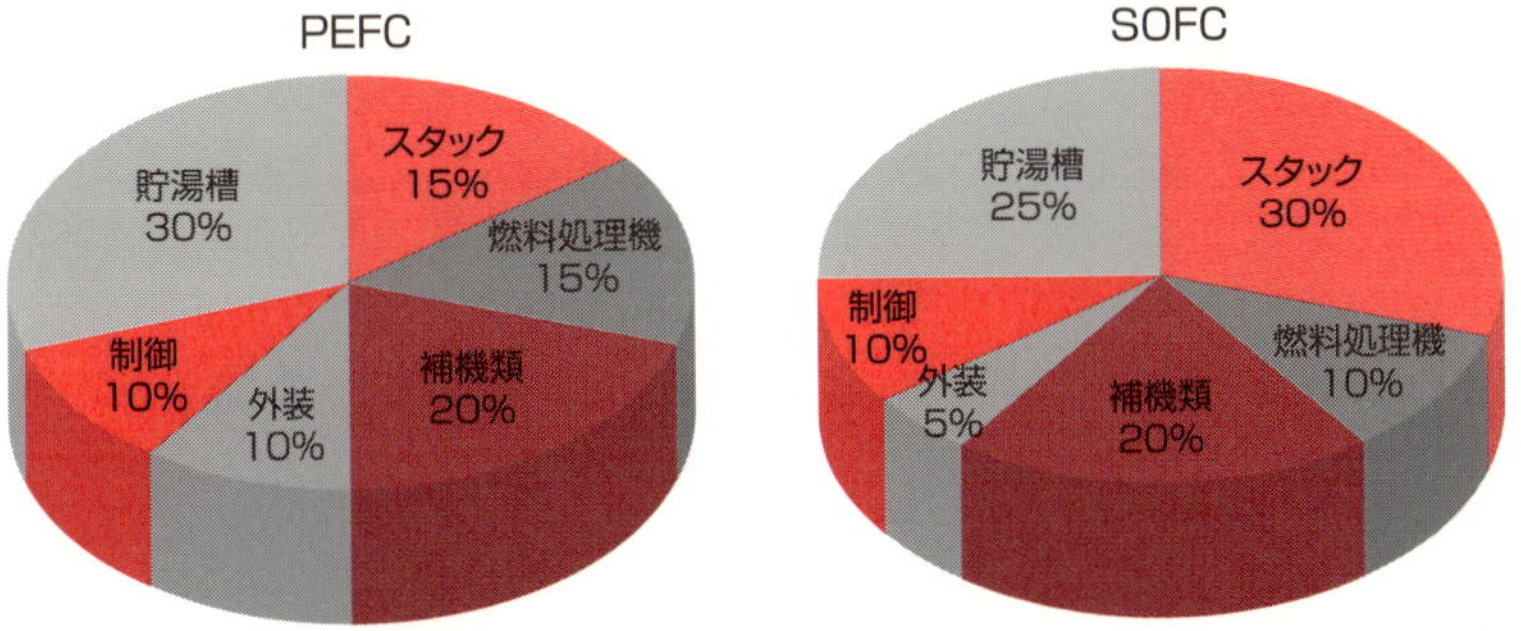

出典：水素・燃料電池戦略協議会「水素・燃料電池戦略ロードマップ改訂版」（2016年3月）

68 水素エネルギー社会を目指す

水素を利用する燃料電池技術はますます重要になる

２０１７年12月26日に「水素基本戦略」が再生可能エネルギー・水素等関係閣僚会議から発表されました。これは、２０５０年における日本のあるべき姿を見据えつつ、「水素をカーボンフリーなエネルギーの新たな選択肢として位置づけ、政府全体として施策を展開していくための方針である」としています。今後、再生可能エネルギーの導入をさらに促進していき、再生可能エネルギーで水素を作り、貯め、使う、という水素エネルギー社会の構築に向けて、様々な活動が展開されていくことになります。

水素エネルギー社会においては、水素を利用する燃料電池の技術は大変重要になってきます。本書では、その燃料電池についての歴史的背景から始まり、発電原理、開発経緯と現状、そして技術的課題などについて説明してきました。来るべき水素エネルギー社会のために、さらに技術を磨いていく必要があります。

左ページには、水素エネルギー社会のイメージ図があります。水素を作るのは国内だけでなく、未利用の再生可能エネルギーが大量にある海外で水素を安価に大量生産して、有機化合物や液体水素などの形で日本に輸送することも可能です。

水素を利用できるインフラ（Infrastructure：社会基盤）が整備されていくと、燃料電池で動く移動体が普通になってきます。住宅には定置用燃料電池が設置されるのが標準になり、業務用や大規模発電用燃料電池も活躍します。

家庭用燃料電池やＦＣＶ、水素ステーションなどに設定された目標値を達成していくことで、私たちは着実に水素エネルギー社会の実現に向かっているのです。これから50年後、１００年後さらにその先の未来にどんな社会が出来ているのか、想像してみて下さい。

要点BOX

- 再生可能エネルギーの導入を増やす
- 水素を作り、貯め、使う
- 燃料電池技術をさらに磨く

水素エネルギー社会のイメージ

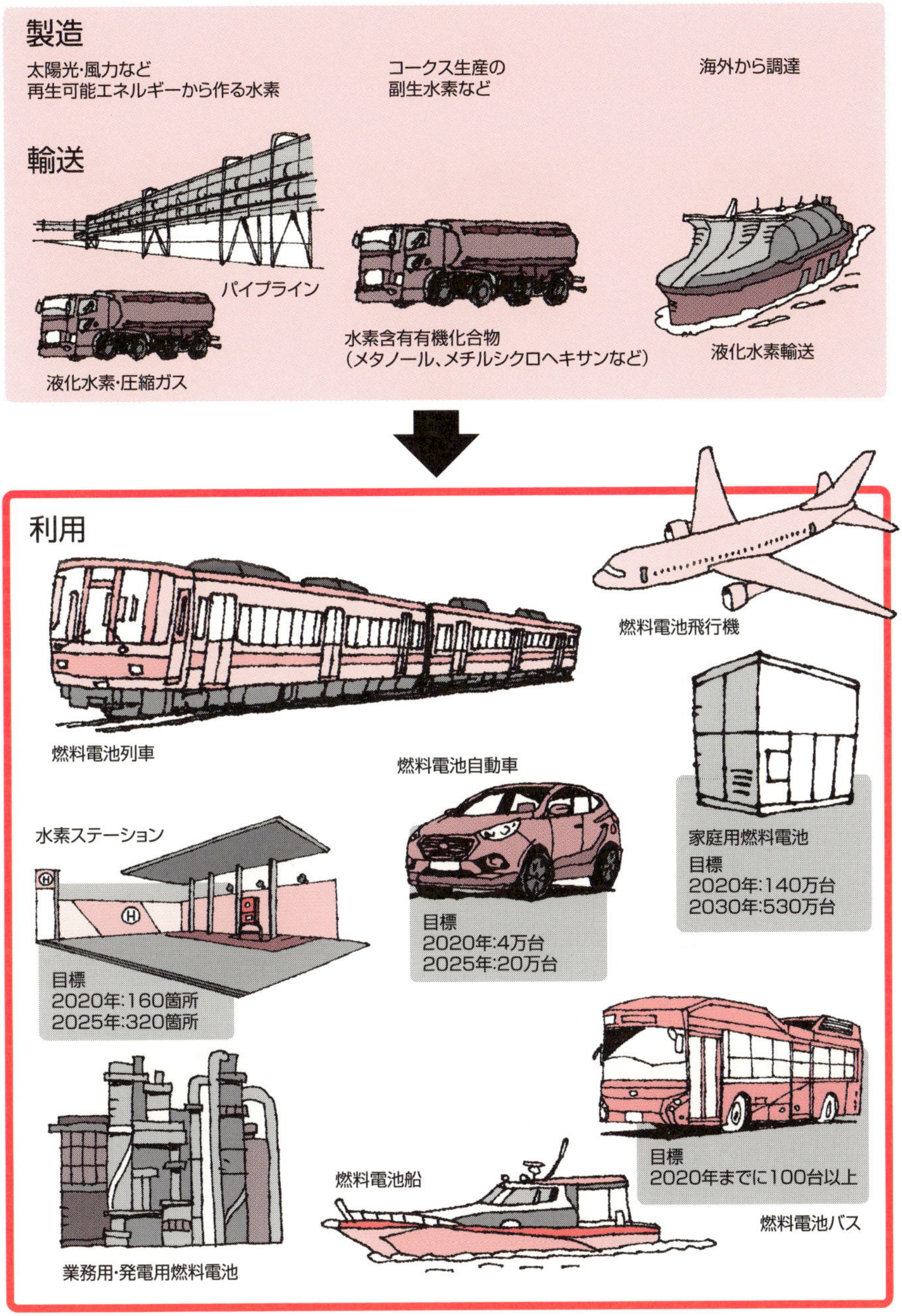

Column

水素社会では化石燃料は不要？

現状の燃料電池の多くは化石燃料由来の水素を使っています。今後水素社会が構築されていくと、再生可能エネルギーで作った水素が流通し、定置用燃料電池が増えていき、ＦＣＶなどの燃料電池移動体を目にするのも日常のことになるでしょう。それでは究極の水素社会では、化石燃料は全く不要になるのでしょうか？

石油は、エネルギー源として燃焼させて使う以外に、樹脂、合成繊維、合成ゴム、洗剤、医薬品など、私たちの生活に不可欠な製品を作るための原料（基礎化学品）としても利用されています。

天然ガス（メタン）も同様に、燃焼させて使う以外に、基礎化学品のメタノールを合成するための原料となります。また天然ガスの改質反応で取り出した水素と大気中の窒素を反応させ、アンモニアを大量に合成しています。アンモニアも、肥料をはじめとする様々な化学製品を作るための基礎化学品となります。

石油や天然ガスが化学製品の原料として利用されるときは、化石〝燃料〟と呼ばない方が良いのかもしれませんね。

石油や天然ガス以外から基礎化学品を大量に低コストで作るのは、現状の技術では非常に困難です。これらの天然資源は、今後も化学製品を作るための原料として不可欠です。3項で説明した通り、石油や天然ガスは長い年月をかけて作り出された物質です。その様な貴重な資源を、エネルギーを得るためだけに燃やしてしまうのは何とももったいないことです。

化石燃料資源は有限であり、いずれ枯渇することは否定できません。温室効果ガスの排出削減のために使用量を減らすという視点だけでなく、私達の生活を支える重要な物質として大切に使いながら、ずっと先の人類のために受け渡していくという視点も必要かと思います。それを踏まえた上で、将来のエネルギー源はどうあるべきか、どんな社会を作って未来の人類に受け渡したいのか、しっかりと考えていきたいものです。

19世紀の先人たちが残してくれた技術が、21世紀の水素・燃料電池技術の礎になっています。21世紀の人々がさらに進化させていく水素・燃料電池技術が、ずっと先の未来の人類に感謝されるような技術になっていく事を期待したいと思います。

【参考文献・資料】　(この他にも多くの文献や資料を参考にさせて頂きました)

●「第6版　電気化学便覧」電気化学会(編)、丸善出版(2013年)
●「電子移動の化学−電気化学入門」渡辺正、中林誠一郎、朝倉書店(1996年)
●「電気化学測定法　上」藤島昭、相澤益男、井上徹、技報堂出版(1984年)
●「電気化学」渡辺正、金村聖志、益田秀樹、渡辺正義、丸善出版(2001年)
●「トコトンやさしい燃料電池の本　初版」燃料電池研究会、日刊工業新聞社(2001年)
●「トコトンやさしい電気化学の本」石原顕光、日刊工業新聞社(2015年)
●「トコトンやさしい水素の本　第2版」水素エネルギー協会(編)、日刊工業新聞社(2017年)
●「水素エネルギー白書」NEDO(2014年)
●「燃料電池　第2版」高橋武彦、共立出版(1992年)
●「燃料電池発電システム」燃料電池発電システム編集委員会(編)、オーム社(1993年)
●「燃料電池の技術」電気学会燃料電池発電次世代システム技術調査専門委員会、オーム社(2002年)
●「燃料電池の技術」西川尚男、東京電機大学出版局(2010年)
●「「燃料電池」のキホン」、本間琢也、上松宏吉、ソフトバンククリエイティブ(2010年)
●「PEFC用電解質膜の開発」光田憲朗、木本協司、富家和男、陸川政弘、島宗孝之、芦田勝二、シーエムシー出版(2000年)
●「固体酸化物形燃料電池(SOFC)の開発と展望(普及版)」江口浩一(監修)、シーエムシー出版(2010年)
●「図解　燃料電池技術」一般社団法人燃料電池開発情報センター(編)、日刊工業新聞社(2014年)
●「PROJECT GEMINI, A Technical Summary」P. W. Malik, G. A. Souris, NASA Contractor Report, 1968
●「FUEL CELLS」H. J. Schwartz, NASA Technical Memorandum, 1965
●「ON THE SHOULDERS OF TITANS, A History of Project Gemini」B. C. Hacker, J. M. Grimwood, NASA, 1977
●「燃料電池の新展開」青木信、堀内義実、富士電機技報、vol91、No.1、pp26-30、2017
●「エネファーム技術を用いた純水素燃料電池システム」小川雅弘、金子隆之、松田昌平、東芝レビュー、vol.71、No.5、pp46-50、2016
●「トヨタMIRAI　ウェブサイト」http://toyota.jp/mirai/
●「ホンダCLARITY FUEL CELL　ウェブサイト」http://www.honda.co.jp/CLARITY/
●「パナソニックエネファーム　ウェブサイト」https://panasonic.biz/appliance/FC/
●「アイシンエネファーム　ウェブサイト」http://www.aisin.co.jp/cogene/enefarm.html

今日からモノ知りシリーズ
トコトンやさしい
燃料電池の本 第2版

NDC 572.1

2001年11月28日　初版1刷発行
2010年 7月22日　初版11刷発行
2018年 3月26日　第2版1刷発行
2022年 6月17日　第2版3刷発行

発行者　井水 治博
発行所　日刊工業新聞社
東京都中央区日本橋小網町14-1
(郵便番号103-8548)
電話　書籍編集部　03(5644)7490
販売・管理部　03(5644)7410
FAX　03(5644)7400
振替口座　00190-2-186076
URL　https://pub.nikkan.co.jp/
e-mail　info@media.nikkan.co.jp
印刷・製本　新日本印刷(株)

●DESIGN STAFF
AD――――――志岐滋行
表紙イラスト―――黒崎　玄
本文イラスト―――小島サエキチ
ブック・デザイン ――大山陽子
(志岐デザイン事務所)

●
落丁・乱丁本はお取り替えいたします。
2018 Printed in Japan
ISBN　978-4-526-07835-4　C3034

●著者略歴

森田敬愛(もりた　たかなり)

技術士(化学部門)
敬愛(けいあい)技術士事務所　所長

1965年　北海道生まれ
1991年　北海道大学大学院理学研究科化学専攻修士課程修了
1991年～1993年　株式会社ほくさん(現エア・ウォーター)
1993年～2005年　ジョンソン・マッセイ・ジャパン株式会社　燃料電池触媒開発室
(2000年～2001年　英国Johnson Matthey Technology Centre)
(2001年～2002年　米国Johnson Matthey)
2005年～2014年　田中貴金属工業株式会社
(2005年～2007年　開発技術部燃料電池触媒プロジェクトG)
(2007年～2014年　湘南工場)
2014年～現在　敬愛技術士事務所
事務所URL：http://www.ki-peoffice.com